JN263792

中性子スピン光学

阿知波紀郎 編著

海老沢　徹／河合　武／田崎誠司／
日野正裕／山崎　大 共著

九州大学出版会

まえがき

　本書は中性子スピン光学の概念及び手法について，できるだけ具体的な実験結果を交えて解説を試みたものである．対象範囲は，一様な1次元ポテンシャル場に関する中性子平面波とスピノールによって取り扱われるスピン波動光学に限定した．これはスピン干渉と呼ばれる現象に代表される物理系であり，単純で正確に解け，量子力学現象が巨視的なスケールで現れるという利点がある．また必ずしも空間分波を必要とはせずに中性子固有状態への分波と重ね合わせにより，中性子スピン固有波動関数間の位相差を観測できる．このような物理系を作ることで，かつては思考実験であった基礎量子力学実験を実現すると共に，中性子ビーム制御や高分解能分光器への応用を議論する．

　第1章では，中性子スピン光学の基礎的な取り扱い方法について述べる．中性子の相互作用に関するポテンシャルとしては，核的並びに磁気的相互作用に基づく光学的なポテンシャルを考える．これから，多層膜ミラーや空間的に一様な磁場等による1次元ポテンシャル場を表現する．この1次元ポテンシャルのもとで，平面波とスピノールによって記述される中性子波の挙動を記述し議論する．これを利用した中性子制御デバイスの特性を述べると共に，それらを組み合わせた中性子スピン干渉計の原理を詳細に解説する．第2章以下では，冷中性子スピン干渉計を用いた様々な応用研究を紹介する．物性物理学研究への展開として，高分解能中性子スピンエコー分光器への応用，基礎量子力学研究として，微弱な相互作用検出実験への応用，磁気膜トンネル位相の観測，遅延選択実験等を紹介する．なお単結晶，レンズ，ダブルスリット等による中性子光学現象は，それ自身興味ある研究対象であるが，1次元ポテンシャルとしての取り扱いには適さない系であり，本書では対象外とした．

　現在，日本や米国で大強度陽子加速器建設計画が進められており，中性子スピン光学を駆使した冷中性子ビーム制御の高度化はこの大強度中性子の一層の有効利用を可能にし，中性子散乱研究を飛躍的に発展させることに寄与する．また長波長中性子の強度の増大と水素散乱に適用できるスピンエコー法の開

発は,中性子による生体高分子の動的特性の解明に道を開くものと期待される.本書がこのような社会的要請の一助とでもなれば望外の喜びである.

　本書の出版に当たり,京大大学院生丸山龍治氏及び九州大学出版会の藤木雅幸編集長にお世話になった.お礼申し上げる.またこの著作は日本学術振興会の平成14年度科学研究費補助金(研究成果公開促進費)の交付を受け出版された.編集後記には本研究過程で支援を受けた科学研究費,本書の一部を構成する博士論文のリストを記載した.その他,本書のもとになった著者等の原著論文は,各章の末尾の参考論文中にリストしている.

2003年　1月

代表著者	阿知波　紀郎	九州大学大学院理学研究院
著者	海老沢　徹	京都大学原子炉実験所
	河合　武	京都大学原子炉実験所
	田崎　誠司	京都大学原子炉実験所
	日野　正裕	京都大学原子炉実験所
	山崎　大	日本原子力研究所博士研究員

目　次

まえがき ………………………………………………………………… i

第1章　中性子の光学的性質と中性子偏極デバイス
　　　　そして中性子スピン干渉の原理
　　　　　　………阿知波紀郎, 田崎誠司, 日野正裕, 山崎　大　*1*

　1.1　中性子の基本的性質 ……………………………………………… *1*
　　　1.1.1　中性子とは ……………………………………………… *1*
　　　1.1.2　中性子の磁気モーメント ……………………………… *4*
　　　1.1.3　中性子と重力の相互作用 ……………………………… *5*
　1.2　低速中性子の束縛原子による散乱 ……………………………… *6*
　　　1.2.1　Fermi の擬ポテンシャル ……………………………… *6*
　　　1.2.2　中性子の磁気散乱 ……………………………………… *9*
　　　1.2.3　物質による中性子の屈折 ……………………………… *11*
　　　1.2.4　単層膜による中性子全反射 …………………………… *15*
　1.3　多層膜中性子反射ミラーの特性解析 …………………………… *19*
　　　　　──光学ポテンシャル法──
　　　1.3.1　多層膜中性子ミラー …………………………………… *21*
　　　　　　多層膜を用いた中性子モノクロメータ ………………… *22*
　　　　　　多層膜を用いた中性子全反射ミラー：中性子スーパーミラー　*25*
　　　1.3.2　磁気多層膜ミラーによる中性子の偏極 ……………… *30*
　1.4　中性子スピン干渉とは …………………………………………… *34*
　1.5　中性子と磁場との相互作用 ……………………………………… *37*
　　　1.5.1　相互作用の強さ ………………………………………… *38*
　　　1.5.2　垂直静磁場によるスピンの回転 ……………………… *39*

1.5.3　任意の方向を向いた静磁場によるスピンの回転 ……… 43
　　　1.5.4　DC π フリッパーと DC $\pi/2$ フリッパー ……… 46
　1.6　共鳴スピンフリッパーによるスピンの遷移と反転 ……… 48
　　　1.6.1　遷移振幅とスピン反転率の計算 ……… 49
　　　　　　Schrödinger 方程式 ……… 49
　　　　　　座標変換による時間依存性の除去と対角化 ……… 51
　　　　　　各領域での波動関数 ……… 54
　　　　　　透過振幅とスピン反転率 ……… 58
　　　1.6.2　回転磁場に位相がある場合 ……… 59
　　　1.6.3　共鳴条件が成り立つ場合 ……… 61
　　　1.6.4　RF $\pi/2$ フリッパーと RF π フリッパー ……… 64
　　　1.6.5　振動磁場の反回転成分について ……… 66
　　　1.6.6　共鳴スピンフリッパーの製作と反転率の測定 ……… 67
　　　　　　低周波用共鳴スピンフリッパーの製作 ……… 67
　　　　　　低周波用共鳴スピンフリッパーの反転率の測定 ……… 68
　　　　　　高周波用共鳴スピンフリッパーの製作 ……… 69
　　　　　　高周波用共鳴スピンフリッパーの反転率測定 ……… 71
　1.7　冷中性子スピン干渉法の原理と基本構造 ……… 72
　　　1.7.1　偏極およびガイド磁場による偏極維持 ……… 73
　　　1.7.2　偏極，分波および分波間の位相差調節 ……… 74
　　　1.7.3　分散性位相 ……… 75
　　　1.7.4　π フリッパーによる分散性位相の相殺 ……… 77
　　　1.7.5　重ね合わせと偏極解析，検出 ……… 78
　　　1.7.6　中性子スピン干渉を利用した第2章以後の研究 ……… 79
　参考文献 ……… 81

第2章　冷中性子スピン干渉実験法の開発と 高分解能分光器への応用 ……… 海老沢　徹　87

　2.1　はじめに ……… 87
　2.2　冷中性子スピン干渉の原理と基本構造 ……… 88
　2.3　多層膜スピンスプリッターによるスピンの量子回転 ……… 92
　2.4　多層膜スピンスプリッターを用いた高分解能分光器の開発 ……… 95

2.5	共鳴フリッパーによる中性子スピン干渉と高分解能分光器の開発	98
2.6	おわりに	103
	参考文献	105

第3章　中性子スピンスプリッターによる新しい中性子スピンエコー分光器の開発 ……………田崎誠司 107

3.1	中性子スピンエコー分光器とその特徴	107
3.2	スピン干渉の観点から見た中性子スピンエコー分光器	110
3.3	多層膜スピンスプリッターによる中性子スピンエコー法	111
3.4	MSS製作	112
3.5	JRR-3Mにおける実験と考察	113
	3.5.1　スピン干渉計のセットアップ	113
	3.5.2　MSSの偏極反射率	113
	3.5.3　MSSの2回反射実験(機能の確認)	114
	3.5.4　MSSの4回反射実験	115
	参考文献	119

第4章　冷中性子スピン干渉法を用いた磁気膜トンネル位相の測定 …………阿知波紀郎，日野正裕 121

4.1	はじめに	121
4.2	Larmor回転による磁場中シリコン単結晶の屈折率測定	124
4.3	障壁をトンネル透過する中性子のスピンプリセッション	126
4.4	井戸型ポテンシャルを共鳴トンネルする中性子のスピンプリセッション	130
4.5	Bragg条件磁気多層膜を透過する中性子のスピンプリセッション	133
4.6	ヘリカル磁性の磁気Bragg条件における透過中性子のスピンプリセッション	139
4.7	おわりに	141

参考文献 ……………………………………………………………………… *142*

第 5 章 極冷中性子ボトルを用いたスピン干渉実験法の開発と微弱相互作用の検出 ………………………… 海老沢 徹 *145*

5.1 はじめに ……………………………………………………………… *145*
5.2 VCN ボトルの貯蔵原理と基本構造 ………………………………… *146*
    5.2.1 VCN ボトル円筒内面におけるガーラント反射 ……………… *146*
    5.2.2 VCN の重力による貯蔵 ………………………………………… *149*
5.3 VCN ボトルに適用されるスピン干渉法 …………………………… *153*
5.4 スピン干渉による微弱な相互作用の検出 ………………………… *156*
    5.4.1 地磁気の影響を消去するスピン干渉法 ……………………… *156*
    5.4.2 Schwinger 相互作用，$\mu \cdot (\boldsymbol{E} \times \boldsymbol{v}/c)$ の測定 ……………… *157*
    5.4.3 中性子 electric dipole-moment (EDM)，$\boldsymbol{d} \cdot \boldsymbol{E}$ の測定 …… *157*
    5.4.4 地球重力のスピン依存性の検出 ……………………………… *159*
    5.4.5 スピン依存の中性子電荷の測定：$e_n \cdot V$ …………………… *160*
5.5 おわりに ……………………………………………………………… *160*
参考文献 ……………………………………………………………………… *161*

第 6 章 中性子波による遅延選択実験 ………………………… 河合 武 *163*

6.1 中性子を用いた遅延選択実験 ……………………………………… *163*
6.2 複合偏極ミラー ……………………………………………………… *164*
6.3 遅延選択実験 ………………………………………………………… *167*
参考文献 ……………………………………………………………………… *171*

第 7 章 共鳴スピンフリッパーを用いた冷中性子スピン干渉法 ………………………… 山崎 大 *173*

7.1 はじめに ……………………………………………………………… *173*
7.2 2 つの共鳴スピンフリッパーによる冷中性子スピン干渉計 …… *174*
    7.2.1 はじめに ………………………………………………………… *174*
    7.2.2 構造と原理 ……………………………………………………… *175*
        構 造 ………………………………………………………… *176*
        RFF 1 での分波 …………………………………………… *178*

		RFF 2 での重ね合わせ …………………………… *179*
		偏極解析と検出 …………………………………… *182*
	7.2.3	スピン干渉の観測条件 ……………………………… *183*
	7.2.4	スピン干渉計内でのスピン期待値の振る舞い …… *186*
	7.2.5	干渉パターンの観測 ………………………………… *189*
		実 験 条 件 ………………………………………… *189*
		時間依存性干渉パターン ………………………… *189*
		RFF の定数位相による干渉パターン …………… *192*
		垂直磁場による干渉パターン …………………… *193*
	7.2.6	自由中性子の Schwinger 相互作用測定実験の提案 … *193*
	7.2.7	時間的干渉ビームの疎密性の実証 ………………… *197*
		実 験 法 …………………………………………… *198*
		理論的考察 ………………………………………… *200*
		実 験 結 果 ………………………………………… *203*
7.3	高周波スピン干渉法とスピンエコー法への応用 ……………… *207*
	7.3.1	はじめに ……………………………………………… *207*
	7.3.2	高周波スピン干渉システムの原理 ………………… *208*
		構　　　造 ………………………………………… *208*
		RFF 1 による分波 ………………………………… *211*
		RFF 2 によるスピン反転 ………………………… *212*
		RFF 3 での重ね合わせ …………………………… *213*
		偏極解析と検出 …………………………………… *214*
		実験素子の精確配置 ……………………………… *215*
		疎密の局在 ………………………………………… *216*
	7.3.3	高周波スピン干渉パターンの観測 ………………… *218*
		実 験 条 件 ………………………………………… *218*
		制 御 系 …………………………………………… *219*
		干渉パターンの観測 ……………………………… *220*
		干渉パターンの位置依存性 ……………………… *222*
	7.3.4	スピンエコー分光器への応用の可能性 …………… *223*
7.4	おわりに ………………………………………………………… *226*
参考文献 ……………………………………………………………… *229*

付録A　中性子に関する物理量の関係 … *231*
A.1　波長，速度，エネルギー … *231*
A.2　静磁場との相互作用 … *231*
A.3　振動磁場との相互作用 … *231*

付録B　公 式 集 … *233*
B.1　Pauli 行列 … *233*
B.2　4元ベクトル，ガンマ行列など … *234*

付録C　記　　号 … *237*

編 集 後 記 … *239*
索　　引 … *241*

第 1 章 中性子の光学的性質と中性子偏極デバイスそして中性子スピン干渉の原理

阿知波紀郎, 田崎誠司, 日野正裕, 山崎　大

1.1 中性子の基本的性質

1.1.1 中性子とは

1932 年, Chadwick によりその存在が明らかにされた中性子は [1], 表 1.1 に示すように, その質量が陽子とほぼ同じで, スピンと磁気モーメントを持ち, 寿命が約 890 秒で電気的に中性な粒子であるが, その核磁気モーメントの起源は荷電粒子（1 つの u クオークおよび 2 つの d クオークに起因すると考えられている. 中性子を大量に発生させるには, 原子炉を用いる方法と加速器を用いる方法とがある. このどちらの方法においても放出されるのは, 数 MeV のエネルギーを持つ高速中性子で, その de Broglie 波長は $\sim 4 \times 10^{-14}$ m 以下と極めて短いが, 中性子吸収の少ない減速材によって減速すると, ほぼ減速材の温度 T_{mod} で特徴付けられる Maxwell 分布をした熱中性子束 ϕ が形成される [4][5].

$$\phi(v) \propto v^3 \exp\left(-\frac{mv^2}{2k_B T_{\mathrm{mod}}}\right). \tag{1.1}$$

T_{mod} は, ほぼ 300K であるので, この熱中性子束 ϕ は, エネルギーで約 25 meV, また, de Broglie 波長で約 0.18 nm の点にピークを持つ分布をしている.

$$v = \left(\frac{3k_B T}{m}\right)^{1/2}. \tag{1.2}$$

大部分の熱中性子の de Broglie 波長は 0.1 nm 以上である. この de Broglie 波長は, 物質の結晶格子間隔と同程度の長さであるので, 熱中性子は光学的性質を示しやすい. また, 熱中性子源の近傍に液体水素貯槽などを設置することに

表 1.1: 中性子の性質 [2][3]

質量 m_n (kg)	$1.674928(1) \cdot 10^{-27}$
$m_n c^2$ (MeV)	939.56563 ± 0.00028
電荷の上限 ($\times 10^{-21} e$)	-0.4 ± 1.1
スピン量子数 ($\hbar$)	$-1/2$
磁気モーメント (μ_n/μ_N^*)	-1.9130427 ± 0.0000005
Larmor 振動数 (MHz/Tesla)	29.16
寿命 (sec)	885.9 ± 0.9
クオーク構成	u-d-d
* 核磁子 (μ_N)	$(3.152451238 \pm 0.000000024) \times 10^{-14} \mathrm{MeV} T^{-1}$

よって, 熱中性子をさらに冷却し, より長い de Broglie 波長を持つ冷中性子を取り出す方法も用いられている [6][7][8]. このような熱中性子および冷中性子を総称して低速中性子と呼ぶ. 本書では, このような低速中性子を対象として取り扱う. 中性子の速度 v と de Broglie 波長 λ は, 中性子の運動エネルギーと質量が分かれば求められる.

$$v = (2E/m)^{1/2}, \tag{1.3}$$

$$\lambda = h/mv = h(2mE)^{-1/2}. \tag{1.4}$$

ここで h はプランク定数で $6.62606876(52) \times 10^{-34} Js$[2] である.

表 1.2: 中性子エネルギーバンドの温度による記述

10^{-7} eV	超冷中性子	Ultra cold neutrons
0.1-10 meV	冷中性子	Cold neutrons
10-100 meV	熱中性子	Thermal neutrons
100-500 meV	熱い中性子	Hot neutrons
> 500 meV	エピサーマル中性子	Epithermal neutrons

逆に中性子の運動エネルギーは, 波数 k, 波長 λ, 振動数 ν, 速度 v, 温度 T などの関数として表される.

$$E = \frac{\hbar^2 k^2}{2m} = \frac{h^2}{2m\lambda^2} = h\nu = \frac{1}{2}mv^2 = \frac{1}{2}m\left(\frac{d}{t}\right)^2 = k_B T. \qquad (1.5)$$

後の利便のため, これらの数値の間の関係を示す.

$$E[meV] = .020723 k^2 = \frac{.8181}{\lambda^2} = 4.136\nu = 5.2267 \times 10^{-6} \left(\frac{t}{d}\right)^{-2} = 0.086173 T. \qquad (1.6)$$

ここで, 各定数値の単位は, 以下に示す通りである.

$$\lambda[\text{nm}], \nu[\text{THz}], v[\text{m/s}], k[\text{nm}^{-1}], \frac{t}{d}\left[\frac{\mu s}{\text{m}}\right], T[^\circ \text{K}]. \qquad (1.7)$$

ここで, m, v, k_B は, それぞれ, 中性子の質量, 速度, ボルツマン定数である [9].

低速中性子は, X 線, 電子線と比較して, 以下のような特徴を有する.

- 中性子は電荷を持たない物質波であり, 主な相互作用が原子核と磁場だけで単純である.

- 低速中性子の場合, de Broglie 波長が結晶格子間隔と同程度以上であり, そのエネルギーが分子や結晶の持つエネルギーと同程度である.

- 多くの物質に対して透過性が高い.

- 軽い原子でも散乱断面積が大きいものがある.

- 同じ元素でも同位体によって断面積の大きさの異なるものがある.

- 磁性体との相互作用が大きい.

- X 線や電子線等と異なり, 測定中の温度の上昇などの試料に対する影響が小さい.

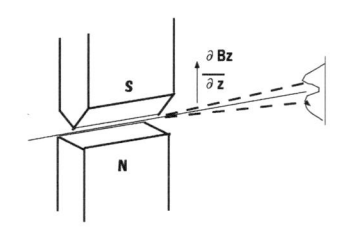

図 1.1: Stern-Gerlach 実験の配置

1.1.2　中性子の磁気モーメント

　中性子の磁気モーメントは, 最初に Bloch[10] により決定された. 中性子が核スピン $1/2\hbar$ に起因する核磁気モーメントを有するため, Stern-Gerlach 実験が可能である [11][12][13]. 図 1.1 に示すように, 磁気モーメントを持つ中性子が z 方向に磁場勾配を持つ $\boldsymbol{B}_z$ に x 方向から入射する場合を考える. 磁気的ポテンシャルエネルギーは, 次式で与えられる.

$$V_{\mathrm{mag}} = -\boldsymbol{\mu} \cdot \boldsymbol{B}. \tag{1.8}$$

ここで, 中性子スピンの方向は不均一量子化磁場に追随するいわゆる断熱条件を満たすとする. この時スピン状態 $s_z = \pm\frac{1}{2}$ にある中性子は, z 方向に力を受ける.

$$F^{\pm} = \mu_z \frac{\partial \boldsymbol{B}_z}{\partial z} = \pm \frac{1}{2}\hbar\gamma_n \frac{\partial \boldsymbol{B}_z}{\partial z}. \tag{1.9}$$

ここで, $\gamma_n = -1.832 \times 10^7 kg^{-1}s^{-1}$ は中性子の gyromagnetic ratio である. さて, 運動量 p_x の非偏極中性子がこの不均一磁場を Δt 秒横切るとすれば, スピン状態に応じて中性子ビームは分離される.

$$\Delta\theta = \frac{1}{2}\hbar\Delta t \left|\gamma_n \frac{\partial \boldsymbol{B}_z}{\partial z} / p_x\right|. \tag{1.10}$$

この際, z 方向の運動量はスリット幅 Δz に対応して, $\hbar/\Delta z$ の不確定性をもち, 最低ビーム分離角度は, $\Delta\theta_{\min} = \hbar/p_x\Delta z$ である. 実際にこのビームの分離を観

測するには, $\Delta\theta \gg \Delta\theta_{\min}$ の条件が必要である.

$$\left|\gamma_n\frac{\partial \boldsymbol{B}_z}{\partial z}/p_x\right|\Delta z\Delta t \gg 1. \tag{1.11}$$

この2つの中性子スピン状態におけるエネルギー分離 $\Delta E = \Delta(\hbar\gamma_n\boldsymbol{B})$ は, 中性子が Δt 秒磁場と相互作用するなら次の不確定関係を満たすべきである [14].

$$\Delta E \Delta t \geq \hbar. \tag{1.12}$$

この実験において, 中性子ビームが2本に分かれることから, 中性子のスピンが 1/2 であることが示される.

原子の核外電子の偏極による中性子の散乱では, 後述するように, 原子核外電子の磁気モーメントと散乱ベクトルが平行な場合は, 中性子は原子核外電子の磁気ポテンシャルを感じない.

1.1.3 中性子と重力の相互作用

中性子の質量は, 表 1.1 より, $m_n = 1.674928(1)\cdot 10^{-27}$kg なので, 重力加速度 $g = 9.80665$ m sec^{-2} を用いて, 基準より h mm 高い位置での重力ポテンシャルは,

$$mgh \simeq 1.64\cdot h \times 10^{-29}\text{J} \simeq h \times 10^{-10}\text{eV}. \tag{1.13}$$

となる. 中性子の慣性質量 m_i と重力質量 m_g の同等性は, スピン状態に関係なく実験的に $m_g/m_i = 1.00011(17)$[15] まで確認された. ここでは, Koester[16] の中性子重力屈折計に言及する. 中性子重力屈折計では, Fermi の擬ポテンシャルで特徴づけられる液体鏡面よりの全反射臨界高さ h_c を求める.

$$h_c = \frac{V_F}{m_g g} = 2\pi\hbar^2 m_i N b. \tag{1.14}$$

ここで, b は束縛散乱長, N は液体の 1cm^3 原子数である. h_c は臨界高さと呼ばれ, 中性子の自由落下実験においてミラーからの垂直方向高さで, 全反射臨界波長の中性子の速度を生み出す高さである. この実験で, 水平方向に発射された放物線軌跡で落下する単色中性子の開口高さ幅が Δz であるとき, 自由落下中

性子が次式の水平距離 Δx 以上のミラーで反射観測される時,観測精度が不確定を上回る.

$$\Delta z \Delta x \geq l_c^2. \tag{1.15}$$

ここで,

$$l_c = \frac{\hbar}{(\lambda m_i m_g g)^{\frac{1}{2}}}, \tag{1.16}$$

で与えられる. すなわち, $\Delta z \Delta x / l_c^2$ が精度の目安となる. Koester らは, $m_g/m_i = 1$ として, H, C, Cl, F, Br の散乱長をこの方法で, 精度よく求めた [17].

全反射臨界速度以下の超冷中性子を物質ボトルにためて, そのスペクトル変化を測定する中性子重力スペクトロメータにおいて中性子のエネルギー弁別は, 重力に抗して反跳する高さにより行われる.

1.2 　低速中性子の束縛原子による散乱

1.2.1 　Fermi の擬ポテンシャル

低速中性子の物質による光学的性質は, Fermi らによる全反射実験によって初めて実験的に示された [18][19]. 彼らはこの実験で, 光の場合と同様に, 低速中性子に対する物質の屈折率を考えることができることを示し, 元素の散乱断面積および原子数密度を用いてこれを与えた. Goldberger らはこの Fermi らの研究を発展させ, 散乱および吸収断面積を用いて屈折率を表した [20]. Hughes [4] および Gurevich ら [21] は屈折率を元素の干渉性散乱断面積と関係付けている. さらに, Sears は干渉性散乱長, 非干渉性散乱長, および吸収断面積と屈折率との関係を求めた [22]. 熱中性子は物質中で他の原子核によって散乱され結果として常温付近で熱平衡状態で存在する中性子であり [23], 冷中性子は Be の Bragg cut-off 波長より長い波長を持った中性子であり, UCN は任意の入射角で入射しても物質表面で全反射するエネルギー領域の中性子である.

中性子が物質に入射し散乱されるのは核力によるものである. 低速中性子の場合, 中性子の波長 10^{-10}m に対して核力の及ぶ範囲は 10^{-14}m から 10^{-15}m の

オーダーと非常に小さいので, 中性子との散乱ポテンシャルを δ-関数を用いて次のように記述する.

$$V_\nu(r) = \frac{2\pi\hbar^2}{m_r} a_\nu \delta(\boldsymbol{r} - \boldsymbol{r}_\nu). \tag{1.17}$$

ここで, a_{coh} は干渉性散乱長, $m_r = m(1+1/A)$ は中性子の換算質量で, A は衝突時に束縛された系の原子量の和である.

これは Fermi によって導入された擬ポテンシャルである. 中性子はこのようなポテンシャルを持つ原子核それぞれと相互作用する. 中性子の波長が原子核間距離よりも十分長い場合には, この相互作用を物質の体積で平均化した実効的なポテンシャルで散乱される.

中性子波の物質による散乱は, 化学結合した Fermi ポテンシャルの集合体による散乱波の重ね合わせとなる. まず, 最初に入射低速中性子波が平面波であるとき, 自由な 1 個の原子により散乱される散乱波は, 散乱体から遠く離れた場所で次式の球面波 (S 波) で表される.

$$\Psi(r) = \exp(ikz) + f(\theta)\frac{\exp(ikr)}{r}. \tag{1.18}$$

Born 近似によれば,

$$f(\theta) = -\frac{m_r}{2\pi\hbar^2} \int d\boldsymbol{r} V(r) \exp(-i\boldsymbol{k}\boldsymbol{r}). \tag{1.19}$$

低速中性子波に対し $|a| \ll \lambda$ が成立し, $f(\theta) = -a$ である. ここで, a は散乱長と呼ばれ微分断面積は次式で表される.

$$d\sigma = |a|^2 d\Omega. \tag{1.20}$$

さて N 個の化学結合した原子よりなる分子集合による微分断面積は, Born 近似により式 (1.19) を拡張して,

$$\begin{aligned}|\frac{d\sigma}{d\Omega}|_{l|i} &= \frac{k}{k_0} |f_{l|i}(\theta)|^2, \tag{1.21}\\ &= \frac{k}{k_0} |\sum_\nu^N b_\nu <l|\exp(-i\boldsymbol{\kappa}\boldsymbol{r}_\nu)|i>|^2. \tag{1.22}\end{aligned}$$

ここで $\boldsymbol{\kappa} = \boldsymbol{k} - \boldsymbol{k}_0$ であり, 束縛散乱長 b_ν は, 次式で与えられる.

$$b_\nu = a_\nu \frac{1 + \frac{1}{A_\nu}}{1 + \frac{1}{A_t}}. \tag{1.23}$$

A_ν は ν 番目の原子の原子量, $A_t = \sum_\nu^N A_\nu$ は分子の全体の質量である. 中性子波は, 分子全体と相互作用する.

物質を構成する原子の種類により中性子の散乱長は異なり, また, 一般に原子は核スピンを持つ. 中性子の核スピンは, 散乱中性子原子核のスピンと平行または反平行に結合するので, 散乱長は異なる 2 つの値 b_+ および b_- をとる. 原子核スピンと中性子スピンの結合状態 $\boldsymbol{J} = \boldsymbol{I} + \boldsymbol{s}$ におけるスピン状態の投影オペレータをかけることにより, 干渉性散乱長 は, $b_{\mathrm{coh}} = <b>$ と書ける.

$$b_{\mathrm{coh}} = \eta_+ b_+ + \eta_- b_-. \tag{1.24}$$

ここで,

$$\eta_+ = \frac{I + 1 + 2(\boldsymbol{I}\boldsymbol{s}_n)}{2I + 1} \tag{1.25}$$

$$= \frac{I + 1}{2I + 1}, \tag{1.26}$$

$$\eta_- = \frac{I - 2(\boldsymbol{I}\boldsymbol{s}_n)}{2I + 1} \tag{1.27}$$

$$= \frac{I}{2I + 1}. \tag{1.28}$$

非干渉性散乱長は, $b_{\mathrm{inc}} = (<b^2> - <b>^2)^{1/2}$ で次式で与えられる.

$$b_{\mathrm{inc}} = \left[\frac{(b_+ - b_-)^2 I(I+1)}{(2I+1)^2} \right]^{1/2}. \tag{1.29}$$

ここで, 原子核スピンの方向は, 熱平均によりランダム方向を向く.

$$<I_x> = <I_y> = <I_z> = 0. \tag{1.30}$$

したがって, 干渉性核散乱は, ノンスピンフリップである. 一方, 非干渉性散乱は, 次式により, 1/3 はノンスピンフリップ散乱であり, 2/3 はスピンフリップ散乱となる.

$$<I_x^2> = <I_y^2> = <I_z^2> = \frac{1}{3} I(I+1). \tag{1.31}$$

バナジウム金属は, 干渉性散乱断面積は小さく (0.0184 barn), スピン非干渉性散乱が大きい (5.187 barn) ため, 散乱断面積の絶対値較正に利用される. その理由は, 非干渉性散乱は, 全方位等方散乱であるからである.

また, 水素の非干渉性散乱は, すべての元素のなかで最大の値 (79.9 barn) を有し, 水素を含む化合物の自己相関関数を測定するのに利用される.

物質による中性子の屈折, 回折, Bragg 反射, 干渉などの光学的性質は, 物質構成原子の干渉性散乱より説明される.

1.2.2 中性子の磁気散乱

物質中の束縛原子と中性子の相互作用には, 核ポテンシャル以外に中性子スピンと核外電子との磁気相互作用が存在する [24]. この相互作用は, 中性子スピンによるベクトルポテンシャルと核外電子スピン電流との相互作用よりなる [24].

$$V = \frac{1}{c} \sum_l \boldsymbol{A}(\boldsymbol{r}, \boldsymbol{r}_l) \cdot \boldsymbol{j}(\boldsymbol{r}_l). \tag{1.32}$$

ここで $\boldsymbol{j}(\boldsymbol{r}_l)$ は l 番目の核外電子のスピン電流で, $\boldsymbol{A}(\boldsymbol{r}, \boldsymbol{r}_l)$ は, 中性子核磁気モーメントのおよぼすベクトルポテンシャルである.

$$\boldsymbol{A}(\boldsymbol{r}, \boldsymbol{r}_l) = \frac{\boldsymbol{\mu} \times (\boldsymbol{r}_l - \boldsymbol{r})}{|\boldsymbol{r}_l - \boldsymbol{r}|^3}, \tag{1.33}$$

$$\boldsymbol{\mu} = 2\gamma \mu_{nucl} \boldsymbol{s}_n. \tag{1.34}$$

スピン量子数 s_n の入射中性子平面波による磁気反射により, 原子の量子状態 A より A' へ, 散乱波スピン量子数 s' に遷移する.

$$\left(\frac{d\sigma}{d\Omega}\right)_{A's'|As} = \left| -\frac{m}{2\pi\hbar^2} \langle A's' | \int d\boldsymbol{r} e^{-i\boldsymbol{k}\boldsymbol{r}} V e^{-i\boldsymbol{k}_0\boldsymbol{r}} |As\rangle \right|^2, \tag{1.35}$$

$$f_{A's'|As} = -\frac{m}{2\pi\hbar^2} \langle A's' | \int d\boldsymbol{r} e^{-i\boldsymbol{\kappa}\boldsymbol{r}} V |As\rangle. \tag{1.36}$$

$\gamma = -1.913$ は, 核磁子で表した中性子の磁気モーメントである. 1 個の磁気原子による中性子の磁気散乱振幅は, 中性子ベクトルポテンシャルと原子磁気

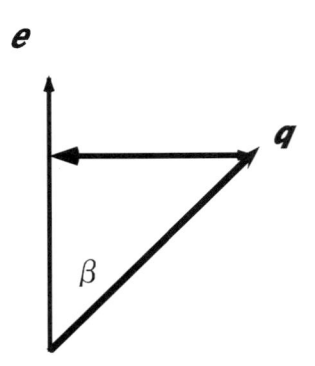

図 1.2: 相互作用ベクトル q と中性子散乱ベクトル e, 並びに原子磁気モーメント h の関係

モーメントの相互作用の結果, 次式で与えられる.

$$f_{s'm'|sm} = 2r_0\gamma P(\kappa)\langle s'm'|(\boldsymbol{Ss}_n) - (\boldsymbol{es}_n)(\boldsymbol{Se})|sm\rangle, \tag{1.37}$$

$$P(\kappa) = \left\langle A\left|\sum_l \left|\exp(i\kappa r_l)\frac{(\boldsymbol{s}_n\boldsymbol{S})}{S(S+1)}\right|A\right.\right\rangle. \tag{1.38}$$

ここで r_0 は電子の古典半径, $P(\kappa)$ は, 原子の磁気形状因子で, 磁性電子の原子のまわりの分布の Fourier 変換で与えられる.

磁気散乱により, 磁気量子数の変化がない時, 磁気散乱振幅は次式で与えられる.

$$f_{mg} = r_0|\gamma|SP(\kappa)F, \tag{1.39}$$

$$F = 2(\boldsymbol{s}_n\boldsymbol{q}), \tag{1.40}$$

$$\boldsymbol{q} = \boldsymbol{e}(\boldsymbol{eh}) - \boldsymbol{h}. \tag{1.41}$$

ここで, h は, 原子の周りの電子スピン方向の単位ベクトル, e は散乱ベクトルであり, 図 1.2 に示すように, 相互作用ベクトル q は, 散乱ベクトルへ方向への磁性原子スピン磁気モーメント単位ベクトルの足の長さとなる. 後述する磁気多層膜の磁化は, 膜面に存在することが, 磁気 Bragg 反射の条件となる. 最後に

磁気散乱振幅と核散乱長による干渉を考える.

$$R = b \pm |F_{mg}|, \tag{1.42}$$

$$\frac{d\sigma}{d\Omega} = R^2 = (b \pm |f_{mg}|)^2 = b^2 + f_{mg}^2 \pm 2b|f_{mg}|. \tag{1.43}$$

磁性体による非偏極中性子の散乱は, 磁気散乱の符号が中性子磁気モーメントと磁化方向とが平行または反平行により符号が異なる. 核散乱と磁気散乱の符号が反対で絶対値が同じ場合は, 散乱中性子は, 偏極される.

1.2.3 物質による中性子の屈折

冷中性子では中性子のもつ波動性が顕著に現れる. まず, 冷中性子の示す光学現象として屈折率について述べる. 中性子の図 1.3 のように平面波 e^{ikz} で表される中性子が, 厚さ l の物質を通過するとする. このとき, $\lambda \gg l$ と仮定する. 中性子の物質に対する屈折率を n とするとき, 透過波は次のように書くことができる.

$$\exp\{inkl + ik(z-l)\} = \exp(ikz)\exp\{ikl(n-1)\}. \tag{1.44}$$

一方中性子の透過波は, 入射波と物質内の原子核で散乱された干渉性散乱波との重ね合わせによって表される. すなわち, 透過波は次のようにも書くことができる.

$$\exp(ikz) - 2\pi l N_0 b_{\text{coh}} \int_0^\infty \exp(ikr)\frac{y}{r}dy. \tag{1.45}$$

ただし, N_0 は物質の原子数密度, b_{coh} は物質の干渉性散乱長である. $r^2 = z^2 + y^2$, $ydy = rdr$ より, 式 (1.45) の第 2 項は次のようになる.

$$\exp(ikz) - 2\pi l N_0 b_{\text{coh}} \int_z^\infty \exp(ikr)dr. \tag{1.46}$$

ここで,

$$\int_z^\infty \exp(ikr)dr = \lim_{p^2 \to 0} \int_z^\infty e^{ikr} e^{-p^2 r} dr = -\frac{\exp(ikz)}{ik}. \tag{1.47}$$

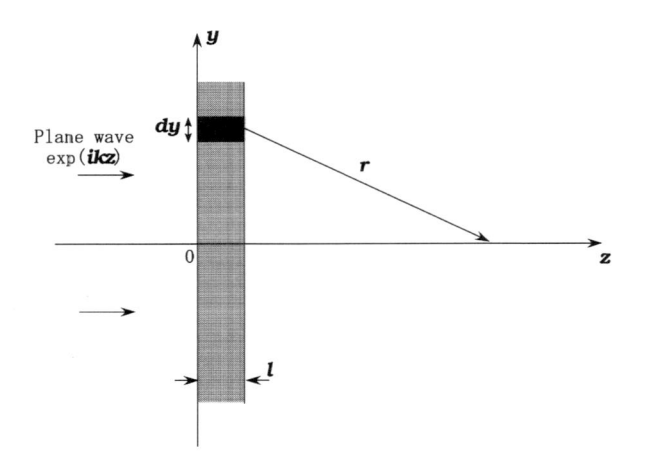

図 1.3: 平面波 e^{ikz} が物質を通過する図 (物質の厚さは l) [21]

を用いると, 式 (1.44),(1.47) より次の等式が成り立つ.

$$\exp(ikz)\exp\{ikl(n-1)\} = \exp(ikz)\left(1 - i\frac{2\pi l N_0 b_{\mathrm{coh}}}{k}\right). \tag{1.48}$$

$kl(n-1)$ は,1 より十分小さいので,

$$\exp(ikz)\exp\{ikl(n-1)\} \simeq \exp(ikz)\{1 + ikl(n-1)\}, \tag{1.49}$$

のように近似できる. よって, 中性子に対する物質の屈折率 n は次式のようになる.

$$n \simeq 1 - \frac{2\pi N_0 b_{\mathrm{coh}}}{k^2}. \tag{1.50}$$

エネルギー保存則 $k^2 - k'^2 = 2mV/\hbar^2$ を用いると, 物質中の屈折率 $n(= k'/k)$ はポテンシャル V と関係づけられる. ここで, k' は, 物質中の中性子波数である. $1 \gg 2\pi N_0 b_{\mathrm{coh}}/k^2$ を仮定し, 式 (1.50) を用いるとポテンシャルは次式で与えられる.

$$V_{\mathrm{nucl}} = \frac{2\pi \hbar^2 N_0 b_{\mathrm{coh}}}{m}. \tag{1.51}$$

ただし，m を中性子の質量とする．また，強磁性体内では物質の磁化 $\boldsymbol{B}$ によって磁気ポテンシャル

$$V_{\mathrm{mag}} = -\boldsymbol{\mu_n} \cdot \boldsymbol{B}, \tag{1.52}$$

が存在する．

したがって中性子に対する磁化が飽和した強磁性物質の光学ポテンシャル V_{op} は，

$$V_{\mathrm{op}} = V_{\mathrm{nucl}} + V_{\mathrm{mag}} = \frac{2\pi\hbar^2 N_0 b_{\mathrm{coh}}}{m} - \vec{\mu_n} \cdot \vec{B}. \tag{1.53}$$

のようになる．吸収や非干渉性散乱を含む一般の屈折率 n は，物質を構成する原子核に対する中性子の散乱断面積と次のように関係づけれる [22]．

$$1 - n^2 = \frac{N_0}{k^2}\left\{\pm\left[4\pi\sigma_{\mathrm{coh}} - (k\sigma_{\mathrm{a}})^2\right]^{(1/2)}(1 + J') - ik(\sigma_{\mathrm{a}} + \sigma_{\mathrm{inc}} + \sigma_{\mathrm{coh}})\right\}. \tag{1.54}$$

ここに，N_0 は原子核密度，k は中性子の波数である．また，σ_{coh}, σ_{inc}, σ_{a} はそれぞれ干渉性散乱，非干渉性散乱，吸収の断面積である．第 1 項の複号は，核種の散乱長の符号による．大部分の物質ではこの符号は正であるが，Ti, H などは負である．

J' は局所場補正と呼ばれる量の実部であり，物質の温度，組成，密度などに依存するが，その大きさはほぼ 10^{-5} なので無視することができる．

また，$(k\sigma_{\mathrm{a}})^2$ の大きさが $(k\sigma_{\mathrm{a}})^2 \sim (4\pi\sigma_{\mathrm{coh}}) \times 10^{-9}$ 程度であることから，式 (1.54) は

$$1 - n^2 = \frac{N_0}{k^2}\left\{\pm\left[4\pi\sigma_{\mathrm{coh}}\right]^{(1/2)} - ik\left(\sigma_{\mathrm{a}} + \sigma_{\mathrm{inc}} + \sigma_{\mathrm{coh}}\right)\right\}, \tag{1.55}$$

と近似して差し支えない．さらに，上式の虚数項は $(4\pi\sigma_{\mathrm{coh}}) \sim k(\sigma_{\mathrm{a}} + \sigma_{\mathrm{inc}} + \sigma_{\mathrm{coh}}) \times 10^4$ であることから，無視することができる．こうして，冷中性子に対する物質の屈折率は，干渉性散乱長 $b_{\mathrm{coh}} = \pm\sqrt{\sigma_{\mathrm{coh}}/4\pi}$ を用いて

$$1 - n^2 \simeq \frac{4\pi N_0 b_{\mathrm{coh}}}{k^2}, \tag{1.56}$$

と書ける．

表 1.3: 中性子反射ミラー用のさまざまな物質の干渉性散乱長 b_{coh}, 原子核数密度 N_0, 核ポテンシャル V_{nucl}, 磁気ポテンシャル V_{mag}, 臨界波長 λ_c, 臨界速度 v_{lim} [25].

物質	b_{coh} $(10^{-13}\mathrm{cm})$	N_0 $(\times 10^{-22}\mathrm{cm}^{-3})$	V_{nucl} (neV)	V_{mag} (neV)	λ_c (nm)	v_{lim} (m/s)
Be	7.79	12.3	249	-	57.2	6.91
C	6.65	11.3	195	-	64.7	6.11
Al	3.45	6.00	53.92	-	123.1	1.50
Mg	5.38	4.31	60.34	-	116.4	3.40
Si	4.15	5.02	54.2	-	122.8	3.22
Ti	-3.44	5.71	$-51.$	-	-	-
V	-0.38	6.86	-6.83	-	-	-
Mn	-3.73	8.13	-79	-	-	-
$\mathrm{Fe}_{55}\mathrm{Ni}_{45}$	9.83	8.61	221	96.5	-	-
Co	2.49	8.99	58.3	110	118.0	3.34
Ni	10.30	9.08	243	38.6	57.96	6.83
^{58}Ni	14.40	9.08	338	38.6	49.02	8.07
Cu	7.72	8.46	170	-	69.3	5.70
Zn	5.68	6.56	97.0	-	91.8	4.31
Ge	8.19	4.48	95.6	-	92.6	4.27
Y	7.75	3.73	75	-	104.2	3.80
Zr	7.16	4.31	80	-	100.9	3.92
Nb	7.05	5.55	101	-	89.6	4.42
Pd	5.91	6.88	105	-	87.9	5.40
Pb	9.41	3.30	81	-	100.6	3.93
Bi	8.53	2.82	62.74	-	114.1	3.46
$\mathrm{H_2O}$	-1.68	3.32	-14	-	-	-
$\mathrm{D_2O}$	19.15	3.32	165	-	70.28	5.63
$\mathrm{TiO_2}$	8.17	3.19	67.83	-	110.0	3.60
quartz	15.76	2.23	91.3	-	94.7	4.18

中性子ミラーに利用されるさまざまな物質の V_{nucl} と V_{mag} を表 1.3 に挙げておく．図 1.4 のポテンシャルを利用して，中性子ビームの制御が可能である．すなわち，基板に適当な物質を蒸着するなどして中性子ミラーを作成すれば，このポテンシャルによって中性子ビームを反射・透過させることができる．多層膜ミラー，磁気多層膜ミラーを用いれば低速中性子ビームを効率よく単色化や偏極させることができる．

1.2.4 単層膜による中性子全反射

まず平面，鏡面性共に高い基板（例えばシリコン基板やフロートガラス）に物質を 1 層だけ積層させた単層膜を考えてみる．本節で取り扱う中性子波はすべて平面波であるとし，物質はその光学ポテンシャルのみを考える．また，平面状物質の表面および界面には凹凸がなく，平面および界面で波は鏡面反射されるものとする．中性子線の単層膜への入射角度は θ とする（図 1.4(上)）．

膜面に対して水平な方向では運動量は保存されるので，膜面に対して垂直方向 (x 軸) の 1 次元の箱形ポテンシャルモデルで中性子の反射を考える．この物理系は図 1.4(下) のように描くことができる．ここでポテンシャルの幅は膜の厚さ d，その高さ V_{op} は物質の種類によって決まる．膜面に垂直な方向の中性子の運動エネルギーが膜のポテンシャルより小さいとき，入射中性子はすべて反射される．これを全反射と言い，全反射が起こる条件は，

$$E \sin^2 \theta \leq V_{\text{op}}, \tag{1.57}$$

である．入射中性子が全反射できる最大の角度を全反射臨界角 θ_c と言い，次式で表される．

$$\theta_c = \sin^{-1}\left(\sqrt{V_{\text{op}}/E}\right). \tag{1.58}$$

また θ_c は屈折率を用いて次式のようにも表される．

$$\theta_c = \cos^{-1} n \simeq 1 - \left(\frac{n}{2}\right)^2. \tag{1.59}$$

入射領域 0，膜の領域 I, Si 基板領域 II でのミラー面に垂直な方向の Schrödinger

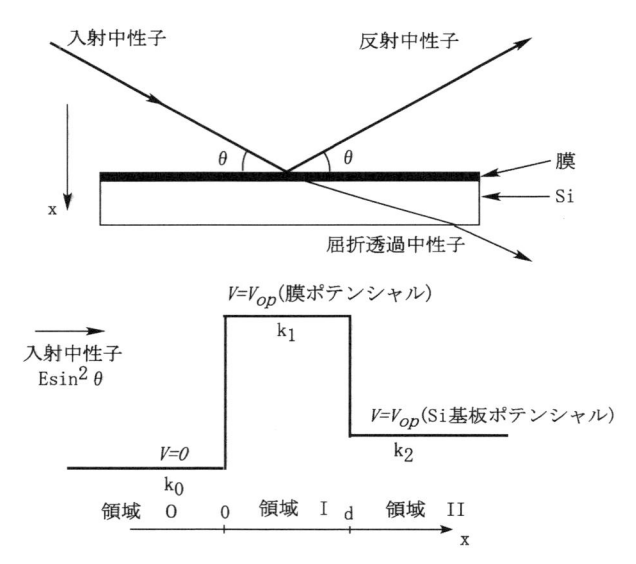

図 1.4: (上) 単層膜に入射した中性子が反射, 透過する様子を表した概念図. (下) 膜面に対して垂直 (x 軸) 方向だけを考えて 1 次元の箱形ポテンシャルモデルを考える.

方程式は次式で表される.

$$\left(\frac{d^2}{dx^2} + k_j\right)\psi_j = 0. \tag{1.60}$$

$k_j, \psi_j (j=0,1,2)$ はそれぞれの領域でのミラー面に垂直な方向の波数, 波動関数である. 境界条件を満たすように解くと, 反射率 R, 透過率 T はそれぞれ,

$$R = 1 - T, \quad T = \frac{4k_1^2 k_0 k_2}{k_1^2(k_0+k_2)^2 + (k_0^2-k_1^2)(k_2^2-k_1^2)\sin^2(k_1 d)} \tag{1.61}$$

となる. ここで膜だけの場合, $k_2 = k_0$ であり,

$$T = \left(1 + \frac{(k_0^2-k_1^2)^2}{4k_0^2 k_1^2}\sin^2(k_1 d)\right)^{-1} \tag{1.62}$$

と表される. また基板だけの場合, $k_1 = k_2$ となり,

$$T = \frac{4k_0 k_1}{(k_0+k_1)^2} \tag{1.63}$$

となる. 例として, ニッケル (Ni) 単層膜ミラーの場合の反射率の計算結果と実験結果を図 1.5 に示す. 膜厚は 96 nm である. この図 1.5 では, 中性子の波長のミラー面に垂直な成分 $\lambda/\sin\theta$ を横軸にとっている. ミラーのポテンシャルよりもエネルギーの低い (長波長の) 中性子はミラーで全反射され, それよりもエネルギーの低い (短波長の) 中性子は屈折して膜の領域に入り込む成分も存在する. ミラーのポテンシャルと等しいエネルギーに相当する入射中性子の波長の垂直成分 $\lambda/\sin\theta$ は, 全反射臨界波長とよばれ, λ_c で表される. 全反射臨界波長よりも長波長の中性子はミラーで全反射されるので, 反射率は 1 となる. 図 1.5 から, Ni の全反射臨界波長 λ_c は 58 nm と求められる. 全反射臨界波長よりも短波長の中性子は, Ni の表面とシリコン基板との境界面で反射した成分が干渉して反射率が振動している. 式 (1.61) の正弦関数の部分に着目すると, 中性子波が強めあう条件は,

$$2d = \left(N + \frac{1}{2}\right)\frac{\lambda_1}{\sin\theta}. \tag{1.64}$$

但し, N は負でない整数であり, $\lambda_1/\sin\theta$ は膜の領域での中性子波長のミラー面に垂直な成分である. すなわち, 中性子波の光路差 $2d$ が波長の半整数倍のと

18

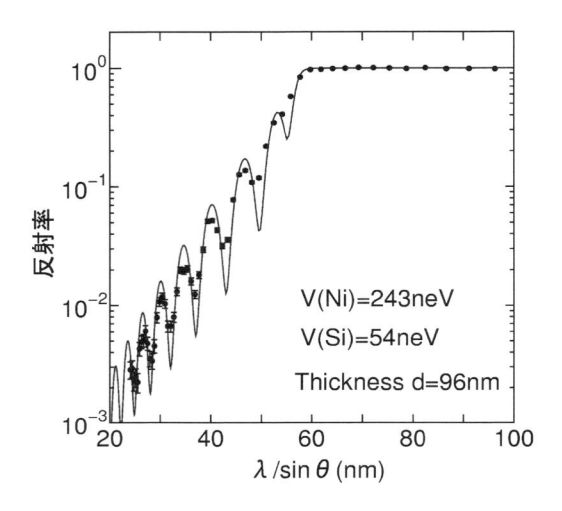

V(Ni)=243neV
V(Si)=54neV
Thickness d=96nm

図 1.5: ニッケル (Ni) 単層膜の反射率

きに強めあって反射率が高くなる．反射時の位相の変化を考えると，ミラー表面のような，ポテンシャルが立ち上がる場合の反射では位相は変化せず，薄膜と Si 基板との境界面のような立ち下がりのポテンシャルによる反射では位相は π だけ反転する．従って，ミラー表面で反射された中性子波と薄膜と Si 基板との境界面で反射された中性子波とは位相が π だけ異なる．よって光路差が波長の半整数倍のときに強めあう．

　低速中性子の全反射現象を利用して，Leibnitz らは原子炉の炉心から低速中性子を効率よく取り出すための中性子導管を製作した [26]．また，Schoenborn らは散乱長密度の異なる 2 つの物質を一定厚さずつ積層して多層膜を製作し，その Bragg 反射によって低速中性子の単色化が可能であることを示した [27]．この多層膜による中性子の反射を拡張して，Lynn らは多層膜を構成する物質に磁性体を用いて中性子偏極モノクロメータを試作し [28]，また，Mezei は多層膜による反射と Ni による全反射を組みあわせて，実効的に全反射臨界角を増大させたスーパーミラーを提案し，実際にそれを製作した [29]．

　一方，Felcher らは，鏡面状物質の中性子反射率にその物質の中性子屈折率分布の影響が表われることに着目して，偏極中性子の反射率から磁性体の表面

磁性を求める中性子反射率法を提案し，実際に測定を行った [30][31]．さらに Bouchaud ら [32] や Penfold ら [33] は，この方法が磁性体以外の物質にも適用可能で，これによって表面近傍の着目する元素や同位体の濃度分布が求められることを示し，いくつかの応用例を提案した．

1.3　多層膜中性子反射ミラーの特性解析 － 光学ポテンシャル法 －

本節では，2 つの異なる物質（例えば Ni と Ti）からなる多層膜ミラーの反射を考える．ここでは Gukasov ら [34] の示した特性行列による多層膜中性子反射率計算法を Yamada ら [35] および Schelten ら [36] に従って導く．

平面状の物質が図 1.6 のように層状になっているとする．この平面に入射見込み角 θ で平面波が入射するとし，入射平面波の波数ベクトルを $\boldsymbol{k}_0$ とする．このとき，$\boldsymbol{k}_0$ を入射面に平行方向と垂直な方向とに分解し，垂直な方向の波数成分を $k_{0x} = |\boldsymbol{k}_0|\sin\theta$ とすると，この方向の成分に関する Schrödinger の波動方程式は次式のように変形される．

$$-\frac{\hbar^2}{2m}\frac{d^2}{dx^2}\psi_x(x) + Vop(x)\psi_x(x) - \frac{\hbar^2(k_x^2)}{2m}\psi_x(x) = 0. \qquad (1.65)$$

この式から，多層膜は x 方向に関しては連続した 1 次元矩形ポテンシャルと見なすことができる．入射波に対する物質のポテンシャルは式 (1.53) で与えられるので，

$$k_{0x}^2 - \frac{2mV_j}{\hbar^2} = n_j^2 k_0^2 = k_j^2 \qquad (1.66)$$

によって k_j を定める．ここで n_j は j 番目の層を作る物質の法線方向屈折率であり，k_j は j 番目の層内での波数の法線成分である．式 (1.65) によって，j 番目の層内での波動関数 $\psi_j(x)$ の満たすべき方程式は，次のように変形される．

$$\left(\frac{d^2}{dx^2} + k_j^2\right)\psi_j = 0. \qquad (1.67)$$

これから，j 番目の層内での波動関数 ψ_j には 2 つの独立解 $e^{\pm ik_j x}$ が存在し，一般解はその線形結合になることが分かる．各層の境界でこれらの波動関数を連

続かつ滑らかに接続することで,多層膜内部での平面波の伝播を求めることができ,多層膜の中性子反射率および透過率も得られる.

正の方向に進む波 $e^{ik_j x}$ および負の方向に進む波 $e^{-ik_j x}$ の振幅をそれぞれ A_j および B_j とする.このとき,j および $(j+1)$ 番目の層の境界において,A_j, B_j, A_{j+1} および B_{j+1} は,波動関数の連続性かつ滑らかに接続される条件を満たす.

$$\psi_j(x_j) = \psi_{j+1}(x_j), \quad (1.68)$$

$$\psi'_j(x_j) = \psi'_{j+1}(x_j). \quad (1.69)$$

ここで,ψ' は ψ の導関数を表す.ここから,波の振幅に関して行列形式の漸化関係が求められる.

$$\begin{pmatrix} e^{ik_j x_j} & e^{-ik_j x_j} \\ ik_j e^{ik_j x_j} & -ik_j e^{-ik_j x_j} \end{pmatrix} \begin{pmatrix} A_j \\ B_j \end{pmatrix} = \begin{pmatrix} e^{ik_{j+1} x_j} & e^{-ik_{j+1} x_j} \\ ik_{j+1} e^{ik_{j+1} x_j} & -ik_{j+1} e^{-ik_{j+1} x_j} \end{pmatrix} \begin{pmatrix} A_{j+1} \\ B_{j+1} \end{pmatrix}$$

$$(1.70)$$

この関係を整理し,図 1.6 に示す入射,反射,透過中性子波に対する境界条件として,$e^{ik_0 x}$ の振幅を 1,$e^{-ik_0 x}$ の振幅を r,$e^{ik_{N+1} x}$ の振幅を t および $e^{-ik_{N+1} x}$ の

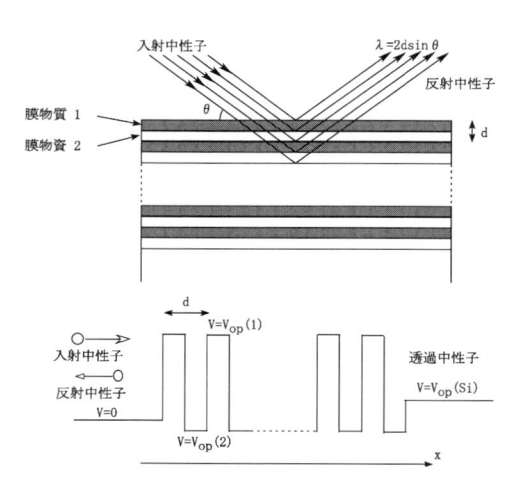

図 1.6: (上) 多層膜ミラーに入射される中性子ビーム.(下)x 方向でのポテンシャル

振幅を 0 とすると，

$$\begin{pmatrix} e^{ik_0 x_0} + re^{-ik_0 x_0} \\ ik_0 e^{ik_0 x_0} - ik_0 re^{-ik_0 x_0} \end{pmatrix} = M \begin{pmatrix} te^{ik_{N+1} x_N} \\ ik_{N+1} te^{ik_{N+1} x_N} \end{pmatrix} \tag{1.71}$$

という式が得られる．ここに，k_{N+1} は多層膜の出口側の物質中での波の波数である．また，M はこの多層膜の特性行列と呼ばれるもので，

$$M = M_1 M_2 \cdots M_{N-1} M_N, \tag{1.72}$$

$$M_j = \begin{pmatrix} \cos(k_j d_j) & -\frac{1}{k_j}\sin(k_j d_j) \\ k_j \sin(k_j d_j) & \cos(k_j d_j), \end{pmatrix} \tag{1.73}$$

によって与えられるものである．式 (1.73) で，d_j は j 番目の層の厚さである．この多層膜による波の中性子反射率 R および透過率 T は，

$$R = |r|^2, \tag{1.74}$$

$$T = |t|^2, \tag{1.75}$$

で得られる．

吸収および非干渉性散乱を無視した場合，この節のはじめで述べたように，n_j は $k_\perp$ にしか依存しない．これは，特性行列 M が $k_\perp$ によって決定されることを意味する．即ち，中性子反射率 R および透過率 T も中性子波数の法線成分 $k_\perp$ のみによって記述されることとなる．これは，中性子反射率 R が $Q = 2k_\perp$ の関数 $R = R(Q)$ あるいは法線方向波長 $\lambda_\perp = 2\pi/k_\perp$ の関数 $R = R(\lambda_\perp)$ として表されることを示している．

1.3.1 多層膜中性子ミラー

多層膜中性子反射ミラーとは，低速中性子の光学的性質を利用したもので，物質表面を鏡面とし，その表面に光学ポテンシャルの異なる 2 つ以上の物質を交互に積層して中性子を反射させるものである．どのような中性子を選択的に反射させるかにより，種々の中性子反射ミラーが設計，製作されている．

低速中性子実験で多層膜中性子反射ミラーを用いる場合，主に以下の 3 つの機能に分類される．

(1) 特定の波長の中性子のみを反射させるための中性子モノクロメータ.
(2) 一定以上の波長の中性子をほとんどすべて反射させるための全反射ミラー.
(3) 特定のスピン方向の中性子のみを反射させるための偏極装置.

多層膜を用いた中性子モノクロメータ

多層膜中性子反射ミラーを中性子モノクロメータとするには, 図 1.6 に示すように, 基板鏡面上に一定周期の多層膜によって人工格子を作り, これによるBragg 反射を用いて特定の波長の中性子だけを反射させる.

このような中性子モノクロメータは Schoenborn らが最初に製作し, その特性を測定した [27][37]. さらに, 多層膜を構成する物質としては, 散乱長の符号の違い, 製作の容易さ, でき上がった多層膜の安定性などの理由から, Ni および Ti が適していることが示され [38], 現在では, 界面粗さの蓄積, 蒸着の困難さなどの問題があると思われるものの層数 2000 の Ni/Ti 多層膜が製作されており [39], また, 実用的には 100 層程度の多層膜が中性子実験に使用されている [40][41]. このような多層膜モノクロメータは比較的長波長 ($\geq$0.4nm) の中性子を取り出すために用いられる. 図 1.7 に蒸着法で制作した層数130, 層厚5nm の Ni/Ti 多層膜モノクロメータの中性子反射率の実験結果および変形光学ポテンシャルによるシミュレーションを示す.

単色化に利用する 1 次の Bragg ピークは $\lambda_\perp$=21 nm の位置にあり, 中性子反射率は 0.74. 波長分解能の半値幅 (FWHM) は 4.7 % である. また, 短波長中性子混入の原因となる 2 次の Bragg ピークも観測されているが, その中性子反射率が 10^{-3} 以下しかない. 一方 Bragg ピークの長波長側の反射率は 10^{-2} までしか減少しない. ここで, 多層膜モノクロメータの長波長側の中性子の混入をほぼ完全になくし, かつ中性子ビームの波長領域及び発散角を制限する方法として, 2 回反射多層膜モノクロメータが実用化された. これは, 2 枚の多層膜反射鏡を直列に 2θ の角度をもって連結したものである [42]. 中性子ビームは, 最初の反射ミラーに見込み角度が θ になるように入射させる. この場合, 図 1.8 のように, 単色中性子は入射ビームに対して 4θ の角度に反射されるので 1 回反射のモノクロメータに比べて曲げ角度が 2 倍となる. ここで入射中性子が角度 $\Delta\theta$ だけずれて最初のミラーに入射する場合を考える. 多層膜の周期を d とし, 多層膜固有の波長分解能を γ_l とすると, 最初のミラーで反射される中性子

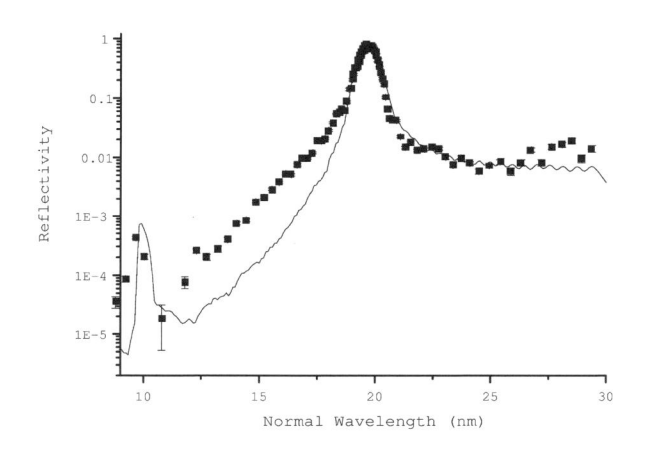

第1章 中性子の光学的性質と中性子偏極デバイスそして中性子スピン干渉の原理　23

図 1.7: 層数 130, 層厚 5nm の Ni/Ti 多層膜モノクロメータの中性子反射率の実験結果および変形光学ポテンシャルによるシミュレーション. この多層膜は蒸着法で作成した.

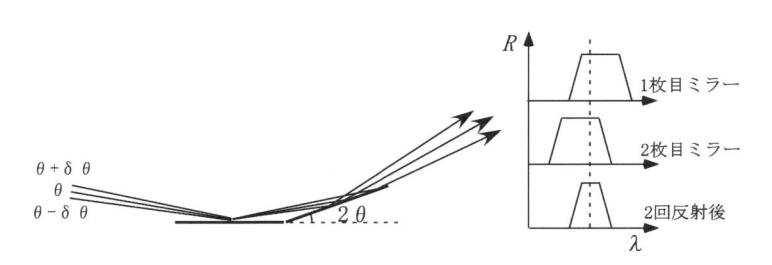

図 1.8: 2 回反射モノクロメータの構造

の波長 λ は

$$2d\sin(\theta+\Delta\theta) - 2d\frac{\gamma_I}{2}\sin(\theta+\Delta\theta) < \lambda < 2d\sin(\theta+\Delta\theta) + 2d\frac{\gamma_I}{2}\sin(\theta+\Delta\theta) \tag{1.76}$$

の条件を満たす.これを整理すると,

$$2d\sin(\theta+\Delta\theta)\left(1-\frac{\gamma_I}{2}\right) < \lambda < 2d\sin(\theta+\Delta\theta)\left(1+\frac{\gamma_I}{2}\right) \tag{1.77}$$

となる.この中性子は, 2 番目のミラーには角度 $\theta-\Delta\theta$ で入射する.この場合, 反射される中性子の波長も同様に,

$$2d\sin(\theta-\Delta\theta)\left(1-\frac{\gamma_I}{2}\right) < \lambda < 2d\sin(\theta-\Delta\theta)\left(1+\frac{\gamma_I}{2}\right) \tag{1.78}$$

となる.図 1.8 に概念的に示すように, 2 回とも反射される中性子は式 (1.77), (1.78) の共通部分の波長を持つものとなる. θ, $\Delta\theta$ および γ_I が小さいとして, 1 次の微小量まで残すと, 2 回とも反射される中性子の波長の満たすべき条件は

$$2d\theta\left(1-\frac{\gamma_I}{2}+\frac{\Delta\theta}{\theta}\right) < \lambda < 2d\theta\left(1+\frac{\gamma_I}{2}-\frac{\Delta\theta}{\theta}\right) \tag{1.79}$$

となる.最初のミラーに $-\Delta\theta$ で入射する中性子に対しても同様の条件が成り立つ.

式 (1.79) から分かるように, 反射される中性子の波長範囲は, 角度のずれ $\Delta\theta$ が大きくなるに従って減少してゆく.波長範囲が一番広くなるのは $\Delta\theta=0$ のときであり, $\Delta\theta = 2d\theta\gamma_I$ となる.即ち, 2 回反射モノクロメータの波長分解能は

$$\frac{\Delta\lambda}{\lambda} = \gamma_I \tag{1.80}$$

となって, 多層膜ミラー固有の分解能と一致する.また, 波長範囲が 0 になるのはビームの発散角が

$$\Delta\theta_0/2 = \frac{\theta\gamma_I}{2} \tag{1.81}$$

となるときで, この値以上の発散角を持つビームは 2 回反射されないということを意味している. $\Delta\theta$ は負の値も取り得るので, この中性子モノクロメータによる単色ビームの発散角は $\Delta\theta_0$ となる.すなわち, その相対発散角 $\Delta\theta_0/\theta$ は,

$$\frac{\Delta\theta_0}{\theta} = \gamma_I \tag{1.82}$$

の関係で表され，これも多層膜固有の分解能と一致する．これから2回反射モノクロメータで得られる単色ビームは，入射ビームの発散角によらずに，波長分解能および相対発散角とも多層膜反射鏡固有の波長分解能に等しくなることが分かる．実際にモノクロメータとして使用する時は，より幅の広い単色中性子ビームを得るために，これらを並べたソーラースリット状に組むことが多い．

多層膜モノクロメータの特徴として以下のことがまとめられる．

(1) 選択される波長範囲が広い，
(2) 2次以上の Bragg 反射をほとんどなくすことができる，
(3) 人工格子の周期は実験条件に合わせて比較的自由に選ぶことができる，
(4) 人工格子の周期を徐々に変化させることによって波長分解能をさらに広げることが容易である．

これに対して問題点としては，主として多層構造が完全でないために，

(1) 中性子反射率が期待されるほど上がらない，
(2) 現在主流の多層膜製作法（マグネトロンスパッターを用いることが多い）．人工格子の周期を 8nm より短くすると中性子反射率が非常に低くなる，
(3) 人工格子の周期が 8nm 以上と長いため，短波長の中性子を単色化には中性子ビームを非常に浅い角度で入射させなければならないこと，

等が挙げられる．

多層膜を用いた中性子全反射ミラー：中性子スーパーミラー

中性子全反射ミラーの製作とその利用は，Fermi らによって行われた種々の物質による全反射実験 [18] まで遡ることができる．彼らはこの実験によって種々の元素の干渉性散乱長を求めた．今日では，ほぼすべての核種について干渉性散乱長が測定され [5]，実験者の用に供されている．低速中性子が全反射を起す角度（全反射臨界角）は，一般に小さい．これを大きくするために，Mezei はスーパーミラーを提案した [29]．スーパーミラーとは，Bragg 反射を利用して，Ni の全反射臨界角を超える角度でも全反射をおこせる中性子反射ミラーのことを言う．ここで「スーパー」とは純物質（一般にはNiを指す）による中性子反射ミラーを超えるものという意味である．よく知られているように Bragg

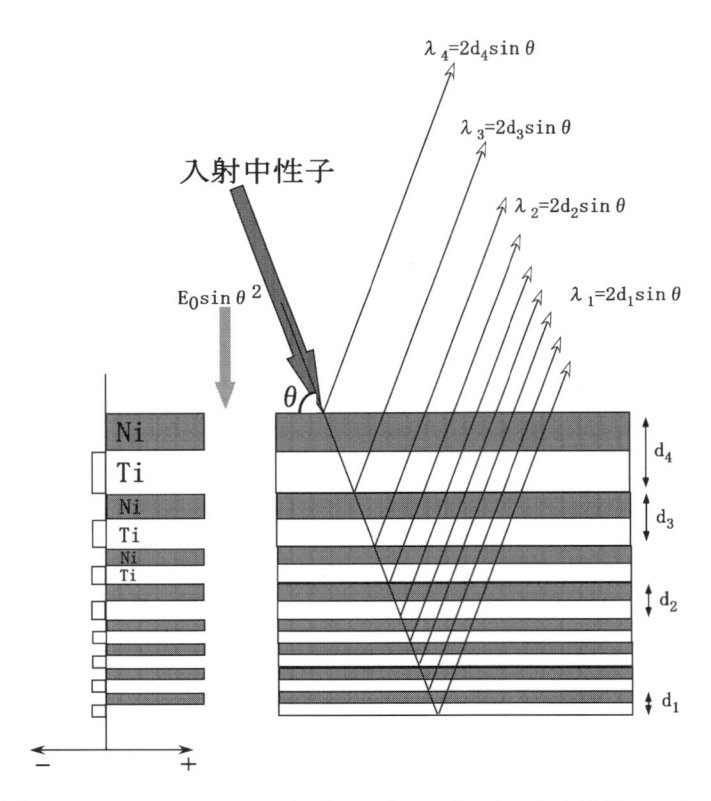

図 1.9: スーパーミラーの構造. 膜厚を徐々に変化させた多層膜と Ni 全反射ミラーとを組み合わせて実効的に反射限界角を大きくしたものである. 反射率は, この節のはじめに示すように, 1次元井戸型マルチポテンシャルの波動方程式の解として, 計算される.

反射は, 互層の周期 (面間隔)d, 入射角 θ, 入射中性子波長 λ, n を整数とすると, $2d\sin\theta = n\lambda$ の条件の時に起こる現象で, スーパーミラーはその互層の周期 d を少しずつ変えながら積層することで広い角度範囲で全反射できるようする [29][38]. 図 1.9 に多層膜スーパーミラーによる中性子反射の概念図を示す. スーパーミラーの性能は一般的に「実効臨界角」と「立ち上がりの反射率」で評価できる.

「実効臨界角」とは反射角の一番大きな部分で, 中性子科学の分野では Ni の全反射臨界角の m 倍という意味で, mQ_c という言い方をすることが多い [43]. 「立ち上がり反射率」とは, その最大の臨界角での反射率である. つまり, m が大きく, 立ち上がりの反射率が 1 に近いほど性能の良いスーパーミラーとなる. ここで Ni/Ti 多層膜の場合, 層数 N と m には $N \simeq 4m^4$ の関係が成り立ち [44], m の大きなミラーほど界面粗さに敏感となり, 高い反射率を得ることが非常に難しい.

実際 Schaerpf の製作したスーパーミラーでは, 反射限界角での中性子反射率は 0.6〜0.8 となっている [45][46][47]. 限界角近傍での中性子反射率がこのように比較的低い原因は, 界面粗さや膜厚の不確定さなどの多層膜の不完全性であると思われる. Majkrzak らはスーパーミラーを構成する Ni に C を添加することで, 界面の粗さを抑え, 反射限界角での中性子反射率が 0.9 に達するスーパーミラーを実現した [48]. 現在市販されているスーパーミラーは, この方法で反射限界角での中性子反射率を上げているものが主流である. そして一般的に入手可能なスーパーミラーは $3.6Q_c$ までであり (2002 年 12 月現在), $4Q_c$ スーパーミラーを目指して研究者はもちろん, 各社, しのぎを削っている ($4Q_c$ の場合, 1000 層以上積層することになり, 性能の良いミラー作成のためには界面粗さは少なくとも RMS で 0.4 nm 以下に抑えねばならない [49]).

京大炉グループはイオンビームスパッター装置を用いて $4Q$ を超えて $5Q_c$ に迫る高性能中性子多層膜ミラーの開発を進めている. 図 1.10(a) に Ni/Ti 多層膜モノクロメーター (d をほとんど変化させていない) と図 1.10(b) に $4Q_c$ スーパーミラーの反射率を示す.

図 1.10(a) において, 多層膜モノクロメーターとして, 格子定数 d=7 nm で 0.93(以上), d=5.8 nm で 0.82(以上) の反射率を達成している. ここで波長分散のある入射中性子をすべて Bragg 散乱させるため, 面間隔 d に 5％の膜厚変化

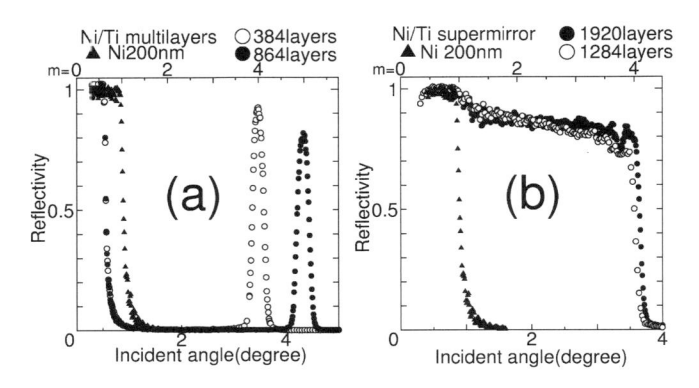

図 1.10: 京大炉のイオンビームスパッタ装置で作成した Ni/Ti 多層膜の反射率．(a) ○ は総層数が 384 層，● は 864 層のモノクロメーター．(b) $m = 4(4Q_c)$ の Ni/Ti スーパーミラーの反射率．○ は総層数が 1284 層，● は 1920 層のスーパーミラー．▲は Ni 単層膜の反射率．実験に使用した中性子の波長は 0.88 nm，その波長分解能は 2.4%(FWHM) である．

をもたせており，この結果は薄い膜厚では界面粗さの成長は比較的緩やかでかつ膜厚を精度良くコントロールできていることも示せた．

図 1.10(b) には異なる層数（○ は 1284 層，● は 1920 層）の $4Q_c$ スーパーミラーの反射率を示す．ここで，1920 層（●）は図 1.10(a) の多層膜モノクロメーターの膜厚分布をそのままスーパーミラーまで拡張したものである．一カ所，谷もあるが，実効臨界角（$4Q_c$）で，1920 層のスーパーミラーは反射率 0.8 を超えている．これは，Laue-Langevin 研究所 (ILL) で作成された世界最高の Ni/Ti 多層膜スーパーミラーに匹敵する結果である（全層数は 1600 層．$4Q_c$ で反射率 0.8)[50]．

図 1.11 に $5Q_c$ を目指した Ni/Ti 多層膜スーパーミラーの反射率を示す．層数は 2820 層，$4.8Q_c$ の部分で立ち上がりの反射率は 0.6 を超えている．ここまでの層数でかつ反射率 0.6 以上で積層できたのは，イオンビームスパッター法の導入によるところが大きい．

スーパーミラーの用途として，中性子導管や中性子ベンダーなどがある．中性子導管とは，中性子反射ミラーを内面に貼り付けた管であり，これにより中性

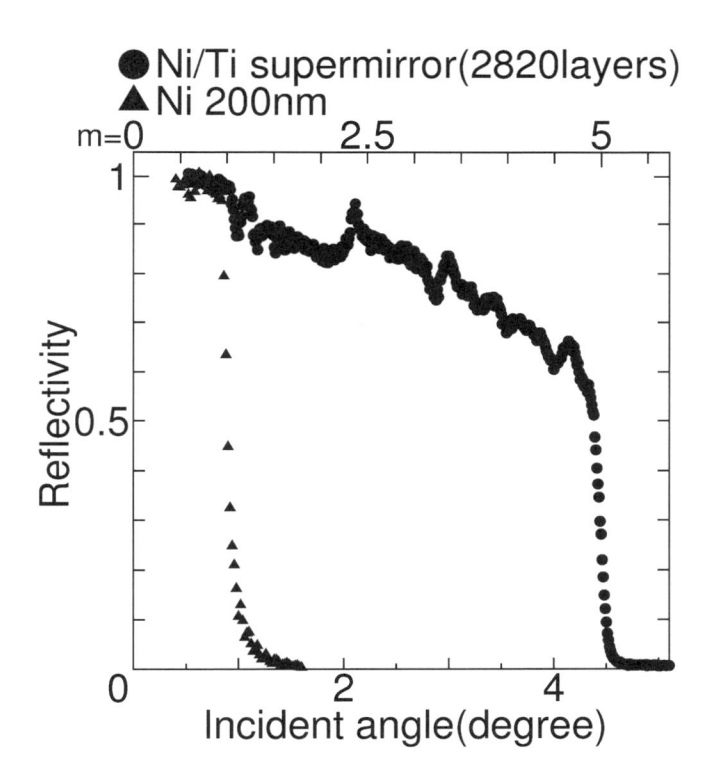

図 1.11: ● は京大炉のイオンビームスパッタ装置で作成した $m = 4.8(4.8Q_c)$ の Ni/Ti スーパーミラーの反射率. 総層数は 2820 層, ▲ は Ni 単層膜の反射率. 実験に使用した中性子の波長は 0.88 nm, その波長分解能は 2.4%(FWHM) である.

子の発生源から実験装置まで低速中性子を効率的に導くための装置である．低速中性子は内面の反射ミラーによって反射され出口まで到達するが，高速中性子や γ 線は反射されずに反射ミラーを貫通するため出口まで届かない．特にこの導管を曲げて，入口から出口を見込まないようにすれば，出口で得られるビームはほぼ完全に低速中性子のみとなる．Maier-Leibnitz らによって，Ni 反射ミラーを用いた中性子導管が初めて原子炉に設置され [26]，その後各地の低速中性子利用施設に設置されている [51]．京都大学原子炉実験所の研究用原子炉 (京大研究炉) においても，1972 年に Ni ミラー中性子導管が設置され，1984 年には世界初のスーパーミラー中性子導管が設置された [52][53]．中性子ベンダーは，中性子ビームを大きい角度で曲げる場合に用いられるもので，小型の中性子導管を横に多数並べたものである [54]．

中性子導管，中性子ベンダーとも内壁で反射される中性子の波長範囲はできるだけ広い方が望ましいため，Q_c の大きなスーパーミラーの開発は中性子輸送において非常に重要な研究課題である．

1.3.2 磁気多層膜ミラーによる中性子の偏極

多層膜ミラーを構成する 2 種の物質のうち，ポテンシャルの大きい物質に強磁性体を用いたものを磁気多層膜ミラーと呼ぶ．強磁性体中のポテンシャルは式 (1.53) で与えられるように，中性子のスピン状態によってポテンシャルの大きさが異なり，磁性膜の内部磁場 B の向きを z 軸方向とすると，$|z+\rangle, |z-\rangle$ スピン状態の中性子が感じるポテンシャル $V(+)$, $V(-)$ はそれぞれ $V_{\text{nucl}} + |\mu_n|B$, $V_{\text{nucl}} - |\mu_n|B$ となる．

図 1.12 のように，非磁性のポテンシャルを $V(-)$ と同じものを選んだ場合を考える．このとき，$|z-\rangle$ スピン状態の中性子は周期ポテンシャルを感じるため Bragg 反射を起こす．一方，$|z-\rangle$ スピン状態の中性子からでは平坦なポテンシャルでかつ高さも $V(-)$ と低いポテンシャルを感じるだけなので反射しにくい．中性子の入射角を $V(-)$ の全反射臨界角より大きく，かつ Bragg 条件を満たすようにとった場合，特定の向きのスピンを持つ単色中性子を取り出す偏極デバイスとして使用できる．

多層膜による中性子偏極モノクロメータは，Lynn[28] らにより，Fe と Ge を

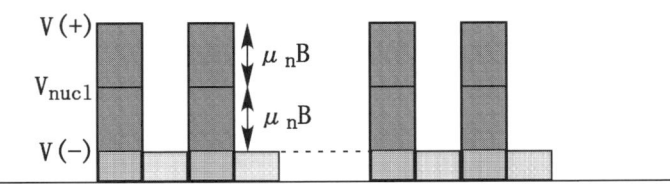

図 1.12: 磁性膜においてスピン $|z+\rangle,|z-\rangle$ のそれぞれの状態にある中性子が感じるポテンシャル. $V(+)$ は $|z+\rangle$ 状態, $V(-)$ は $|z-\rangle$ 状態の中性子に対するポテンシャル.

用いて初めて制作された. Majkrzak ら [55] は, スパッタリング法を用いて, 層厚 5 nm の Fe/Ge 偏極モノクロメータを制作した. Hamelin[56] や我々は, 当初, $Fe_{55}Co_{45}/V$ [57] を用いたが, 飽和に高い磁場を要する欠点がある. 磁性膜と非磁性膜の組み合わせに Fe と Si, あるいは Co と Ti の組み合わせがよく用いられるが, これらの磁気ミラーの磁化を飽和させるためには 30 mT 程度の強い磁場が必要である (ポテンシャルの値は表 1.3 参照). 我々は 1mT 以下の静磁場で機能する Permalloy45($Fe_{55}Ni_{45}$)/Ge 多層膜磁気ミラーの開発に成功 [58], これより偏極デバイスの小型化, 省エネ化のみならず, 後述されるような新しい物理実験や分光器の開発につながった. つまり低磁場で機能する多層膜を開発することは, 単にデバイス開発で終わらず, スピン干渉計による新しい物理実験を進展させる等, 波及効果が大きい. それ故, ここでは低磁場駆動磁気多層膜ミラーとして最近開発された Supersendust($Fe_{86.8}Si_6Al_4Ni_{3.2}$)/Ge 磁気多層膜ミラーの実験結果を例とする. 磁気多層膜の偏極ミラーとしての性能はスピン中性子の反射率を (R_+, R_-) とすると, 偏極率 [$P=(R_+-R_-)/(R_++R_-)$] を求めることで評価する (当たり前のことだが, R_+ と P が共に 1 に近いほど性能は良い).

図 1.13 に, 外部磁場が 0.9mT の場合における $|z+\rangle,|z+\rangle$ スピン状態の中性子の Supersendust 多層膜による反射率を示す. 実点が測定値で, 実線は多層膜を 1 次元ポテンシャル問題として Schrödinger 方程式を数値計算で解いた結果である. 使用した中性子の波長は 1.26nm, 波長分散は 3.5%(FWHM) である. 図 1.13 において, 実験点は数値計算の結果と良い一致が得られ, それぞれ Bragg 条件における反射率もほぼ 1 となった. 数値計算において, Supersendust の膜

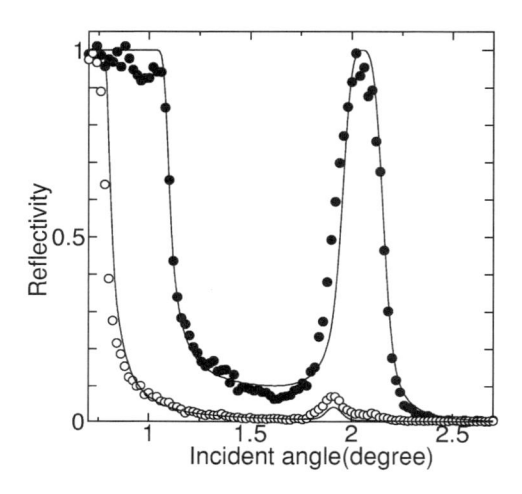

図 1.13: $|z+\rangle(\bullet),|z-\rangle(\circ)$ スピン状態の中性子における Supersendust/Ge 多層膜による反射率

厚は 11.2nm, Ge は 9.5nm, 全層数は 60 とした. また Supersendust の核, 磁気ポテンシャルは 185neV, 81.4neV(1.35T に対応), Ge の核ポテンシャルは 94neV とした. この場合, Supersendust の $V(-)$ ポテンシャルは 103.6neV となり, Ge のポテンシャルと 9.6neV しか差がないため, $|z-\rangle$ スピン中性子の Bragg 反射は小さい.

中性子の入射角を Bragg 条件に合わせ, 外部磁場を変化させていった場合の各スピン状態の反射率を図 1.14 に示す. 黒丸 ($\bullet$) は $|z+\rangle$ スピン状態の中性子の反射率, 白丸 ($\circ$) は $|z-\rangle$ スピン状態の中性子の反射率である. 横軸は多層膜にかけた外部磁場を示し, その磁場を $+0.9$mT $\rightarrow$ -1.0mT $\rightarrow$ $+0.9$mT と変化させながら反射率測定を行った. これらヒステリシスループから求められる保磁力は 2mT であり, ループの形も矩形で偏極ミラーとして優れている [59].

さらに図 1.15 に Supersendust/Ge 多層膜スーパーミラーによる反射率を示す. これも実点が測定値で, 実線は多層膜を 1 次元ポテンシャル問題として Schrödinger 方程式を数値計算で解いた結果である. 数値計算では全層数は 68 層, 実効臨界角における格子定数 d は 17nm で, ポテンシャルの条件は図 1.13

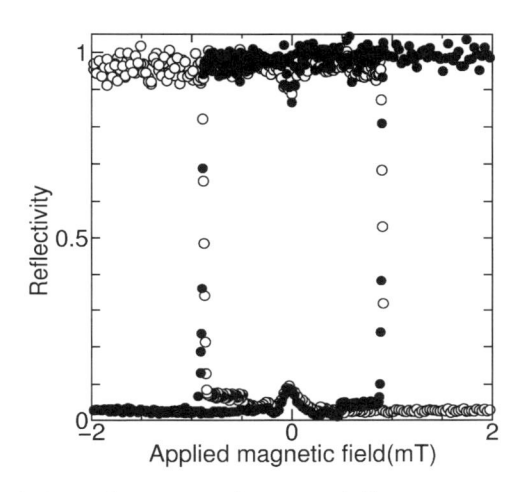

第1章 中性子の光学的性質と中性子偏極デバイスそして中性子スピン干渉の原理

図 1.14: 外部磁場を変化させた場合の Bragg 条件における $|z+\rangle(\bullet),|z-\rangle(\circ)$ スピン状態の中性子の Supersendust/Ge 多層膜による反射率

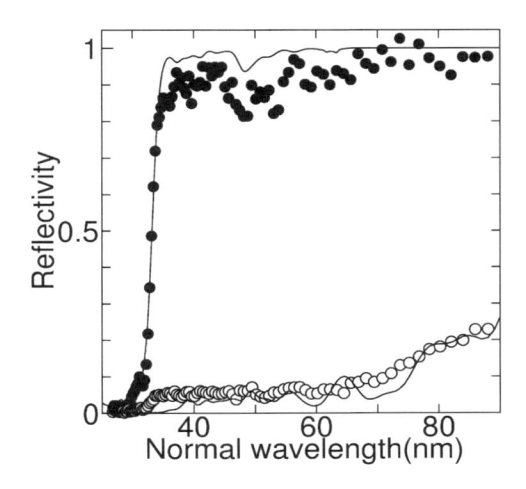

図 1.15: $|z+\rangle(\bullet),|z-\rangle(\circ)$ スピン状態の中性子における Supersendust/Ge 多層膜スーパーミラーによる反射率

のものを用いた.これは蒸着で作成したため,実効臨界角は 1.7Q_c と大きくないが,数値計算と良い一致も得られ,低磁場駆動偏極スーパーミラーとして性能は示された.ただし $V(-)$ のポテンシャルが大きいので,臨界波長 70nm 程度から $|s-\rangle$ の反射率が大きくなる.このため,大きな実効臨界角を目指すことを第一とする場合,$V(-)$ と非磁性膜のポテンシャルをもっと小さくする必要がある.

1.4 中性子スピン干渉とは

中性子スピン干渉法は,本書の中心的課題であり,はじめに中性子スピン干渉の概念を説明する.中性子スピン干渉法とは,中性子のスピン固有状態 $|z+\rangle$ と $|z-\rangle$ の間の位相差に着目した干渉法のことである.従来用いられてきた中性子干渉計では,

1. ビームを空間的に分離して 2 つの経路に分ける.
2. 位相差調整器を通して両経路で異なる位相をつける.
3. 再び 2 つを重ね合わせて計数し,位相差に関する情報を得る.

という,3 つの過程から成り立っている.シリコン完全結晶中性子干渉計を用いて,中性子スピン状態間の干渉現象を実証する実験は,図 1.16 のような,配置で行われた.すなわち,J. Summhammer らによる異なるスピン固有状態の重ね合わせの実証 [60] や,G. Badurek らによる共鳴スピンフリッパーを利用した時間依存性の重ねあわせ実験 [61] がある.また,そのほかにも様々な偏極中性子干渉実験がシリコン中性子干渉計を用いて行われている [62].

それに対し,スピン干渉法はスピン状態空間で分波し,重ね合わせるため,技術的な困難を伴う実空間での分波,重ね合わせは,かならずしも必要としない.図 1.17 に示すように,本書で扱うスピン干渉では,基本的にビームの空間的分離は伴わない.複数の固有状態への分離は概念的な「経路」(あるいはスピン状態空間)において行われる.すなわち,

$$|z+\rangle \to \frac{1}{\sqrt{2}}|z+\rangle + \frac{1}{\sqrt{2}}|z-\rangle \qquad (1.83)$$

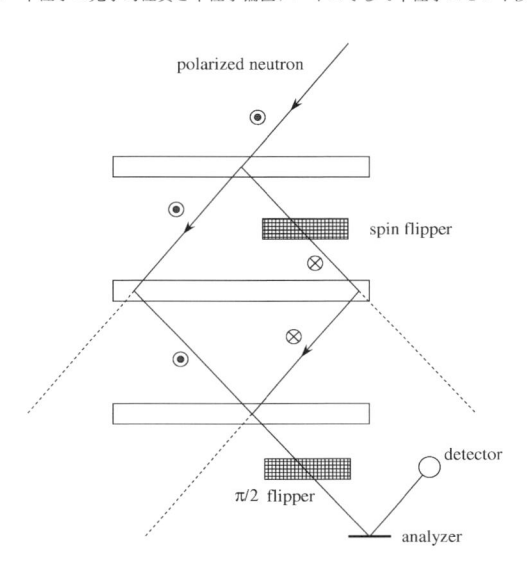

図 1.16: シリコン中性子干渉計を用いた異なるスピン固有状態の重ねあわせ実験. $|z+\rangle$ 状態の中性子を入射させ, 片方の径路でのみスピンを反転させる. この結果, $|z+\rangle$ と $|z-\rangle$ の重ねあわせを実現する.

のように, 特定の固有値を持つスピン固有状態 (この場合は $|z+\rangle$) から2つのスピン固有状態 ($|z+\rangle$ と $|z-\rangle$) の重ね合わせ状態へ遷移させる操作を「分波」と呼ぶ. また, この逆の操作を「重ね合わせ」とよぶ. これらの操作は「スピン $\pi/2$ フリッパー」というスピン制御素子によって行われる. スピン干渉実験の大まかな流れは次のとおりである. スピン上向き状態 ($|z+\rangle$) にある中性子をスピンフリッパーへ入射させ, xy 平面上への偏極状態 ($|z+\rangle$ と $|z-\rangle$ の重ね合わせ状態) へと「分波」し, それぞれを A 波, B 波と呼ぶことにする. すなわちスピンフリッパーに依存した位相を省略すると,

$$|z+\rangle \to \frac{1}{\sqrt{2}}\left(|z+\rangle + |z-\rangle\right) \equiv \frac{1}{\sqrt{2}}\left(|A,+\rangle + |B,-\rangle\right) \quad (1.84)$$

となる. ただし A, B は単なるラベルである.

このビームを位相差調整器に入射させると磁気相互作用などにより, 両状態に位相の差が生じる. これを ϕ とする. この ϕ は位相差調整器の調節によって

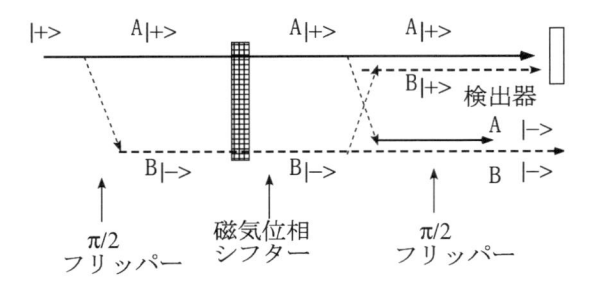

図 1.17: スピン干渉の概念図. スピン上向き状態を, 上向き状態と下向き状態の重ね合わせへと「分波」し, 両状態をそれぞれ A 波, B 波と呼ぶことにする. これらを位相差調整器に入射させ, 出てきたビーム（A 波と B 波）を改めてスピン上向き状態, 下向き状態として重ね合わせる. 位相差調整器による位相を変えながら, スピン上向き状態のみを選択して観測すれば, A 波と B 波との干渉の結果, 干渉パターンが得られる.

制御可能な量である. すなわち, 位相差調整器を通ることで

$$\frac{1}{\sqrt{2}}\left(|A,+\rangle + |B,-\rangle\right) \to \frac{1}{\sqrt{2}}\left(|A,+\rangle + e^{i\phi}|B,-\rangle\right) \tag{1.85}$$

のように位相が変化する.

次に, 再び「スピン $\pi/2$ フリッパー」により, 最初の「分波」と同様の操作をもう一度行う. すなわち,

$$\begin{aligned}|A,+\rangle &\to \frac{1}{\sqrt{2}}\left(|A,+\rangle + |A,-\rangle\right), \\ |B,-\rangle &\to \frac{1}{\sqrt{2}}\left(|B,+\rangle - |B,-\rangle\right).\end{aligned} \tag{1.86}$$

すると, このとき中性子の状態は

$$\begin{aligned}&\frac{1}{2}\left(|A,+\rangle + e^{i\phi}|B,+\rangle + |A,-\rangle - e^{i\phi}|B,-\rangle\right) \\ &= \frac{1}{2}\begin{pmatrix}\psi_A + e^{i\phi}\psi_B \\ \psi_A - e^{i\phi}\psi_B\end{pmatrix},\end{aligned} \tag{1.87}$$

である. ただし, ψ_A, ψ_B は波動関数のスピンに依存しない部分である. このように, 式 (1.86) の操作によって, A 波と B 波とが同じスピン固有状態に「重ね合わされる」.

ϕ を変えながらスピン up 成分のみを観測すれば干渉パターン

$$\frac{1}{4}\left(|\psi_A|^2 + |\psi_B|^2\right) + \frac{1}{2}|\psi_A||\psi_B|\cos(\phi - \Delta), \tag{1.88}$$

が得られる. ここで Δ は $\psi_A^* \psi_B$ の位相であるが, 定数と考えてよい.

スピンに依存した相互作用は, 干渉パターンの位相シフトとして観測される.

一般に, 干渉パターンは

$$|\psi|^2 = N_1 + N_2 \cos(\phi - \phi_0), \tag{1.89}$$

の形で観測される. このとき, $I_{\max} = N_1 + N_2$, $I_{\min} = N_1 - N_2$ として, 干渉パターンのビジビリティを

$$\frac{I_{\max} - I_{\min}}{I_{\max} + I_{\min}} = \frac{N_2}{N_1}, \tag{1.90}$$

と定義する. $I_{\min} \geq 0$ であるから, ビジビリティは 0 以上 1 以下である. すなわち, 干渉パターンが理想的に観測されるときはビジビリティは 1 であり, ビジビリティが 0 になると, 干渉パターンは全く観測できない. したがって, スピン干渉法を用いた研究を行うには, ビジビリティの高い干渉パターンを得られる干渉システムが必要である.

1.5 中性子と磁場との相互作用

中性子スピンの制御は磁場 $\boldsymbol{B}$ と中性子磁気モーメント $\boldsymbol{\mu_n}$ との相互作用 (1.52)

$$V_{\mathrm{mag}} = -\boldsymbol{\mu_n} \cdot \boldsymbol{B}$$

を利用して行う. すなわち, 中性子の偏極, スピン空間での分波, 重ね合わせ, スピンの反転などである.

Pauli の 2 成分表示を用いると磁気モーメントは

$$\boldsymbol{\mu_n} = \mu_n \boldsymbol{\sigma} \tag{1.91}$$

と書くことができる. つまり,

$$V_{\mathrm{mag}} = -\mu_n \boldsymbol{\sigma} \cdot \boldsymbol{B} = |\mu_n| \begin{pmatrix} B_z & B_x - iB_y \\ B_x + iB_y & -B_z \end{pmatrix}. \tag{1.92}$$

ただし, $\boldsymbol{\sigma} = (\sigma_x, \sigma_y, \sigma_z)$ は Pauli 行列

$$\sigma_x = \begin{pmatrix} 0 & 1 \\ 1 & 0 \end{pmatrix}, \ \sigma_y = \begin{pmatrix} 0 & -i \\ i & 0 \end{pmatrix}, \ \sigma_z = \begin{pmatrix} 1 & 0 \\ 0 & -1 \end{pmatrix} \tag{1.93}$$

である. 磁場と磁気モーメントの相互作用に関する計算をするときには, 相互作用項 (1.92) が対角的になるように磁場の向きを z 軸方向にとるのが便利である. このとき, スピン $|z+\rangle$ 状態と $|z-\rangle$ 状態とで感じるポテンシャルの符号が逆になる.

$$V = \begin{cases} +|\mu_n|B_z & (|z+\rangle) \\ -|\mu_n|B_z & (|z-\rangle) \end{cases} \tag{1.94}$$

この相互作用の違いを利用してさまざまな中性子スピンの制御が行われる.

1.5.1 相互作用の強さ

この相互作用の強さは, 中性子磁気モーメントが $\mu_n \simeq -6.03 \times 10^{-8}$ eV/T であることから明らかなように, 1 T の磁場中でポテンシャルが 10^{-8} eV のオーダーである.

電荷 e をもつ陽子や電子が 1 V の電位において 1 eV のポテンシャルを持つのと比べると非常に小さい. また, 冷中性子のエネルギーは meV 程度だから, これに比べても十分小さい.

つぎに, 重力相互作用と比べてみる. 中性子質量は, $m_n = 1.674928(1) \cdot 10^{-27} kg$ で与えられ, また重力加速度は

$$g = 9.80665 \text{ m sec}^{-2} \tag{1.95}$$

であるから [2], 基準から $h = 1$ mm 高い位置での重力ポテンシャルは

$$m_n gh \simeq 1.64 \times 10^{-29} \text{ J} \simeq 1 \times 10^{-10} \text{ eV} \tag{1.96}$$

となる.これは,約 1.7 mT の磁場中で中性子が感じるポテンシャルに等しい.したがって,中性子に対して 1.7 mT の磁場をかけることは,中性子を約 1 mm 持ち上げるのと同じだけのポテンシャル変化を与える.

また,速度 400 m sec^{-1}(波長約 1 nm)の冷中性子が水平方向に 1 m 進む間に重力によって落下する距離 Δh は

$$\Delta h = \frac{1}{2}g\tau^2 = \frac{9.80665}{2}\left(\frac{1}{400}\right)^2 \simeq 3.06 \times 10^{-5} \text{ m} \tag{1.97}$$

なので,このときのエネルギー変化は

$$\Delta E = m_n g \Delta h \simeq 3 \times 10^{-12} \text{ eV}. \tag{1.98}$$

これは 0.3 mT 程度の磁場中でのポテンシャルエネルギーに相当する.このように,磁場と中性子磁気モーメントとの相互作用は,中性子の重力相互作用と大体同じオーダーの強さである.

1.5.2 垂直静磁場によるスピンの回転

例として,z 軸方向を向いた静磁場中での中性子スピンの振る舞いを考える.$0 \leq x \leq L$ の領域に静磁場 B が z 軸方向にかかっているとする.このとき,中性子の感じるポテンシャルは

$$V = -\mu_n B \sigma_z = \begin{pmatrix} |\mu_n|B & 0 \\ 0 & -|\mu_n|B \end{pmatrix} \tag{1.99}$$

であり,図 1.18 のように描ける.

これは単なるポテンシャル障壁の問題であり,簡単に Schrödinger 方程式を解くことができる.すなわち,ポテンシャルを V,入射運動エネルギーを K として

$$K = \hbar^2 k^2 / 2m_n , \quad K - V = \hbar^2 k'^2 / 2m_n , \tag{1.100}$$

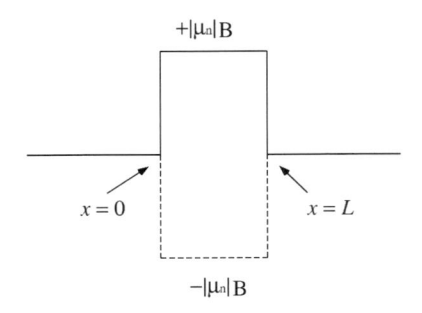

図 1.18: $0 \leq x \leq L$ の領域に $z+$ 方向の静磁場 B がかかっている系のポテンシャル. 実線は $|z+\rangle$, 点線は $|z-\rangle$ の状態が感じるポテンシャル.

とすれば, 入射振幅 1 に対する反射振幅 R と透過振幅 T はそれぞれ

$$R = \frac{i(k'^2 - k^2)\sin k'L}{\sqrt{4k'^2 k^2 \cos^2 k'L + (k'^2 + k^2)^2 \sin^2 k'L}} e^{i\Delta\phi},$$
$$T = \frac{2k'k}{\sqrt{4k'^2 k^2 \cos^2 k'L + (k'^2 + k^2)^2 \sin^2 k'L}} e^{i\Delta\phi} e^{-ikL}, \quad (1.101)$$
$$\tan \Delta\phi \equiv \frac{k'^2 + k^2}{2k'k} \tan k'L$$

で与えられる.

とくに $K \gg V$ のとき, $V = \hbar\omega$, $K = m_n v^2/2$ とおくと

$$k' = \sqrt{\frac{2m_n(K-V)}{\hbar^2}} \simeq k - \omega/v \quad (1.102)$$

と書ける. さらに

$$k'/k = \sqrt{1 - \frac{V}{K}} \sim 1, \ k/k' \sim 1 \quad (1.103)$$

より,

$$\tan \Delta\phi \simeq \tan k'L \Rightarrow \Delta\phi \simeq k'L \quad (1.104)$$

つまり,

$$R \simeq 0,$$
$$T \simeq e^{i\Delta\phi} e^{-ikL} \simeq e^{-i(k-k')L} \simeq e^{-i\omega L/v}. \quad (1.105)$$

つまり、入射中性子の運動エネルギー K に比べてポテンシャル V が十分小さければ、ほとんど反射はなく、ポテンシャル領域 $0 \leq x \leq L$ を通過する際に生じるのは、たかだか位相の変化である。したがって、ポテンシャル領域の入り口と出口での波動関数の関係は

$$\psi_{\text{out}} = T\psi_{\text{in}} \simeq e^{-i\omega L/v}\psi_{\text{in}} \tag{1.106}$$

である。

以上のことから、$0 \leq x \leq L$ の磁場領域で $|z+\rangle$ 状態と $|z-\rangle$ 状態の中性子がそれぞれ感じるポテンシャルを $V_{z\pm}$ で記し、

$$V_{z\pm} = \pm|\mu_n|B \equiv \pm\hbar\omega_z \tag{1.107}$$

とすると、1.5.1 節より $K \gg |V_{z\pm}|$ なので

$$\begin{aligned}|z+\rangle_{\text{out}} &\simeq e^{-i\omega_z L/v}|z+\rangle_{\text{in}}, \\ |z-\rangle_{\text{out}} &\simeq e^{+i\omega_z L/v}|z-\rangle_{\text{in}},\end{aligned} \tag{1.108}$$

となる。つまり、磁場領域を通過することで2つのスピン固有状態の間に位相差 $2\omega_z L/v$ が生じる。中性子スピン干渉法では、このような垂直静磁場が両状態間の位相差制御に利用される。この垂直磁場を生成するためのコイルをアクセラレータ・コイルと呼ぶ。

したがって、式 (1.108) を Pauli の2成分表示で書くと、磁場領域の入り口と出口での波動関数の関係は

$$\begin{aligned}\psi_{\text{out}} &= \begin{pmatrix} e^{-i\omega_z L/v} & 0 \\ 0 & e^{i\omega_z L/v} \end{pmatrix} \psi_{\text{in}} \\ &= \exp\left[-i\sigma_z\left(\frac{\omega_z L}{v}\right)\right]\psi_{\text{in}} = \exp\left[-i\frac{S_z}{\hbar}\left(\frac{2\omega_z L}{v}\right)\right]\psi_{\text{in}},\end{aligned} \tag{1.109}$$

と書ける。これはスピン空間において、ψ_{in} に z 軸周りの角度 $2\omega_z L/v$ の回転操作を施した結果 ψ_{out} が得られることを意味する [63]。これは、2成分スピノール波動関数の位相変化である。

スピンの固有値の変化を考える。入射する中性子のスピン状態は一般的に

$$\psi_{\text{in}} = \begin{pmatrix} e^{-i\phi}\cos\theta \\ e^{i\phi}\sin\theta \end{pmatrix}, \tag{1.110}$$

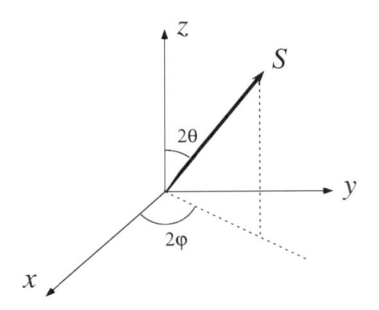

図 1.19: スピン状態 (1.110) でのスピン期待値

と書くことができる. スピン演算子は $\boldsymbol{S} = (\hbar/2)\boldsymbol{\sigma}$ と表せるので, 初期状態でのスピンの期待値は (図 1.19),

$$\begin{aligned}
\langle S_x \rangle_{\text{in}} &= (\hbar/2) \sin 2\theta \cos 2\phi \,, \\
\langle S_y \rangle_{\text{in}} &= (\hbar/2) \sin 2\theta \sin 2\phi \,, \\
\langle S_z \rangle_{\text{in}} &= (\hbar/2) \cos 2\theta \,.
\end{aligned} \tag{1.111}$$

つまり, 式 (1.110) の θ と ϕ はそれぞれ, スピン期待値が z 軸となす角および方位角の $1/2$ に相当する.

これに対し, 磁場領域の出口でのスピン状態 ψ_{out} は

$$\psi_{\text{out}} = \begin{pmatrix} T_{z+} e^{-i\phi} \cos\theta \\ T_{z-} e^{i\phi} \sin\theta \end{pmatrix} = \begin{pmatrix} e^{-i(\phi + \omega_z L/v)} \cos\theta \\ e^{i(\phi + \omega_z L/v)} \sin\theta \end{pmatrix}, \tag{1.112}$$

と書けるから, 明らかに

$$\begin{aligned}
\langle S_x \rangle_{\text{out}} &= (\hbar/2) \sin 2\theta \cos (2\phi + 2\omega_z L/v) \,, \\
\langle S_y \rangle_{\text{out}} &= (\hbar/2) \sin 2\theta \sin (2\phi + 2\omega_z L/v) \,, \\
\langle S_z \rangle_{\text{out}} &= (\hbar/2) \cos 2\theta
\end{aligned} \tag{1.113}$$

であり, 式 (1.111) に比べると, スピン期待値が z 軸周りに角度 $2\omega_z L/v$ だけ回転したことが分かる. この回転の角振動数 $2\omega_z$ を Larmor 振動数といって ω_L と記す. すなわち

$$\omega_L = |V_{z+} - V_{z-}|/\hbar = 2|\mu_n| B/\hbar \tag{1.114}$$

であり, $\hbar\omega_L$ は磁場 B 中の Zeeman 分裂の大きさに対応する.

このように中性子スピンは磁場の周りに回転する性質をもつ. これは後に示すように, どの方向を向いた静磁場でも, また回転する磁場でも変わらない.

1.5.3 任意の方向を向いた静磁場によるスピンの回転

ここまでに, z 軸方向を向いた静磁場中での中性子スピンの振る舞いを見たが, スピン干渉計の分波器, 重ね合わせ器である $\pi/2$ フリッパーや, 中性子ビームの分散性を補償するための π フリッパーには偏極ミラーの磁化の向き (これを z 軸とする) とは異なる方向を向いた磁場が用いられる. このような静磁場が任意の方向を向いている場合のスピンの振る舞いを調べておく.

静磁場 $\boldsymbol{B}$ を

$$\begin{aligned}\boldsymbol{B} &= B(\sin 2\theta \cos 2\varphi \hat{\boldsymbol{x}} + \sin 2\theta \sin 2\varphi \hat{\boldsymbol{y}} + \cos 2\theta \hat{\boldsymbol{z}}), \\ &\equiv B(l\hat{\boldsymbol{x}} + m\hat{\boldsymbol{y}} + n\hat{\boldsymbol{z}}) \equiv B\boldsymbol{n}\end{aligned} \tag{1.115}$$

と書く. ただし, $\hat{\boldsymbol{x}}, \hat{\boldsymbol{y}}, \hat{\boldsymbol{z}}$ はそれぞれ x, y, z 軸方向の単位ベクトル l, m, n は各軸への方向余弦である. また, 磁場と平行な向きの単位ベクトルを $\boldsymbol{n}$ と書いた.

このような静磁場中での中性子に対する相互作用項は

$$\begin{aligned}V &= -\boldsymbol{\mu_n} \cdot \boldsymbol{B} = |\mu_n B|\boldsymbol{\sigma} \cdot \boldsymbol{n} \\ &= \hbar\omega(l\sigma_x + m\sigma_y + n\sigma_z) = \hbar\omega \begin{pmatrix} n & l-im \\ l+im & -n \end{pmatrix}.\end{aligned} \tag{1.116}$$

ただし, $|\mu_n B| = \hbar\omega$ である.

式 (1.116) のように相互作用項が対角的でない場合, 座標変換をして対角的になるような系で計算するのがよい. 相互作用が対角的である系では, 磁場が z 方向を向いている. したがって式 (1.115) で与えられる磁場を z 方向に向かせるような回転変換を施せばよい.

図 1.20 を見れば分かるように, この磁場を z 軸方向に向けるにはまず z 軸周りに -2φ 回転させ, 次に y 軸周りに -2θ だけ回転させればよい. したがって変換行列は

$$U = \exp\left[iS_y(2\theta)/\hbar\right] \cdot \exp\left[iS_z(2\varphi)/\hbar\right] = e^{i\sigma_y\theta}e^{i\sigma_z\varphi} \tag{1.117}$$

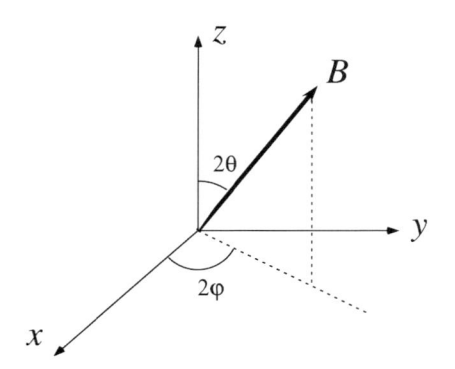

図 1.20: 一般的な方向を向いた磁場の図. この磁場を z 軸方向に向けるにはまず z 軸周りに -2φ 回転させ, 次に y 軸周りに -2θ だけ回転させればよい.

これは 2 次元のユニタリー行列であり, $U^{\dagger} = U^{-1}$ を満たす.

実験室系での中性子の波動関数を ψ と書く. 中性子が x 軸上を進行すると考えると, これは

$$i\hbar \frac{\partial}{\partial t}\psi = -\frac{\hbar^2}{2m_n}\frac{\partial^2}{\partial x^2}\psi + V\psi \tag{1.118}$$

の Schrödinger 方程式をみたす.

すると, V が対角的であるような新しい系 (対角系) での波動関数

$$\psi^D = U\psi, \tag{1.119}$$

がみたす方程式は

$$i\hbar \frac{\partial}{\partial t}\psi^D = -\frac{\hbar^2}{2m_n}\frac{\partial^2}{\partial x^2}\psi_D + (UVU^{-1})\psi_D \tag{1.120}$$

と導かれる. 実際に UVU^{-1} を計算すると,

$$\begin{aligned} UVU^{-1} &= e^{i\sigma_y\theta}e^{i\sigma_z\varphi}|\mu_n B|(l\sigma_x + m\sigma_y + n\sigma_z)e^{-i\sigma_y\theta}e^{-i\sigma_z\varphi} \\ &= |\mu_n B|\sigma_z = \hbar\omega \begin{pmatrix} 1 & 0 \\ 0 & -1 \end{pmatrix}, \end{aligned} \tag{1.121}$$

となり，確かに相互作用項は対角化され，対角系では磁場が z 軸方向を向いていることが分かる．

この対角系は 1.5.2 節で述べたものと同じなので，磁場領域入り口の波動関数 ψ_{in}^D と出口での波動関数 ψ_{out}^D の関係は直ちに計算できて，

$$\psi_{\text{out}}^D = \begin{pmatrix} \psi_{\text{out}}^D(+) \\ \psi_{\text{out}}^D(-) \end{pmatrix} = \begin{pmatrix} e^{-i\omega L/v}\psi_{\text{in}}^D(+) \\ e^{i\omega L/v}\psi_{\text{in}}^D(-) \end{pmatrix} = e^{-i\sigma_z \omega L/v}\psi_{\text{in}}^D \tag{1.122}$$

となる．

この関係を実験室系で見ると，

$$\psi_{\text{out}} = U^{-1}\psi_{\text{out}}^D = U^{-1}e^{-i\sigma_z\omega L/v}\psi_{\text{in}}^D = U^{-1}e^{-i\sigma_z\omega L/v}U\psi_{\text{in}} \tag{1.123}$$

より

$$\psi_{\text{out}} = \exp\left[-i\frac{\boldsymbol{S}\cdot\boldsymbol{n}}{\hbar}\left(\frac{2\omega L}{v}\right)\right]\psi_{\text{in}} \tag{1.124}$$

と計算される．すなわち入り口での波動関数 ψ_{in} を磁場のまわりに角度 $2\omega L/v$ 回転させたものが出口での波動関数 ψ_{out} である．これは z 軸方向にかかった磁場領域の系に対する式 (1.109) の一般化になっている．

ここで，スピン期待値の変化について議論する．つまり，出口での期待値

$$\langle\boldsymbol{S}\rangle_{\text{out}} = \langle\psi_{\text{in}}|(\cos\omega\tau + i\boldsymbol{\sigma}\cdot\boldsymbol{n}\sin\omega\tau)\boldsymbol{S}(\cos\omega\tau - i\boldsymbol{\sigma}\cdot\boldsymbol{n}\sin\omega\tau)|\psi_{\text{in}}\rangle \tag{1.125}$$

の磁場領域を横切る時間 $\tau = L/v$ に対する依存性を調べる．

波動関数 ψ_{in} と $\boldsymbol{n}$ が τ に依存しないので，この式を τ で微分すると

$$\begin{aligned}\frac{d\langle\boldsymbol{S}\rangle_{\text{out}}}{d\tau} &= i\omega\langle\psi_{\text{out}}|(\boldsymbol{\sigma}\cdot\boldsymbol{S} - \boldsymbol{S}\cdot\boldsymbol{\sigma})|\psi_{\text{out}}\rangle \\ &= 2\omega\boldsymbol{n}\times\langle\boldsymbol{S}\rangle_{\text{out}} = \langle\boldsymbol{\mu_n}\rangle_{\text{out}}\times\boldsymbol{B}\end{aligned} \tag{1.126}$$

が得られる．ただし，

$$|\psi_{\text{in}}\rangle = \exp\left[i\boldsymbol{\sigma}\cdot\boldsymbol{n}\omega\tau\right]|\psi_{\text{out}}\rangle$$

および，

$$\boldsymbol{\sigma}\cdot\boldsymbol{S} - \boldsymbol{S}\cdot\boldsymbol{\sigma} = i\hbar\boldsymbol{S}\times\boldsymbol{n}$$

となることを用いた. また, $\boldsymbol{n} = |\mu_n|\boldsymbol{B}/\hbar\omega$, $\boldsymbol{\mu_n} = -|\mu_n|\boldsymbol{\sigma}$ である.

式 (1.126) はいわゆる Bloch 方程式であり, スピンが磁場の周りに角速度 2ω で回転することを示している.

具体的に磁場の強さ B と角振動数 ω の関係を与えると,

$$\frac{\omega}{B} = \frac{|\mu_n|}{\hbar} \simeq 2\pi \times 1.45 \times 10^7 \text{ rad sec}^{-1} \text{ T}^{-1} \tag{1.127}$$

である. たとえば, 波長 1 nm の偏極中性子が強さ 10^{-3} T の磁場領域を 1 m にわたって横切ることを考える. このとき, 付録の式 (A.2) より中性子速度を $v = 400$ m sec^{-1} とすれば, 通過時間 τ は 2.5×10^{-3} sec, また $\omega \simeq 2\pi \times 1.45 \times 10^4$ rad sec^{-1} である. したがって, $2\omega\tau \simeq 72.5 \times 2\pi$. つまりスピンは磁場の周りに 72.5 回転する.

1.5.4 DC π フリッパーと DC $\pi/2$ フリッパー

静磁場によるスピン回転を利用したスピン制御素子を DC スピンフリッパーという. 従来の冷中性子スピン干渉計では, スピン空間での分波と重ね合わせ, スピンの反転にこの DC スピンフリッパーが用いられる.

分波と重ね合わせには DC $\pi/2$ フリッパーが用いられる. これは z 軸と 45 deg の角をなす静磁場によって中性子スピンを π 回転させる実験素子である (図 1.21 左). ここでは, 磁場が zx 平面内を向いている場合, すなわち

$$\boldsymbol{n} = \left(\frac{1}{\sqrt{2}}, 0, \frac{1}{\sqrt{2}} \right), \tag{1.128}$$

である場合を考える. このときフリッパーの作用をあらわす行列 $M_{\pi/2}$ は式 (1.124) において式 (1.128) および $2\omega L/v = \pi$ を代入したものであり,

$$M_{\pi/2} = \exp\left[-i\frac{\sigma_x + \sigma_z}{2\sqrt{2}}\pi\right] = \frac{-i}{\sqrt{2}} \begin{pmatrix} 1 & 1 \\ 1 & -1 \end{pmatrix}, \tag{1.129}$$

と計算される. これにより, DC $\pi/2$ フリッパーに入射した $|z+\rangle$, $|z-\rangle$ 状態の中性子は, それぞれ

$$\begin{aligned} |z+\rangle &\to \frac{-i}{\sqrt{2}}\left(|z+\rangle + |z-\rangle\right), \\ |z-\rangle &\to \frac{-i}{\sqrt{2}}\left(|z+\rangle - |z-\rangle\right), \end{aligned} \tag{1.130}$$

のように遷移する．これはスピン空間における分波と重ね合わせに相当する．

また，xy 平面内を向いた静磁場によってスピンを反転させる素子を DC π フリッパーと呼ぶ（図 1.21 右）．ここでは x 方向を向いた磁場をもつ DC π フリッパーを考える．このとき，フリッパーの作用を表す行列 M_π は式 (1.124) において

$$\boldsymbol{n} = \begin{pmatrix} 1, & 0, & 0 \end{pmatrix}, \tag{1.131}$$

および $2\omega L/v = \pi$ を代入したものである．したがって，

$$M_\pi = \exp\left[-i\frac{\sigma_x}{2}\pi\right] = -i \begin{pmatrix} 0 & 1 \\ 1 & 0 \end{pmatrix}. \tag{1.132}$$

これにより，DC π フリッパーに入射した $|z+\rangle$ 状態，$|z-\rangle$ 状態の中性子は，それぞれ

$$|z+\rangle \to -i|z-\rangle, \quad |z-\rangle \to -i|z+\rangle, \tag{1.133}$$

のように完全に反転する．

これらの DC スピンフリッパーと次節にみる磁気多層膜ミラーによって，従来型の冷中性子スピン干渉計は構成されている．この干渉計の原理と構造については 1.7 節で述べる．

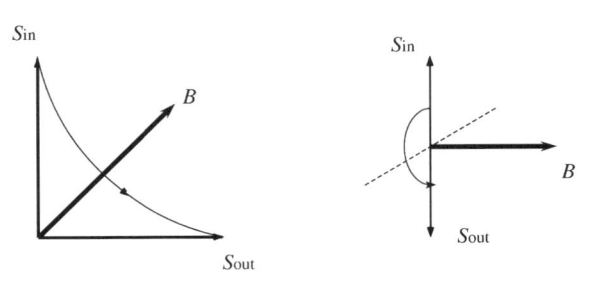

図 1.21: DC $\pi/2$ フリッパーおよび DC π フリッパーにおけるスピンの回転

1.6 共鳴スピンフリッパーによるスピンの遷移と反転

共鳴スピンフリッパー (Radiofrequency flipper, RFF) はもともと I. I. Rabi らによる分子ビームの共鳴実験 [64] で用いられたものである．RFF で粒子のスピンを反転させるとき，反転に最適な振動数の値からその粒子の磁気モーメントを知ることができる．RFF は，さまざまな原子核の磁気モーメントの測定に貢献してきた．さらに，この方法で L. W. Alvarez と F. Bloch は，偏極中性子を用いて，はじめて中性子の磁気モーメントを測定した [10]．そして，この原理は原子，分子の電子状態，固体中の電子状態，磁気的状態や結晶構造，固体や液体での原子，分子の運動などを研究する核磁気共鳴法の基本となるものである．

本書ではこの RFF を用いた冷中性子スピン干渉システムの開発を解説する．そこで，まず RFF における中性子スピン状態の振る舞いを定量的に評価した．

本節では，まず 1.6.1 節で RFF での中性子スピン状態の振る舞いについて量子力学的に詳細に記述する．このことは，後に RFF を用いた冷中性子スピン干渉計を組み，そのシステムを理論的に検討する際に必要となる．相互作用ポテンシャルからの時間成分除去，対角化，そしてスピンの遷移振幅の計算を詳しく述べる．遷移振幅については，最初 E. Krüger が解を与え [65]，その後 R. Golub らが具体的な解法を示したが [66]，本論文ではより平易に，物理的イメージを踏まえつつ，スピン干渉への応用に適した形式で記述する．さらに，RFF の回転磁場（振動磁場）に位相がある場合の取り扱いについて調べる．そして，共鳴条件が満たされる場合の物理的状況について述べ，その具体例として RF $\pi/2$ フリッパーと RF π フリッパーにおける中性子スピンの振る舞いを記述する．最後に，計算では振動磁場の代わりに回転磁場を用いたが，この置き換えの妥当性について説明する．

1.6.6 節では，実際にスピン干渉計用に開発した低周波用と高周波用の RFF の仕様について述べ，振動数とスピン反転率の測定方法と測定結果を紹介する．

1.6.1 遷移振幅とスピン反転率の計算

Schrödinger 方程式

共鳴スピンフリッパー (RFF) の物理系を図 1.22 に示す. 系は 3 つの領域 I, II, III からなっており, I と II の境界 ($x=0$) を RFF の入り口, II と III の境界 ($x=d$) を RFF の出口と呼ぶことにする.

系には全体に一様な静磁場 B_z が, z 軸方向にかかっており, さらに領域 II には x 方向に振動数 ω_s の振動磁場がかけられている. 中性子は左の領域 I から入射して領域 II を通って領域 III へと出る. 領域 I と III はすでに述べた z 軸方向の静磁場だけの系だから, ここではまず, RFF 内部 (領域 II) について調べることにする.

RFF 内部には x 方向の振動磁場, z 軸方向の静磁場がかかっている. それらを

$$\boldsymbol{B} = \hat{\boldsymbol{x}}(2B_r)\cos\omega_s t + \hat{\boldsymbol{z}}B_z, \tag{1.134}$$

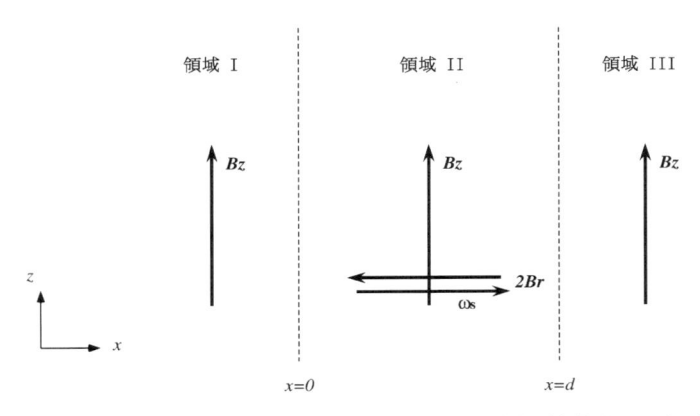

図 1.22: RFF の物理系. 領域 I, II, III に共通の一様な静磁場 B_z が, また領域 II に振動磁場 B_r (振動数 ω_s) がかかっている. 領域 II が RFF 内部であり, 領域 I から入射してきた中性子が領域 III へ通過する系を考える.

と書くことにする. ただし, $\hat{\boldsymbol{x}}$, $\hat{\boldsymbol{z}}$ はそれぞれ x 軸方向, z 軸方向の単位ベクトルである.

$B_r \ll B_z$ の時には, 後に述べる理由により振動磁場を次のような xy 平面上の回転磁場に置き換えてよい.

$$\hat{\boldsymbol{x}}(2B_r)\cos\omega_s t \to \hat{\boldsymbol{x}}B_r\cos\omega_s t + \hat{\boldsymbol{y}}B_r\sin\omega_s t . \tag{1.135}$$

すなわち, 上の振動磁場は正回転磁場と反回転磁場との合成で表されるが,

$$\begin{aligned}\hat{\boldsymbol{x}}(2B_r)\cos\omega_s t &= [\hat{\boldsymbol{x}}B_r\cos\omega_s t + \hat{\boldsymbol{y}}B_r\sin\omega_s t] \\ &\quad + [\hat{\boldsymbol{x}}B_r\cos(-\omega_s t) + \hat{\boldsymbol{y}}B_r\sin(-\omega_s t)] ,\end{aligned} \tag{1.136}$$

そのうち反回転成分は無視できる. このことについては, 1.6.5 節で触れる.

したがって, これからは RFF 内の磁場を

$$\boldsymbol{B} = \hat{\boldsymbol{x}}B_r\cos\omega_s t + \hat{\boldsymbol{y}}B_r\sin\omega_s t + \hat{\boldsymbol{z}}B_z \tag{1.137}$$

とする (図 1.23).

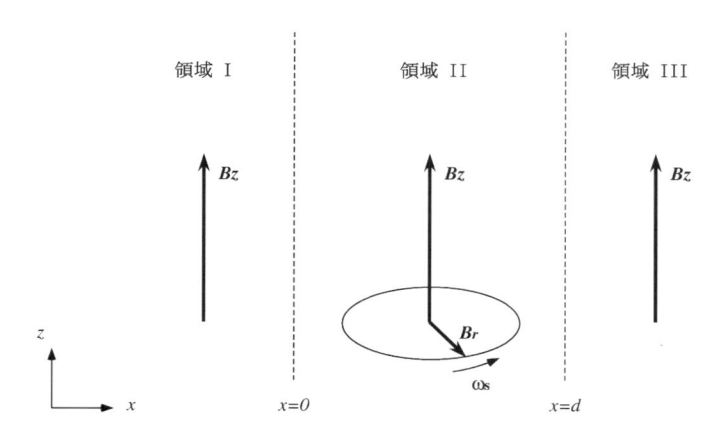

図 1.23: 振動磁場を回転磁場で置き換えたもの

このとき, RFF での磁場と中性子磁気モーメントとの相互作用項は

$$V_{\mathrm{mag}} = -\boldsymbol{\mu_n} \cdot \boldsymbol{B}$$
$$= |\mu_n|(\sigma_x B_r \cos\omega_s t + \sigma_y B_r \sin\omega_s t + \sigma_z B_z) = |\mu_n| \begin{pmatrix} B_z & B_r e^{-i\omega_s t} \\ B_r e^{i\omega_s t} & -B_z \end{pmatrix} \tag{1.138}$$

と書くことができる.

したがって, $|\mu_n|B_z = \hbar\omega_z$, $|\mu_n|B_r = \hbar\omega_r$ と記せば, 中性子波動関数 ψ が満たす方程式は次のようになる.

$$-i\hbar\frac{\partial}{\partial t}\psi = -\frac{\hbar^2}{2m_n}\frac{\partial^2}{\partial x^2}\psi + \begin{pmatrix} \hbar\omega_z & \hbar\omega_r e^{-i\omega_s t} \\ \hbar\omega_r e^{i\omega_s t} & -\hbar\omega_z \end{pmatrix}\psi . \tag{1.139}$$

座標変換による時間依存性の除去と対角化

この方程式は Hamiltonian が対角的でないばかりか時間依存性をもつので, このままでは扱いにくい. そこで, まずこの時間依存性を除くことにする. 今考えている系の時間依存性は, 実験室系で角振動数 ω_s で回転している磁場からきているので, この磁場の回転を打ち消すように回転変換を施してやればよい. そのための演算子 U_T は z 軸周りの角度 $-\omega_s t$ の回転演算子であって, 次のように書き下すことができる.

$$U_T = \exp\left[+i\left(\frac{S_z}{\hbar}\right)\omega_s t\right] = \exp\left[+i\sigma_z\left(\frac{\omega_s t}{2}\right)\right] = \begin{pmatrix} e^{i\omega_s t/2} & 0 \\ 0 & e^{-i\omega_s t/2} \end{pmatrix} . \tag{1.140}$$

変換による新しい系は, 実験室系 (図 1.24(a)) に対して (スピン空間において) z 軸周りに角速度 ω_s で回転する系 (磁場とともに回転している系) であり, これを「回転系」と呼ぶことにする. 回転系での波動関数を

$$\psi_R = U_T\psi = \exp\left[+i\sigma_x\left(\frac{\omega_s t}{2}\right)\right]\psi , \tag{1.141}$$

とする. この変換で, スピン上向き状態, 下向き状態はともに, 全体の位相が変わるだけである. つまり上向き状態はどちらの系でも上向き, 下向き状態はどちらの系でも下向きである.

式 (1.139) の左辺と右辺はそれぞれ

$$
\begin{aligned}
\text{l.h.s} &= i\hbar U_T^{-1}\frac{\partial}{\partial t}\psi_R + \frac{\hbar\omega_s}{2}U_T^{-1}\sigma_z\psi_R\,,\\
\text{r.h.s} &= -\frac{\hbar^2}{2m_n}\frac{\partial^2}{\partial x^2}U_T^{-1}\psi_R + U_T^{-1}U_T\begin{pmatrix}\hbar\omega_z & \hbar\omega_r e^{-i\omega_s t}\\ \hbar\omega_r e^{i\omega_s t} & -\hbar\omega_z\end{pmatrix}U_T^{-1}\psi_R
\end{aligned}
\tag{1.142}
$$

と書けるので, ψ_R の満たす方程式は

$$
i\hbar\frac{\partial}{\partial t}\psi_R = -\frac{\hbar^2}{2m_n}\frac{\partial^2}{\partial x^2}\psi_R + \hbar\begin{pmatrix}\omega_z - \omega_s/2 & \omega_r\\ \omega_r & -\omega_z + \omega_s/2\end{pmatrix}\psi_R\,,
\tag{1.143}
$$

となる.

式 (1.143) の意味するところは次のようである. 相互作用項（右辺第2項）をみると, これは $B_s \equiv \hbar\omega_s/|\mu_n|$ として

$$
-\boldsymbol{\mu_n}\cdot(\hat{\boldsymbol{x}}B_r + \hat{\boldsymbol{z}}(B_z - B_s/2))\psi_R
\tag{1.144}
$$

と書き表せる. つまり回転系では, 実験室系で回転していた磁場 B_r は x 軸上に静止する. そして, $-z$ 方向に静磁場 $B_s/2$ が現れる（図 1.24(b)）. 中性子スピンはこの合成静磁場の周りを回転するのである.

この見かけの磁場 $B_s/2$ は, スピン空間の時間的回転操作 $\exp(-i(\boldsymbol{S}\cdot\boldsymbol{n}/\hbar)\omega_s t)$ に一般的に伴うものであって, 個々の物理的条件に依存するものではない. このことは $B_s/2$ が Schrödinger 方程式の左辺に由来していることからも分かる. 実験室系に対して 角振動数 ω_s で回転する系での中性子スピンは, 実験室系でのスピンに対して角速度 $-\omega_s$ で回転することになる. したがって, 回転系では, 角振動数 $-\omega_s$ のスピン回転を引き起こす磁場が存在しなくてはならない. これが $B_s/2$ なのである.

特に, $+z$ 方向の静磁場の強さ B_z と回転磁場の角振動数 ω_s との間に

$$
|\mu_n|B_z/\hbar = \omega_z = \omega_s/2\,,
\tag{1.145}
$$

が成り立つとき, z 方向の磁場 B_z と $B_s/2$ が相殺されるので, 図 1.24(c) のように回転系での合成磁場は B_r に等しくなり, x 軸上 (xy 平面上) を向く. このとき, B_r の周りに中性子スピンを π 回転させることにより, スピン上向き

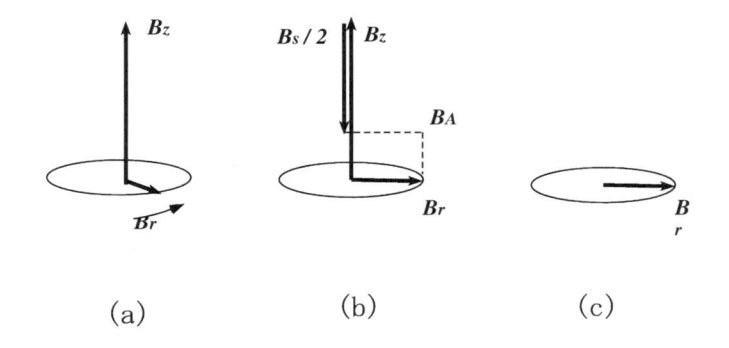

図 1.24: RFF 内の磁場の様子. (a): 実験室系で見た場合. z 軸方向の磁場 B_z と xy 平面上で回転する磁場 B_r. (b): 実験室系に対して z 軸周りに角速度 ω_s で回転する系でみた場合. B_r は x 軸上で静止し, $z-$ 方向に静磁場 $B_s/2$ が現れる. B_A は合成磁場. (c): 共鳴条件 $\omega_z = 2\omega_s$ を満たす場合. 回転系では z 軸方向の磁場が相殺され, x 軸上の「静」磁場 B_r のみが残る.

状態で RFF に入ってきた中性子を下向き状態へと完全に遷移させることが可能になる. この式 (1.145) を共鳴条件という.

式 (1.143) は Hamiltonian に時間成分を含まないので扱いやすくはなったが, まだ相互作用項は対角化されていない. 図 1.24(b) の合成磁場の大きさを $B_A = \hbar\omega_A/|\mu_n|$, 合成磁場が z 軸となす角を θ とすれば,

$$\cos\theta = \frac{-\epsilon}{\omega_A}, \quad \sin\theta = \frac{\omega_r}{\omega_A}. \tag{1.146}$$

ただし,

$$\epsilon = \omega_s/2 - \omega_z, \quad \omega_A = \sqrt{\epsilon^2 + \omega_r^2} \tag{1.147}$$

である. ここで ϵ は共鳴条件 (1.145) からのずれに相当する. これにより相互作用 Hamiltonian は

$$V_{\mathrm{mag}}^R = \hbar \begin{pmatrix} -\epsilon & \omega_r \\ \omega_r & \epsilon \end{pmatrix} = \hbar\omega_A \begin{pmatrix} \cos\theta & \sin\theta \\ \sin\theta & -\cos\theta \end{pmatrix} \tag{1.148}$$

と書かれるが, これは $\hbar\omega_A(\sigma_x\sin\theta + \sigma_z\cos\theta)$ と表せることからも判るように, zx 平面上で z 軸から角度 θ の向きに静磁場 B_A が存在していることを示している. これを対角化するためには, 磁場 B_A を y 軸周りに角度 $-\theta$ だけ回転させればよい. すなわち, 対角系への変換行列 U_D は

$$U_D = e^{iS_y\theta/\hbar} = e^{i\sigma_y\theta/2} = \begin{pmatrix} \cos(\theta/2) & \sin(\theta/2) \\ -\sin(\theta/2) & \cos(\theta/2) \end{pmatrix} \quad (1.149)$$

であり, これにより相互作用項は

$$V_{\mathrm{mag}}^D = U_D V_{\mathrm{mag}}^R U_D^{-1} = \hbar \begin{pmatrix} \omega_A & 0 \\ 0 & -\omega_A \end{pmatrix} \quad (1.150)$$

と対角化される. すなわち, 対角系での波動関数を

$$\psi_D = U_D \psi_R = U_D U_T \psi \quad (1.151)$$

と書くと, この ψ_D が満たす方程式は

$$i\hbar\frac{\partial}{\partial t}\psi_D = -\frac{\hbar^2}{2m_n}\frac{\partial^2}{\partial x^2}\psi_D + \hbar \begin{pmatrix} \omega_A & 0 \\ 0 & -\omega_A \end{pmatrix}\psi_D \quad (1.152)$$

となる. このように対角系では, 大きさ $B_A = \hbar\omega_A/|\mu_n|$ の静磁場が z 軸方向を向いている. この B_A は図 1.24 (b) での磁場を合成し, 対角化によって $+z$ 方向に向かせたものである.

各領域での波動関数

問題は $+z$ 方向を向いた静磁場 B_A 中でのスピン上向き状態と下向き状態それぞれの振る舞いを調べることに帰着された.

領域 II での中性子の全エネルギーを $E_n = \hbar\omega_n$ とすると, 対角系での波動関数 ψ_D は次のように書き下せる.

$$\psi_D = \begin{pmatrix} A_n^+ e^{ik_n^+ x} + B_n^+ e^{-ik_n^+ x} \\ A_n^- e^{ik_n^- x} + B_n^- e^{-ik_n^- x} \end{pmatrix} e^{-i\omega_n t}. \quad (1.153)$$

ここで，上付き添え字 $\pm$ はそれぞれ「対角系での」スピン上向き状態，下向き状態をあらわし，任意定数 $A_n^\pm$ と $B_n^\pm$ はそれぞれ正方向，負方向へ伝播する平面波の振幅である．また，$k_n^\pm$ は $+z$ 方向の静磁場 B_A 中での波数であり，

$$\frac{(\hbar k_n^\pm)^2}{2m_n} = \hbar(\omega_n \mp \omega_A) \tag{1.154}$$

の関係がある．

この ψ_D に式 (1.151) を適用して，実験室系での波動関数 ψ を計算すると

$$\psi = U_T^{-1} U_D^{-1} \psi_D = \tag{1.155}$$
$$\begin{pmatrix} \left[\cos\frac{\theta}{2}(A_n^+ e^{ik_n^+ x} + B_n^+ e^{-ik_n^+ x}) - \sin\frac{\theta}{2}(A_n^- e^{ik_n^- x} + B_n^- e^{-ik_n^- x})\right] e^{-i(\omega_n + \omega_s/2)t} \\ \left[\sin\frac{\theta}{2}(A_n^+ e^{ik_n^+ x} + B_n^+ e^{-ik_n^+ x}) + \cos\frac{\theta}{2}(A_n^- e^{ik_n^- x} + B_n^- e^{-ik_n^- x})\right] e^{-i(\omega_n - \omega_s/2)t} \end{pmatrix}.$$

ここで，簡単のために任意定数 $A_n^\pm$ と $B_n^\pm$ を再定義し，さらに定数 $C_n^\pm$，$D_n^\pm$ を導入して，式 (1.155) を次のように書く．

$$\psi = \tag{1.156}$$
$$\begin{pmatrix} \left[(A_n^+ e^{ik_n^+ x} + B_n^+ e^{-ik_n^+ x}) + (A_n^- e^{ik_n^- x} + B_n^- e^{-ik_n^- x})\right] e^{-i(\omega_n + \omega_s/2)t} \\ \left[(C_n^+ e^{ik_n^+ x} + D_n^+ e^{-ik_n^+ x}) + (C_n^- e^{ik_n^- x} + D_n^- e^{-ik_n^- x})\right] e^{-i(\omega_n - \omega_s/2)t} \end{pmatrix}.$$

ただし，このとき

$$C_n^\pm = \frac{\epsilon \pm \omega_A}{\omega_r} A_n^\pm, \quad D_n^\pm = \frac{\epsilon \pm \omega_A}{\omega_r} B_n^\pm \tag{1.157}$$

の関係があることが式 (1.146) と (1.155) から示せる．

これで，実験室系における領域 II での波動関数が導かれた．これを以後 ψ_{II} と表記する．さらに，RFF の入り口近傍 (領域 I) と出口近傍 (領域 III) についても考え，境界条件を与えて解くことになる．

入射中性子のエネルギーを $E_0 = \hbar\omega_0 = (\hbar k_0)^2/2m_n$ とすると，領域 I ($x \leq 0$) での波動関数のうち，入射成分は一般に

$$\psi^{\text{in}} = \begin{pmatrix} \alpha^+ e^{ik_0^+ x} \\ \alpha^- e^{ik_0^- x} \end{pmatrix} e^{-i\omega_0 t} \simeq \begin{pmatrix} \alpha^+ e^{-i\omega_z x/v} \\ \alpha^- e^{i\omega_z x/v} \end{pmatrix} e^{ik_0 x} e^{-i\omega_0 t} \tag{1.158}$$

のように書ける．ただし，$k_0^\pm$ はスピン $|z\pm\rangle$ 状態の中性子が磁場 B_z 中でもつ波数であり，$E \gg |\mu_n| B_z$ のとき 1 次の近似で次式が成り立つ．

$$k_0^\pm = \sqrt{\frac{2m_n}{\hbar^2}(E_0 \mp |\mu_n| B_z)} \simeq k_0 \mp \frac{\omega_z}{v}. \tag{1.159}$$

境界 $x=0$ では，この波動関数と式 (1.157) の波動関数とが任意の時刻 t において一致しなくてはならない．したがって，式 (1.157) において $\omega_n + \omega_s/2 = \omega_0$ あるいは $\omega_n - \omega_s/2 = \omega_0$ を満たすような ω_n が存在しなくてはならない．これらを ω_1, ω_2 と書くと

$$\begin{aligned} \omega_1 + \omega_s/2 &= \omega_0, \\ \omega_2 - \omega_s/2 &= \omega_0. \end{aligned} \tag{1.160}$$

したがって RFF 中，すなわち $0 \leq x \leq d$ での波動関数は $n=1,2$ の場合の足し合わせとなり，次のように書ける．

$$\begin{aligned} \psi_{\mathrm{II}} &= \begin{pmatrix} \psi_{\mathrm{II}}(+) \\ \psi_{\mathrm{II}}(-) \end{pmatrix}, \\ \psi_{\mathrm{II}}(+) &= \left[(A_1^+ e^{ik_1^+ x} + B_1^+ e^{-ik_1^+ x}) + (A_1^- e^{ik_1^- x} + B_1^- e^{-ik_1^- x}) \right] e^{-i\omega_0 t} \\ &\quad + \left[(A_2^+ e^{ik_2^+ x} + B_2^+ e^{-ik_2^+ x}) + (A_2^- e^{ik_2^- x} + B_2^- e^{-ik_2^- x}) \right] e^{-i(\omega_0 + \omega_s)t} \\ \psi_{\mathrm{II}}(-) &= \left[(C_1^+ e^{ik_1^+ x} + D_1^+ e^{-ik_1^+ x}) + (C_1^- e^{ik_1^- x} + D_1^- e^{-ik_1^- x}) \right] e^{-i(\omega_0 - \omega_s)t} \\ &\quad + \left[(C_2^+ e^{ik_2^+ x} + D_2^+ e^{-ik_2^+ x}) + (C_2^- e^{ik_2^- x} + D_2^- e^{-ik_2^- x}) \right] e^{-i\omega_0 t}. \end{aligned} \tag{1.161}$$

ただし，$k_1^\pm, k_2^\pm$ はエネルギー遷移の後の，静磁場 B_A 中での波数に対応し，

$$\begin{aligned} k_1^\pm &= \sqrt{\frac{2m_n}{\hbar^2}\left(E_0 - \frac{\hbar\omega_s}{2} \mp \hbar\omega_A\right)} \simeq k_0 - \frac{\omega_s}{2v} \mp \frac{\omega_A}{v}, \\ k_2^\pm &= \sqrt{\frac{2m_n}{\hbar^2}\left(E_0 + \frac{\hbar\omega_s}{2} \mp \hbar\omega_A\right)} \simeq k_0 + \frac{\omega_s}{2v} \mp \frac{\omega_A}{v}, \end{aligned} \tag{1.162}$$

である．両式の最右辺は $E \gg \hbar\omega_s$, $E \gg \hbar\omega_s$ のときに 1 次の近似で成り立つ．このように，エネルギー $\hbar\omega_0$ の中性子が入射するとき，RFF 内部では $|z+\rangle$ 状態で $E = \hbar\omega_0$ と $\hbar(\omega_0 + \omega_s)$, $|z-\rangle$ 状態で $\hbar\omega_0$ と $\hbar(\omega_0 - \omega_s)$ のエネルギー状態が存在する．

このことから，入射領域 ($x \leq 0$) での全波動関数 ψ_{I} は入射成分と反射成分

を両方書いて

$$\begin{aligned}
\psi_{\mathrm{I}}(+) &= \left[\alpha^+ e^{ik_0^+ x} + R_0^+ e^{-ik_0^+ x}\right] e^{-i\omega_0 t} + R_1^+ e^{-ik_3^+ x} e^{-i(\omega_0 + \omega_s)t}, \\
\psi_{\mathrm{I}}(-) &= \left[\alpha^- e^{ik_0^- x} + R_0^- e^{-ik_0^- x}\right] e^{-i\omega_0 t} + R_1^- e^{-ik_3^- x} e^{-i(\omega_0 - \omega_s)t},
\end{aligned} \quad (1.163)$$

となる．ここで，両式とも第1項は入射成分，第2項はエネルギーの変化なしに反射する成分，第3項はエネルギー遷移を受けて反射する成分である．すなわち $\alpha^\pm$ が入射波の振幅であるのに対し，$R_0^\pm$ はエネルギー変化なしに反射された成分，$R_1^\pm$ はエネルギー遷移 $\mp\hbar\omega_s$ を受けて反射する成分の振幅に相当する．

同様に，透過領域 $x \geq d$ での波動関数 ψ_{III} を

$$\begin{aligned}
\psi_{\mathrm{III}}(+) &= T_0^+ e^{ik_0^+ x} e^{-i\omega_0 t} + T_1^+ e^{ik_3^+ x} e^{-i(\omega_0 + \omega_s)t}, \\
\psi_{\mathrm{III}}(-) &= T_0^- e^{ik_0^- x} e^{-i\omega_0 t} + T_1^- e^{ik_3^- x} e^{-i(\omega_0 - \omega_s)t}
\end{aligned} \quad (1.164)$$

と書くことができる．先と同様に第1項（振幅 $T_0^\pm$）はエネルギー遷移なしに透過した成分，第2項（振幅 $T_1^\pm$）はエネルギー遷移をして透過した成分である．ただし，

$$k_3^\pm = \sqrt{\frac{2m}{\hbar^2}(E_0 \pm \hbar\omega_s \mp \hbar\omega_z)} \simeq k_0 \pm \frac{\omega_s}{v} \mp \frac{\omega_z}{v} \quad (1.165)$$

である．それぞれ，$\hbar\omega_s$ を受け取って，スピン上向き状態に移った中性子と $\hbar\omega_s$ を失ってスピン下向き状態に移った中性子が磁場 B_z 中で持つ波数に対応する．

以上のことから，$x = 0$, $x = d$ での境界条件を解くと，

$$\begin{aligned}
T_0^+ &= e^{-i\epsilon d/v}\left[\cos\frac{\omega_A d}{v} + i\frac{\epsilon}{\omega_A}\sin\frac{\omega_A d}{v}\right] \times \alpha^+, \\
T_1^+ &= -ie^{-i\epsilon d/v}\frac{\omega_r}{\omega_A}\sin\frac{\omega_A d}{v} \times \alpha^-, \\
T_0^- &= e^{i\epsilon d/v}\left[\cos\frac{\omega_A d}{v} - i\frac{\epsilon}{\omega_A}\sin\frac{\omega_A d}{v}\right] \times \alpha^-, \\
T_1^- &= -ie^{i\epsilon d/v}\frac{\omega_r}{\omega_A}\sin\frac{\omega_A d}{v} \times \alpha^-
\end{aligned} \quad (1.166)$$

が得られる．ただし，計算の際，指数の肩に乗っている場合以外は $k_n^\pm \simeq k_0$ と近似した．このとき，反射振幅 $R_0^\pm$, $R_1^\pm$ はすべてゼロである．本解説では用いる磁場の強さ，振幅は数 mT 程度以下であり，中性子の波長を 1 nm とすれば，$(k_n^\pm - k_0)/k_0$ は 10^{-3} 以下であるから，この近似は妥当である．

透過振幅とスピン反転率

遷移振幅として式 (1.166) で $\alpha^+ = 1$, $\alpha^- = 1$ としたときの式を用いる.つまり遷移振幅 $T_0^{\pm}, T_1^{\pm}$ を

$$\begin{aligned}
T_0^+ &= e^{-i\epsilon d/v}\left[\cos\frac{\omega_A d}{v} + i\frac{\epsilon}{\omega_A}\sin\frac{\omega_A d}{v}\right], \\
T_1^+ &= -ie^{-i\epsilon d/v}\frac{\omega_r}{\omega_A}\sin\frac{\omega_A d}{v}, \\
T_0^- &= e^{i\epsilon d/v}\left[\cos\frac{\omega_A d}{v} - i\frac{\epsilon}{\omega_A}\sin\frac{\omega_A d}{v}\right], \\
T_1^- &= -ie^{i\epsilon d/v}\frac{\omega_r}{\omega_A}\sin\frac{\omega_A d}{v},
\end{aligned} \quad (1.167)$$

と再定義する.

この再定義に従うと, 一般に RFF 入り口 $x \leq 0$ での状態

$$\psi_{\text{in}} = \begin{pmatrix} \alpha^+ e^{ik_0^+ x} \\ \alpha^- e^{ik_0^- x} \end{pmatrix} e^{-i\omega_0 t} \quad (1.168)$$

に対して, 出口 $x \geq d$ での状態は, 式 (1.164) を書き換えて次式で与えられる.

$$\psi_{\text{out}} = \begin{pmatrix} T_0^+ \alpha^+ e^{ik_0^+ x} + T_1^+ \alpha^- e^{ik_3^+ x}e^{-i\omega_s t} \\ T_1^- \alpha^+ e^{ik_3^- x}e^{i\omega_s t} + T_0^- \alpha^- e^{ik_0^- x} \end{pmatrix} e^{-i\omega_0 t}. \quad (1.169)$$

また, 1 次の近似では

$$\psi_{\text{in}} = \begin{pmatrix} \alpha^+ e^{-i\omega_z x/v} \\ \alpha^- e^{i\omega_z x/v} \end{pmatrix} e^{ik_0 x - i\omega_0 t} \quad (1.170)$$

に対して

$$\psi_{\text{out}} = \begin{pmatrix} T_0^+ \alpha^+ e^{-i\omega_z x/v} + T_1^+ \alpha^- e^{-i\omega_z x/v}e^{-i\omega_s(t-x/v)} \\ T_1^- \alpha^+ e^{i\omega_z x/v}e^{i\omega_s(t-x/v)} + T_0^- \alpha^- e^{i\omega_z x/v} \end{pmatrix} e^{ik_0 x - i\omega_0 t}. \quad (1.171)$$

と書くこともできる. $e^{\pm i\omega_s(t-x/v)}$ はエネルギー $\hbar\omega_s$ を失った (受け取った) ことによる全エネルギーと運動量の変化に関する項であり, $e^{\mp i\omega_z x/v}$ は磁場の垂直成分 B_z のポテンシャルによる運動量の変化分を示す項である.

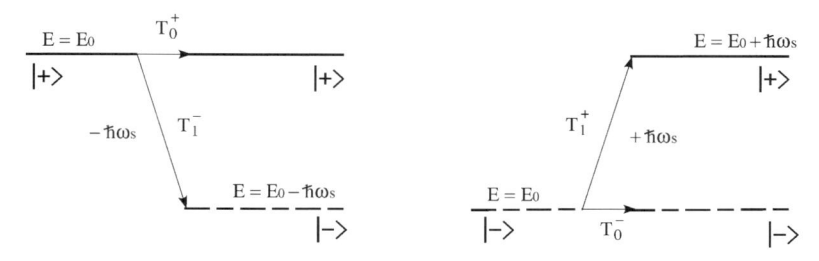

第1章 中性子の光学的性質と中性子偏極デバイスそして中性子スピン干渉の原理   59

図1.25: RFFによるスピン反転とそれに伴うエネルギー遷移. 実線は $|z+\rangle$, 点線は $|z-\rangle$. $|z+\rangle \to |z-\rangle$ の遷移では $\hbar\omega_s$ が放出され, $|z-\rangle \to |z+\rangle$ では $\hbar\omega_s$ が吸収される.

式 (1.168)〜(1.171) をみると, エネルギーの遷移はスピン状態の遷移とともに起こることが分かる. すなわち, スピン上向き状態が下向き状態へと振幅 T_1^- で遷移するとき全エネルギーが $\hbar\omega_s$ だけ減少し, 下向き状態から上向き状態へ T_1^+ で遷移するときには $\hbar\omega_s$ だけ増加する (図1.25). 具体的な振動磁場の振動数 $\omega_s/2\pi$ とエネルギー $\hbar\omega_s$ の関係は付録の式 (A.5) に与えた. このスピン反転におけるエネルギー遷移は B. Alefeld らにより後方散乱の手法を用いて実証されている [67].

RFFによるスピンの反転率は次のように与えられる.

$$\begin{aligned}
P(\text{up} \to \text{down}) &= |T_1^-|^2 = \frac{\omega_r^2}{\omega_A^2} \sin^2\left(\frac{\omega_A d}{v}\right), \\
P(\text{down} \to \text{up}) &= |T_1^+|^2 = \frac{\omega_r^2}{\omega_A^2} \sin^2\left(\frac{\omega_A d}{v}\right).
\end{aligned} \quad (1.172)$$

特に, d/v と ω_r, ω_z を固定して反転率と $\omega_s/2\pi$ の関係を示したのが図 1.26 である.

今後は RFF における中性子状態の計算に式 (1.167)〜(1.171) を用いる.

1.6.2 回転磁場に位相がある場合

領域 II の磁場が

$$\boldsymbol{B} = \hat{\boldsymbol{x}} B_r \cos(\omega_s t + \chi) + \hat{\boldsymbol{y}} B_r \sin(\omega_s t + \chi) + \hat{\boldsymbol{z}} B_z \quad (1.173)$$

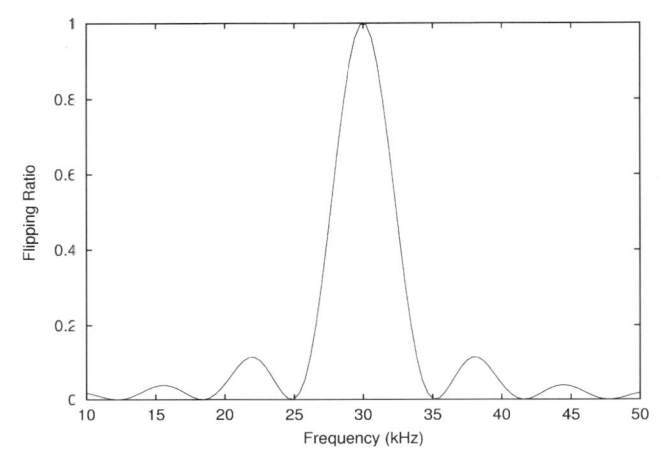

図 1.26: 回転磁場の振動数とスピン反転確率の関係. $\omega_z = 3\pi \times 10^4$ rad sec^{-1}, $d = 5$ cm, $v = 300$ m sec^{-1}, $\omega_r d/v = \pi/2$ として計算した.

のように書ける場合, つまり回転磁場が定数位相 χ をもつ場合を考える. このとき, 相互作用ポテンシャルは

$$V_{\mathrm{mag}}^\chi = \hbar \begin{pmatrix} \omega_z & \omega_r e^{-i(\omega_s t + \chi)} \\ \omega_r e^{i(\omega_s t + \chi)} & -\omega_z \end{pmatrix} \tag{1.174}$$

である. 式 (1.173) の回転磁場は $\chi = 0$ の時の回転磁場 (1.137) に対して xy 平面内で角度 χ だけ進んでいる. したがって, z 軸周りの角度 χ の回転変換

$$U_\chi = \exp\left[i\frac{S_z \chi}{\hbar}\right] = \exp\left[i\frac{\sigma_z \chi}{2}\right] \tag{1.175}$$

を施せば, 回転磁場の位相が $\chi = 0$ である系に移ることができる. すなわち, 新しい系での波動関数と相互作用 Hamiltonian は

$$\begin{aligned}\psi^{\chi=0} &= U_\chi \psi , \\ V_{\mathrm{mag}}^{\chi=0} &= U_\chi V_{\mathrm{mag}}^\chi U_\chi^{-1} = \hbar \begin{pmatrix} \omega_z & \omega_r e^{-i\omega_s t} \\ \omega_r e^{-i\omega_s t} & -\omega_z \end{pmatrix}\end{aligned} \tag{1.176}$$

第1章 中性子の光学的性質と中性子偏極デバイスそして中性子スピン干渉の原理　　61

となる.

したがって, 回転磁場に位相 χ がある場合にはまず式 (1.175) の回転変換によって $\chi = 0$ の系に移り, 前節までと同様に計算を行ったうえで, 再び逆回転変換 $U_\chi^{-1} = e^{-i\sigma_z \chi/2}$ によって実験室系に戻ればよい.

実験室系での入射状態を

$$\psi_{\rm in} = \begin{pmatrix} \alpha^+ e^{ik_0^+ x} \\ \alpha^- e^{ik_0^- x} \end{pmatrix} e^{-i\omega_0 t} \tag{1.177}$$

としたとき, $\chi = 0$ の系での入射状態は

$$\psi_{\rm in}^{\chi=0} = U_\chi \psi_{\rm in} = \begin{pmatrix} \alpha^+ e^{i\chi/2} e^{ik_0^+ x} \\ \alpha^- e^{-i\chi/2} e^{ik_0^- x} \end{pmatrix} e^{-i\omega_0 t} \tag{1.178}$$

と書ける. $\alpha^+ e^{i\chi/2} = \alpha^{+\prime}$, $\alpha^- e^{-i\chi/2} = \alpha^{-\prime}$ としてこれまでの結果を用いると, この系での透過状態が次のように書き下せる.

$$\psi_{\rm out}^{\chi=0} = \begin{pmatrix} T_0^+ \alpha^{+\prime} e^{ik_0 x} + T_1^+ \alpha^{-\prime} e^{ik_3^+ x} e^{-i\omega_s t} \\ T_1^- \alpha^{+\prime} e^{ik_3^- x} e^{i\omega_s t} + T_0^- \alpha^{-\prime} e^{ik_0^- x} \end{pmatrix} . \tag{1.179}$$

ただし, 遷移振幅 $T_0^\pm$, $T_1^\pm$ は式 (1.167) で与えられるものである. さらに逆回転変換によって, 実験室系での透過成分の波動関数を計算すると

$$\psi_{\rm out} = U_\chi^{-1} \psi_{\rm out}^{\chi=0} = \begin{pmatrix} T_0^+ \alpha^+ e^{ik_0 x} + T_1^+ \alpha^- e^{ik_3^+ x} e^{-i(\omega_s t + \chi)} \\ T_1^- \alpha^+ e^{ik_3^- x} e^{i(\omega_s t + \chi)} + T_0^- \alpha^- e^{ik_0^- x} \end{pmatrix} \tag{1.180}$$

が得られる.

このように, 回転磁場に位相 χ がある場合には, 透過成分の波動関数において, $\omega_s t \to \omega_s t + \chi$ とすればよい. 遷移振幅については, スピン反転を伴う $T_1^\pm$ には位相 $e^{\mp i\chi}$ が現れる形になっているが, $T_0^\pm$ は変わらない. また, 透過確率や反転確率は位相の有無によらない.

1.6.3 　共鳴条件が成り立つ場合

スピンの反転率 (1.172) が 1 になりうるのは, 式 (1.145) の共鳴条件が成り立つとき, すなわち

$$\epsilon = \omega_s/2 - \omega_z = 0 \tag{1.181}$$

のときである．この条件は，回転系で見た RFF 内の磁場 (図 1.24 (b)) が xy 平面上を向いていることに相当する．このとき $k_3^\pm = k_0^\mp$, $\omega_A = \omega_r$ が成り立ち，遷移振幅は $\omega_r d/v = \Omega$ として

$$\begin{aligned} T_0^+ &= \cos\Omega & T_1^+ &= -i\sin\Omega \\ T_1^- &= -i\sin\Omega & T_0^- &= \cos\Omega \end{aligned} \tag{1.182}$$

となる．
　スピン上向き状態の中性子が入射するとき，入射状態は

$$\psi_{\text{in}} = \begin{pmatrix} e^{-i\omega_z x/v} \\ 0 \end{pmatrix} e^{ik_0 x - i\omega_0 t} \tag{1.183}$$

と書けるが，これに対して出口での波動関数は，式 (1.168)〜(1.171) より

$$\begin{aligned} \psi_{\text{out}} &= \begin{pmatrix} e^{-i\omega_z x/v} \cos\Omega \\ -i e^{i\omega_z x/v} e^{i\omega_s(t-x/v)} \sin\Omega \end{pmatrix} e^{ik_0 x - i\omega_0 t} \\ &\to \begin{pmatrix} \cos\Omega \\ e^{i(\omega_s t - \pi/2)} \sin\Omega \end{pmatrix} e^{-i\omega_z x/v} e^{ik_0 x - i\omega_0 t} \end{aligned} \tag{1.184}$$

となる．ただし，共鳴条件 $\epsilon = 0$ を用いた．このように，RFF を出たあとの両スピン固有状態間の位相差は位置や速度によらず $\omega_s t - \pi/2$ となる．
　同様に，下向き状態の中性子が入射するとき，

$$\psi_{\text{in}} = \begin{pmatrix} 0 \\ e^{i\omega_z x/v} \end{pmatrix} e^{ik_0 x - i\omega_0 t} \tag{1.185}$$

に対する出口での波動関数を計算すると，

$$\begin{aligned} \psi_{\text{out}} &= \begin{pmatrix} -i e^{-i\omega_z x/v} e^{-i\omega_s(t-x/v)} \sin\Omega \\ e^{i\omega_z x/v} \cos\Omega \end{pmatrix} e^{ik_0 x - i\omega_0 t} \\ &\to \begin{pmatrix} e^{-i(\omega_s t + \pi/2)} \sin\Omega \\ \cos\Omega \end{pmatrix} e^{i\omega_z x/v} e^{ik_0 x - i\omega_0 t} \end{aligned} \tag{1.186}$$

となり，位相差は $\omega_s t + \pi/2$ となる．
　つまり，共鳴条件のもとで RFF を駆動するとき，スピンが遷移した成分としなかった成分との間に分散性位相が生じない．あるいは両状態間にエネルギー

差 $\hbar\omega_s$ がつくのに対し，運動量には差がつかないともいえる．これは，遷移する際の全エネルギー変化 $\hbar\omega_s$ と垂直磁場 B_z に対するポテンシャルの変化 $2\hbar\omega_z$ が共鳴条件により等しくなるため，遷移の前後で運動エネルギー（運動量）が変化しないからである．

式 (1.184) の状態における，スピン期待値は

$$\begin{aligned}\langle S_x \rangle &= \frac{\hbar}{2} \sin 2\Omega \cos(\omega_s t - \pi/2)\,, \\ \langle S_y \rangle &= \frac{\hbar}{2} \sin 2\Omega \sin(\omega_s t - \pi/2)\,, \\ \langle S_z \rangle &= \frac{\hbar}{2} \cos 2\Omega \end{aligned} \quad (1.187)$$

となる．すなわち，スピンは z 軸から角度 2Ω 傾いた状態で z 軸の周りを角速度 ω_s で時間的に回転する (図 1.27)．回転角が位置や速度によらないのは，両状態の間に運動量差がないためである．また，xy 平面へのスピン期待値の射影成分が回転磁場 B_r に対して $\pi/2$ だけ遅れている．これは，式 (1.182) において，遷移振幅 $T_1^{\pm}$ に $-i = e^{-i\pi/2}$ が存在すること，すなわち遷移の際に位相が $\pi/2$ ずれることに起因している．また，回転系 (図 1.24) では「静磁場」B_r の周りにスピンが回転していることからも理解できる．

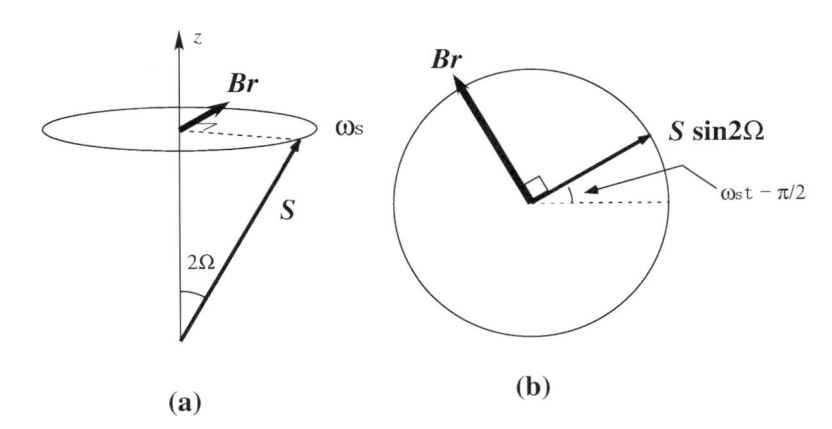

図 1.27: RFF 出口でのスピンの様子. (a): 鳥瞰図. (b): 上から見た図.

この回転は両スピン状態のエネルギー差に基づく,実時間 t に依存した回転である.このことは静磁場中でのスピンの Larmor 回転が,両状態の運動量差に起因し,磁場領域での飛行時間 $\tau = x/v$ に依存していたのと対照的である.

1.6.4 RF $\pi/2$ フリッパーと RF π フリッパー

RFF のうち,回転磁場と静磁場が共鳴条件を満たすようにした上で,スピン反転率を $1/2, 1$ に設定したものをそれぞれ RF $\pi/2$ フリッパー, RF π フリッパーとよぶ.

RF $\pi/2$ フリッパーは RFF を用いたスピン干渉計では分波器,重ね合わせ器として利用される.このとき式 (1.182) あるいは式 (1.183)~(1.186) において $2\Omega = \pi/2$ とすればよい.したがって,スピン上向き状態

$$\psi_{\text{in}} = \begin{pmatrix} e^{-i\omega_z x/v} \\ 0 \end{pmatrix} e^{ik_0 x - i\omega_0 t}, \tag{1.188}$$

が入射すると,RFF 出口での波動関数は

$$\begin{aligned}\psi_{\text{out}} &= \frac{1}{\sqrt{2}} \begin{pmatrix} e^{-i\omega_z x/v} \\ -i e^{i\omega_z x/v} e^{i\omega_s(t-x/v)} \end{pmatrix} e^{ik_0 x - i\omega_0 t} \\ &\to \frac{1}{\sqrt{2}} \begin{pmatrix} 1 \\ e^{i(\omega_s t - \pi/2)} \end{pmatrix} e^{-i\omega_z x/v} e^{ik_0 x - i\omega_0 t}.\end{aligned} \tag{1.189}$$

ただし,$\epsilon = 0$ を仮定した.したがって,RFF 入り口 $(x=0)$ での入射成分と,出口 $(x=d)$ での遷移しなかった成分との間に位相差 $-\omega_z d/v$ が,また,遷移した成分との間には $\omega_s t - \omega_z d/v - \pi/2$ の位相差がつく.また,$x = d$ における分波後の2状態間の位相差は $\omega_s t - \pi/2$ となる.

同様に,下向き状態

$$\psi_{\text{in}} = \begin{pmatrix} 0 \\ e^{i\omega_z x/v} \end{pmatrix} e^{ik_0 x - i\omega_0 t} \tag{1.190}$$

が入射したときには

$$\psi_{\text{out}} = \frac{1}{\sqrt{2}} \begin{pmatrix} -ie^{-i\omega_z x/v}e^{-i\omega_s(t-x/v)} \\ e^{i\omega_z x/v} \end{pmatrix} e^{ik_0 x - i\omega_0 t}$$
$$\to \frac{1}{\sqrt{2}} \begin{pmatrix} e^{-i(\omega_s t + \pi/2)} \\ 1 \end{pmatrix} e^{i\omega_z x/v} e^{ik_0 x - i\omega_0 t} \quad (1.191)$$

となる.

RFF 下流において垂直磁場（ガイド磁場）が一様であり，しかも RFF 内の垂直磁場と等しい場合には，この領域の波動関数は式 (1.189), (1.191) と同じである．$x \geq d$ でも $\epsilon = 0$ が成り立つので，分波後の両状態間の位相差は位置によらない．つまり，RFF の下流 $(x \geq d)$ で分散性位相が生じない．分散性位相はビームの波長分散によって干渉パターンの観測を妨げるものであるから，この RFF の特徴は，スピン干渉計の開発にとって大きな長所である．

DC $\pi/2$ フリッパーで分波すると，その後ろのガイド磁場によって，分散性位相が生じ，それが干渉パターンの観測を妨げた．それに対し，RF $\pi/2$ フリッパーで分波した場合には，むしろ分散性位相を生じさせないためにガイド磁場が必要となる．これは，第 7 章で述べるように，RF $\pi/2$ フリッパーを用いて開発した冷中性子スピン干渉計の大きな利点となる．

RF π フリッパーを考えると，これは $2\Omega = \pi$ のときである．したがって，

$$\psi_{\text{in}} = \begin{pmatrix} e^{-i\omega_z x/v} \\ 0 \end{pmatrix} e^{ik_0 x - i\omega_0 t} \to \psi_{\text{out}} = \begin{pmatrix} 0 \\ -ie^{i\omega_z x/v}e^{i\omega_s(t-x/v)} \end{pmatrix} e^{ik_0 x - i\omega_0 t},$$
$$\psi_{\text{in}} = \begin{pmatrix} 0 \\ e^{i\omega_z x/v} \end{pmatrix} e^{ik_0 x - i\omega_0 t} \to \psi_{\text{out}} = \begin{pmatrix} -ie^{-i\omega_z x/v}e^{-i\omega_s(t-x/v)} \\ 0 \end{pmatrix} e^{ik_0 x - i\omega_0 t}$$
$$(1.192)$$

となる．ここでも，共鳴条件を仮定しているので，RFF 入り口 $(x = 0)$ での入射成分と，出口 $(x = d)$ での遷移した成分との間に位相差 $\omega_s t - \omega_z d/v \pm \pi/2$ が生成する．また，スピンが反転する際に，全エネルギーは変化するが運動量は変化しない．

RFF の振動磁場に位相 χ が存在するときには，上のいずれの場合にも，ψ_{out} において $\omega_s t \to \omega_s t + \chi$ の置き換えをすればよい．

1.6.5　振動磁場の反回転成分について

RFF 内部の振動磁場の振幅 $2B_r$ が静磁場 B_z に比べて十分小さいとき，式 (1.135) のように振動磁場を回転磁場に置き換えることができるが，これが可能な理由を簡単に説明しておく．

これまで見てきた「正回転磁場 B_r ＋静磁場 B_z」が存在する場合 (式 (1.137)，図 1.24(a))，正回転磁場が静止して見える系（回転系）へ移ると，そこでは B_r が静止し，$-z$ 方向に静磁場 $B_s/2$ が現れる (式 (1.144)，図 1.24(b))．この $B_s/2$ の向きは B_z と逆向きである．したがって，共鳴条件 $B_z = B_s/2$ が成り立つとき，z 方向の磁場は相殺され，x 方向の静磁場 B_r のみが残る (図 1.24(c))．この実効磁場の周りをスピンが回転することによって，スピン状態の遷移 $|z\pm\rangle \to |z\mp\rangle$ がおこる．共鳴条件が成り立つ場合には完全反転も可能である．

それに対し，逆回転成分と静磁場が存在する場合

$$\hat{\boldsymbol{z}}B_z + \hat{\boldsymbol{x}}B_r\cos(-\omega_s t) + \hat{\boldsymbol{y}}B_r\sin(-\omega_s t) , \tag{1.193}$$

を考えたとき，逆回転磁場が静止してみえるような系では，$\omega_s \to -\omega_s$ の置き換えにより，見かけの磁場は $B_s \to -B_s$ となる．つまりこの系での磁場は

$$\hat{\boldsymbol{z}}(B_z + B_s/2) + \hat{\boldsymbol{x}}B_r , \tag{1.194}$$

となり，正回転磁場のときには B_z を打ち消す方向に現れた見かけの磁場が，この場合は強める方向に現れるということである（図 1.28）．すなわち，逆回転磁場が静止して見える系では，$B_r \ll B_z$ のとき，合成磁場はほとんど z 軸方向を向く．このとき，スピン状態の反転 ($|z\pm\rangle \to |z\mp\rangle$) はほとんど起こらない．

したがって，振動磁場＋静磁場，つまり回転磁場＋逆回転磁場＋静磁場 (式 (1.134)) のなかでのスピン状態の振る舞いを調べるとき，$B_r \ll B_z$ でかつ共鳴条件から大きく外れていない状況 $B_z \sim B_s/2$ では逆回転磁場の影響は無視して差し支えない．

回転磁場でなく振動磁場を用いたときの定量的な考察は，F. Bloch と A. Siegert によって与えられており [68]，共鳴曲線の形は変わらないが，共鳴条件が $B_r^2/16B_z^2$ のオーダーでずれることが示されている．

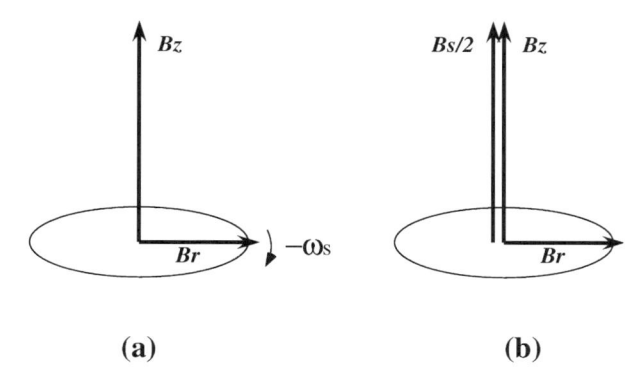

図 1.28: 逆回転磁場.(a): 実験室系での様子. (b): 逆回転磁場が静止する「回転系」では, z 軸方向に現れる見かけの磁場はもともとの静磁場 B_z を強める方向にできる. よって $B_r \ll B_z$ なら合成磁場はほとんど z 軸方向を向く.

1.6.6 共鳴スピンフリッパーの製作と反転率の測定

低周波用共鳴スピンフリッパーの製作

いちばん簡単な共鳴スピンフリッパーは, アクリル製のボビンに銅線を巻いたものである（図 1.29）. このフリッパーは 7.2 節で述べる冷中性子スピン干渉計のために開発された. 7.3 節で述べる高周波でのスピン干渉法のように, フリッパーなど各光学素子の精密配置が必要でない場合にはこれで充分である.

このコイルに交流電流を流すと, 内部で次のような振動磁場を発生させることができる.

$$\boldsymbol{B} = \hat{\boldsymbol{x}} B_r \cos(\omega_s t + \chi) . \tag{1.195}$$

ただし, $\hat{\boldsymbol{x}}$ は中性子ビームの進行方向の単位ベクトルである. また, ω_s は振動電流の角振動数, χ は振動電流の位相である. このとき, 式 (1.134) の B_z, つまりフリッパー内の垂直静磁場はガイド磁場で代用する. したがって, 共鳴条件

$$\omega_s = 2|\mu_n| B_z / \hbar \tag{1.196}$$

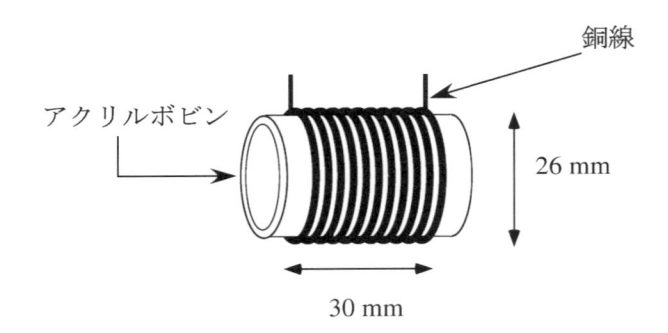

図 1.29: 低周波用 RFF の構造. 中性子ビームはコイル中を通過する.

を満たす振動数 ω_s は, ガイド磁場 B_z の強さによって決まる. 図 1.29 のコイルの周りに z 方向の静磁場用コイルを設置すれば, その電流を変えることで必要とする振動数に共鳴条件を持ってくることが可能である.

低周波用共鳴スピンフリッパーの反転率の測定

このコイルを用いて中性子スピンの反転率を測定した. 実験は日本原子力研究所 JRR-3M の C3-1-2 ビームライン [69] で行われた. 実験配置を図1.30 に示す. ビームの波長は 1.25 nm, 波長分解能は約 5.5 % であり, ビームサイズは縦 20 mm, 横 1 mm である. 偏極ミラーから偏極解析ミラーまでの間には約 0.86 mT のガイド磁場がかかっている. また, 偏極ミラー, 偏極解析ミラーは共に 45 パーマロイとゲルマニウムの多層膜をシリコン基板に蒸着させたものであり, 多層膜の周期は 15 nm である [74].

偏極ミラーで反射された中性子はガイド磁場に平行な向き ($z+$ 方向とする) に偏極されており, この中性子スピンは RFF によって反転される. 反転しなかった成分は偏極解析ミラーで反射され, 検出されるが, 反転した中性子はこのミラーを透過するので検出されない.

実験は次の手順で行った.

1. 振動電流の振動数と振幅を変えながら計数を測定し, 一番計数の少ない (一番よく反転する) 設定を探す. これが RFF の π フリップ条件である.

2. 振幅は最適値に固定し, 振動数を変化させながら計数する.
3. 電流を流してないときの計数と比較して反転率を計算する.

ただし, 反転率は RFF を駆動していないときの計数を I_{OFF}, 駆動しているときの計数を I_{ON} として, $(I_{\mathrm{OFF}} - I_{\mathrm{ON}})/I_{\mathrm{OFF}}$ で定義した.

こうして得られた RFF の振動数と反転率の関係を図 1.31 に示す.

反転率が最大になる条件 (π フリップ条件) は振動数が 25.0 kHz, 振幅が 0.95 A であり, このときの反転率は 0.923 ± 0.004 であった. 低周波側のサブピークが高く現れ, 高周波側にサブピークが現れないのは, RFF 内部での垂直磁場 B_z が一様でないためと考えられる.

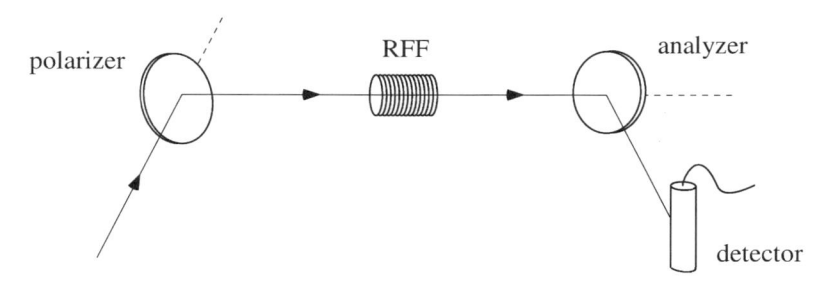

図 1.30: 共鳴スピンフリッパーの反転率測定のための実験配置

高周波用共鳴スピンフリッパーの製作

次に, 高周波の時間的干渉システムを構成する共鳴スピンフリッパーを製作した (図 1.32). このフリッパーは振動磁場を生成するためのコイルと, 目的とする振動数で共鳴条件を満たすための静磁場用コイルからなっている. 中性子ビームが x 軸方向に進むとすると, このフリッパー内の磁場は

$$\boldsymbol{B} = \hat{\boldsymbol{y}} B_r \cos(\omega_s t + \chi) + \hat{\boldsymbol{z}} B_z , \qquad (1.197)$$

であり, B_r は振動磁場用コイル, B_z は静磁場用コイルで生成される. 共鳴条件 (1.196) は静磁場用コイルの電流, 振動磁場の振動数の両方を調節することで設定できる.

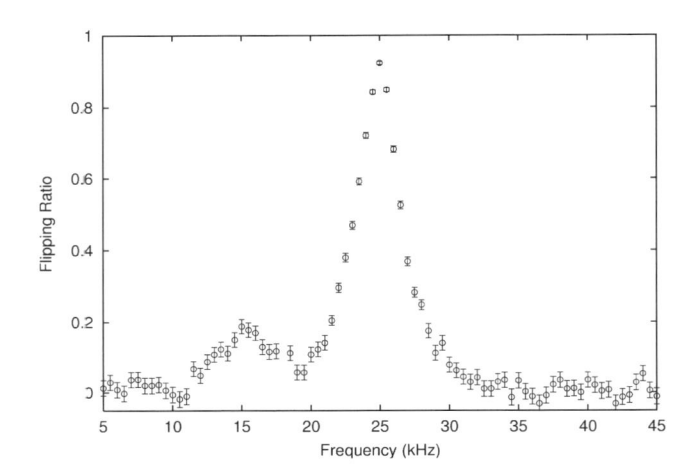

図 1.31: 低周波用 RFF の振動数と反転率の関係. 振動電流の振幅は 0.95 A , ガイド磁場の強さは約 0.86 mT で固定.

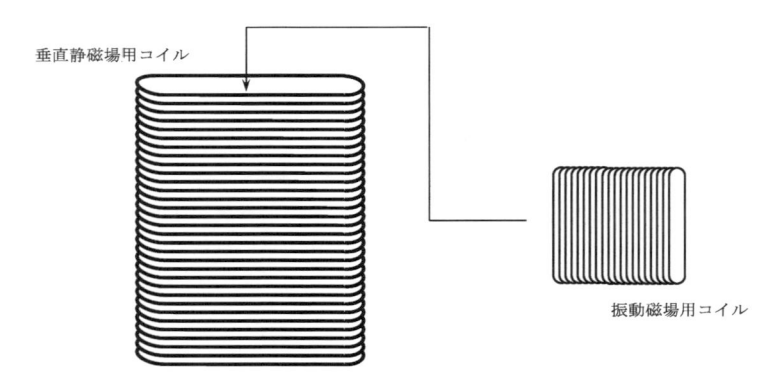

図 1.32: 高周波用 RFF の構造. ビームはこのコイルに垂直に入射させる.

高周波の干渉システムでは，フリッパーなどの精密配置が重要になってくる．すなわち，ビーム中の中性子の経路によって（つまり中性子がフリッパーに入射する場所によって）磁場領域の場所，長さや感じる磁場の強さなどが変わることをできるだけ避けなくてはならない (7.3.2 節参照)．

このフリッパーは振動磁場コイルの幅が 10 mm，垂直磁場コイルの長さは 12 mm である．高周波用フリッパーでは，共鳴条件に合う B_z が大きくなるため，低周波用フリッパーよりも振動磁場領域を狭くして B_r を強くすることができる．静磁場用コイルには幅 5 mm，厚さ 0.5 mm の平らなアルミ線を使用し，フリッパー自体のビームラインに対する平面性を出すようにした．このアルミ線同士は透明なフッ素樹脂のシートで絶縁した．また，振動磁場用コイルには直径 0.8 mm の酸化アルミで被覆したアルミ線を用いた．

高周波用共鳴スピンフリッパーの反転率測定

反転率測定の実験配置は 1.6.6 節の図 1.30 と同じである．ここでも，中性子ビームは縦 20mm，横 1mm に絞ってある．

実験は次の手順で行った．

1. まず，振動電流の振動数は 100 kHz に固定する．
2. 振動電流の振幅と静磁場コイルの電流を変えながら計数を測定し，一番計数の少ない（一番よく反転する）設定を探す．
3. 振動電流の振幅と静磁場コイルの電流は最適値に固定し，振動数を変化させながら計数する．
4. 電流を流してないときの計数と比較して反転率を計算する．

こうして得られた RFF の振動数と反転率の関係を図 1.33 に示す．

振動電流の振幅は 2.24 A で固定した．このとき，反転率は $\omega_s/2\pi = 100$ kHz で最大となり，0.88 ± 0.01 であった．

この図の共鳴の幅が図 1.31 に比べて広いのは振動磁場領域の幅が低周波用 RFF に比べて小さいからである．すなわち，式 (1.172) において d が小さければ，$\omega_A = \sqrt{\omega_r^2 + (\omega_s/2 - \omega_z)^2}$ のうちの ω_s が多少変わっても反転率の変化は小さいからである．振動磁場領域を短くすれば，このようにスピンの反転条件に近い設定をするのが容易になる．しかし，このとき振動磁場の振幅をそのぶ

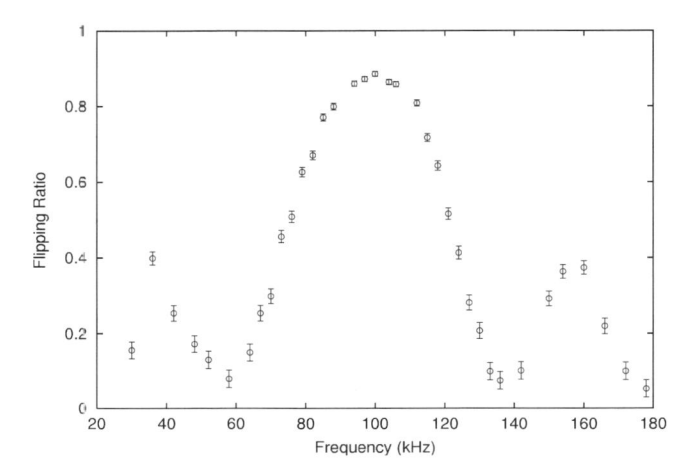

図 1.33: 高周波用 RFF の振動数と反転率. 振動電流の振幅は 2.24 A, 静磁場用コイルの電流は 9.90 A, ガイド磁場は約 0.87 mT で固定してある.

ん大きくしなければならず, 1.6.5 節で述べた条件 $B_r \ll B_z$ が成り立ちにくくなり, 反回転成分の効果が無視できなくなって反転率が下がることになる.

1.7 冷中性子スピン干渉法の原理と基本構造

本節では, 従来用いられてきた DC スピンフリッパーを利用した冷中性子スピン干渉計について考察する. ここでは, 干渉計内での中性子の振る舞いと干渉パターンを観測するために必要な条件を定量的に考察するとともに, この干渉計の問題点を明らかにする.

DC スピンフリッパーを用いた冷中性子スピン干渉計の構造を図 1.34 に示す. ここでは, 中性子は 1 つめの DC $\pi/2$ フリッパー (DCF1) によってスピン空間で分波される. そのあとアクセラレータ・コイル (ACC) で分波間の位相差を調節し, 2 つめの DC $\pi/2$ フリッパーによって重ね合わせる. DC π フリッパーはスピンを反転させることによって分波間に生じた分散性位相 (1.7.3 節) を相殺し, 干渉パターンの観測を可能にするためのものである. また, このシ

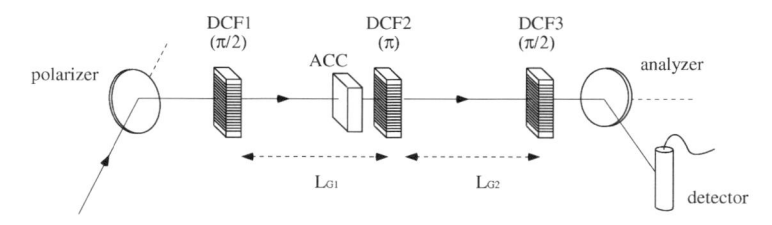

図 1.34: DC スピンフリッパーを用いた従来型の冷中性子スピン干渉計の構造

ステム全体には垂直方向の静磁場（ガイド磁場）がかけられる．

1.7.1 偏極およびガイド磁場による偏極維持

先に見たように，中性子スピンは磁場の周りを回転する．このことは地磁気や実験機器などから発生する磁場に対しても同じである．例えば，京都では地磁気の水平成分が $31~\mu$T，伏角（水平面と地磁気の方向のなす角）が約 48 deg である [70]．したがって強さ自体は約 $41.4~\mu$T．地磁気が一様だと仮定すれば，たとえば波長 1 nm ($v \simeq 400$ m sec^{-1}) の冷中性子が $L = 1.0$ m の距離を通過することを考えると，付録の式 (A.3) より

$$\frac{\omega_L L}{v} \simeq \frac{(2\pi \times 2.9 \times 10^7) \times (41.4 \times 10^{-6}) \times 1.0}{400} \simeq 2\pi \times 3, \quad (1.198)$$

となり，スピンは地磁気の周りに約 3 回転することが分かる．また，実験装置などから発生する磁場についても同様である．

このように，実験室での「環境磁場」は中性子ビームの偏極制御を妨げる．したがって偏極実験をする際にはこの影響をできる限り小さくしなければならない．

このため，ビームラインを透磁率の高いミューメタル（Ni$_{77}$Fe$_{16}$Cu$_{5.5}$Cr$_{1.5}$）で囲んで環境磁場を遮断し，さらにビームラインにガイド磁場という一定方向の静磁場をかける．

ガイド磁場によって偏極が保たれることは図 1.35 によって分かる．すなわち，ビームライン上で環境磁場に対してガイド磁場が十分大きければ，中性子

図 1.35: ガイド磁場が環境磁場に比べて十分大きければ，中性子スピンはほぼガイド磁場の周りに回転する，と考えてよい．

スピンに対する環境磁場の効果は無視できる．つまり偏極が制御できる．特に，ガイド磁場の向きと中性子偏極の向きが同じ場合には，中性子スピンはほとんど向きを変えない．

このようなガイド磁場は偏極中性子を用いた実験に不可欠なものである．本節では干渉計全体にわたって一様なガイド磁場がかけられているものとする．

1.7.2　偏極，分波および分波間の位相差調節

偏極は，磁気多層膜ミラーなどの偏極ミラーで行う．すなわち，$z+$ 方向に磁化した偏極ミラーで中性子ビームを反射させると，$|z+\rangle$ 状態の反射ビームが得られる．

さらに $|z+\rangle$ 状態の中性子は DC $\pi/2$ フリッパーによってスピン空間で分波される．DC $\pi/2$ フリッパーの作用をあらわす行列は式 (1.129) で与えられている．したがって，スピン上向き状態で入射した中性子は

$$\psi_{\rm in} = \begin{pmatrix} 1 \\ 0 \end{pmatrix} \to \psi_{\rm out} = \frac{-i}{\sqrt{2}} \begin{pmatrix} 1 \\ 1 \end{pmatrix}, \tag{1.199}$$

となり，$x+$ 方向の偏極状態へと遷移する．すなわち DC $\pi/2$ フリッパーにより，スピン状態が上向き状態と下向き状態とに，均等に分波される．ここでの上成分が 1.4 節のA波，下成分がB波に対応する．

干渉パターンを観測するには，分波した後の 2 状態 $|z+\rangle$ と $|z-\rangle$（つまりA波とB波）の間の位相差を制御することが必要である．この目的のために 1.5.2 節で述べたアクセラレータ・コイルがよく用いられる．すなわち，強さ $B_{\rm ac} =$

$\hbar\omega_{\rm ac}/|\mu_n|$ の垂直静磁場が適用された距離 d の領域に，$\pi/2$ フリッパーで分波された中性子（式 (1.199) の $\psi_{\rm out}$）を通過させる．磁場領域の入り口と出口でのスピン状態の関係は式 (1.109) で与えられているから，共通の位相 $-i$ を省略すると

$$\psi_{\rm in} = \frac{1}{\sqrt{2}}\begin{pmatrix} 1 \\ 1 \end{pmatrix} \to \psi_{\rm out} = \frac{1}{\sqrt{2}}\begin{pmatrix} e^{-i\omega_{\rm ac}d/v} \\ e^{i\omega_{\rm ac}d/v} \end{pmatrix}. \qquad (1.200)$$

つまり，この磁場領域を通過することでA波（上成分）とB波（下成分）の間に位相差

$$\phi_{\rm ac} = 2\omega_{\rm ac}d/v, \qquad (1.201)$$

がつくことが分かる．

また実験のさい，ビームライン上にかけられているガイド磁場によっても両スピン状態の間には位相差がつく．すなわち，ガイド磁場 $B_G = \hbar\omega_G/|\mu_n|$ のかかっている領域で中性子が距離 L_G だけ進むとすれば，式 (1.200) と同様にして，位相差

$$\phi_G = 2\omega_G L_G/v, \qquad (1.202)$$

がもたらされる．つまり，スピン干渉計の中で両スピン状態間，つまりA波とB波との間に生じる位相差は

$$\phi = \phi_{\rm ac} + \phi_G = 2\omega_{\rm ac}d/v + 2\omega_G L_G/v, \qquad (1.203)$$

であり，位相差制御は $\phi_{\rm ac}$，つまりアクセラレータ・コイルの電流（$\propto \omega_{\rm ac}$）を変えることによって行われる．

1.7.3 分散性位相

1.7.2 節で得られた両状態間の位相差 $\phi_{\rm ac}$ と ϕ_G はともに中性子の速度（つまり波長）に依存した量である．このような位相を分散性位相と呼ぶ．実験で利用される中性子ビームは完全単色ではありえない．つまり，ビームは波長に広がりをもつので (波長分散)，ガイド磁場やアクセラレータ・コイルで生じる

分散性位相にも広がり, ばらつきがあることになる (位相分散). これを $\Delta\phi_G$ などと書くと,

$$\Delta\phi_{\mathrm{ac}} = -\frac{\Delta v}{v}\left(\frac{2\omega_{\mathrm{ac}}d}{v}\right) = -\frac{\Delta v}{v}\phi_{\mathrm{ac}},$$
$$\Delta\phi_G = -\frac{\Delta v}{v}\left(\frac{2\omega_G L_G}{v}\right) = -\frac{\Delta v}{v}\phi_G. \tag{1.204}$$

例として, 波長約 1 nm (速度 400 m sec^{-1} 程度) で, 位相分散 $\Delta\lambda/\lambda = \Delta v/v$ が 3 % 程度の冷中性子ビームを考える.

まず, ϕ_{ac} について考えると, 干渉パターンを得るためには数周期程度, たとえば $-6\pi \leq \phi_{\mathrm{ac}} \leq 6\pi$ 程度の範囲で ϕ_{ac} を変化させればよい. この場合, $\phi_{\mathrm{ac}} = \pm 6\pi$ で位相分散 $\Delta\phi_{\mathrm{ac}}$ は最大となり, その大きさは 1 周期の 9 % 程度である. これは, 干渉パターンのビジビリティを (両端のほうで) ある程度落としてしまうが, 観測の妨げになるほどではない.

次に, ϕ_G を考える. 例として, ガイド磁場は偏極ミラーから偏極解析ミラーの間全体にわたってかけられており, その距離は 2 m 程度であるとする. 磁場の強さを 1 mT とすれば, 中性子が得る位相差は付録の式 (A.3) を利用して,

$$\phi_G \simeq 2\pi \times 145, \tag{1.205}$$

となる. したがって, 波長分散が 3 % 程度のとき, $\Delta\phi_G$ は 1 周期の約 4.3 倍に相当する.

干渉計で測定する位相差は $\phi = \phi_{\mathrm{ac}} + \phi_G$ である. したがって, ϕ の分散は

$$\Delta\phi = \Delta\phi_{\mathrm{ac}} + \Delta\phi_G, \tag{1.206}$$

であるが, これがほぼ周期の 4.3 ~ 4.4 倍になり, 干渉パターンが全く観測できなくなる.

このように, 偏極を維持するために必要なガイド磁場によって, 波長に依存する位相差がもたらされるが, その波長分散によるばらつきのため, 干渉パターンが観測できなくなる. 干渉パターンを観測するためには, 観測地点における位相分散を少なくとも 1 周期の 2 ~ 30 % 以下に抑えなくてはならない.

1.7.4 π フリッパーによる分散性位相の相殺

観測地点で分散性位相をゼロにするために，中性子スピン状態を分波してから重ね合わせるまでの間で，一度スピンを反転させる操作を行う．つまり，それまでスピン上向き状態だったA波を下向きに，下向き状態だったB波を上向きに遷移させる．このとき，スピン干渉計の中でのスピン状態の遷移は図 1.17 とは異なり，図 1.36 のようになる．

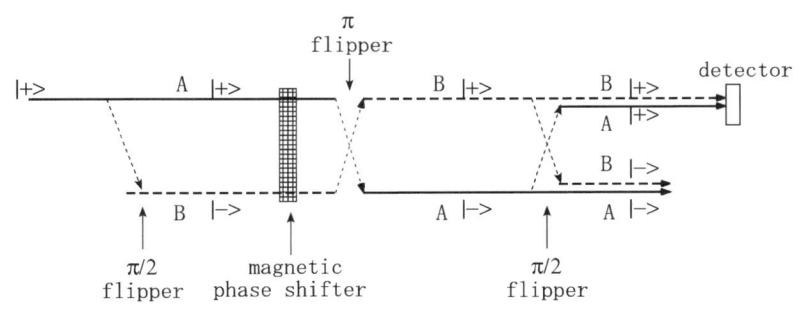

図 1.36: π フリッパーがある場合のスピン干渉計におけるスピン状態の遷移．途中でA波とB波のスピン状態が入れ替わるが，最終的には上向き，下向きの両スピン状態でA波とB波の重ね合わせが実現される．

従来型の冷中性子スピン干渉計において，スピン反転は DC π フリッパーによって行われている．ここでは，例としてフリッパー内の静磁場が x 方向（ビーム進行方向）を向いている場合を説明する．式 (1.199) のように分波された後，距離 L_{G1} のガイド磁場 $B_{G1} = \hbar\omega_{G1}/|\mu_n|$ 中を通過し，位相調整器で位相差 ϕ_{ac} を得た中性子の波動関数は以下のように書ける．

$$\psi_{\text{in}} = \frac{1}{\sqrt{2}} \begin{pmatrix} \exp[-i\phi_{ac}/2 - i\omega_{G1}L_{G1}/v] \\ \exp[i\phi_{ac}/2 + i\omega_{G1}L_{G2}/v] \end{pmatrix}. \quad (1.207)$$

ただし，共通の位相は省略した．この状態の中性子が DC π フリッパーを通過する．この DC π フリッパーの作用を表す行列は式 (1.132) で与えられている

から，

$$\psi_{\text{out}} = \exp\left[-i\sigma_x\left(\pi/2\right)\right]\psi_{\text{in}} = \begin{pmatrix} 0 & -i \\ -i & 0 \end{pmatrix}\psi_{\text{in}}$$
$$= \frac{-i}{\sqrt{2}}\begin{pmatrix} \exp[i\phi_{\text{ac}}/2 + i\omega_{G1}L_{G1}/v] \\ \exp[-i\phi_{\text{ac}}/2 - i\omega_{G1}L_{G1}/v] \end{pmatrix} \quad (1.208)$$

が DC π フリッパーの出口での波動関数である．ここからは，上成分がB波，下成分がA波に対応することになる．この後，距離 L_{G2} にわたって強さ B_{G2} のガイド磁場領域を通過すると，波動関数は

$$\psi = \frac{-i}{\sqrt{2}}\begin{pmatrix} \exp\left[i\frac{\phi_{\text{ac}}}{2} + i\frac{\omega_{G1}L_{G1}}{v} - i\frac{\omega_{G2}L_{G2}}{v}\right] \\ \exp\left[-i\frac{\phi_{\text{ac}}}{2} - i\frac{\omega_{G1}L_{G1}}{v} + i\frac{\omega_{G2}L_{G2}}{v}\right] \end{pmatrix}. \quad (1.209)$$

すなわち，スピン反転後に生じる位相差は，反転前に得た位相差と逆の符号を持つ．とくに，

$$\phi_G = \frac{2\omega_{G1}L_{G1}}{v} - \frac{2\omega_{G2}L_{G2}}{v} = 0, \quad (1.210)$$

あるいは $\omega_{G1}L_{G1} = \omega_{G2}L_{G2}$ が成り立つとき，ガイド磁場による分散性位相は相殺される．結局

$$\psi \to \frac{1}{\sqrt{2}}\begin{pmatrix} e^{i\phi_{\text{ac}}/2} \\ e^{-i\phi_{\text{ac}}/2} \end{pmatrix}, \quad (1.211)$$

となり，位相差調整器による位相差のみが残る．この ϕ_{ac} への波長分散の影響はすでに見たように小さい．

1.7.5 重ね合わせと偏極解析，検出

位相差調整器によって位相差を得た中性子状態を重ね合わせるのにも，DC π/2 フリッパーが用いられる．磁場の向きは分波のための DC π/2 フリッパーと同じだとする．このとき，フリッパーの入り口での波動関数は式 (1.211) で与えられるから，出口での波動関数は

$$\psi_{\text{out}} = \exp\left[-i\frac{\sigma_x + \sigma_z}{\sqrt{2}}\left(\frac{\pi}{2}\right)\right]\frac{1}{\sqrt{2}}\begin{pmatrix} e^{i\phi_{\text{ac}}/2} \\ e^{-i\phi_{\text{ac}}/2} \end{pmatrix} = \frac{-i}{2}\begin{pmatrix} e^{i\phi_{\text{ac}}/2} + e^{-i\phi_{\text{ac}}/2} \\ e^{i\phi_{\text{ac}}/2} - e^{-i\phi_{\text{ac}}/2} \end{pmatrix},$$
$$(1.212)$$

第1章 中性子の光学的性質と中性子偏極デバイスそして中性スピン干渉の原理　　79

である．この $\pi/2$ フリッパーによって，それまで異なるスピン固有状態であった2状態，すなわちA波とB波が，式 (1.212) の上成分，下成分で重ね合わされたことが分かる．すなわち上成分，下成分ともに第1項がB波，第2項がA波に対応する．その位相差 ϕ_{ac} は位相差調整器（アクセラレータ・コイル）で与えられたものである．

このあと，スピン上向き状態のみを反射する磁気多層膜ミラー（偏極解析ミラー）によって，上向き成分が取り出され，検出される．検出位置での波動関数と確率密度は

$$\psi = \frac{1}{2}\left(e^{i\phi_{ac}/2} + e^{-i\phi_{ac}/2}\right),$$
$$|\psi|^2 = \frac{1}{2}\left(1 + \cos\phi_{ac}\right). \tag{1.213}$$

こうして，検出地点での確率密度，すなわち中性子強度は位相差調整器での位相 ϕ_{ac} によって振動する．この ϕ_{ac} は分波された後，重ね合わされるまでに2状態の間についた位相差である．つまり，ϕ_{ac} を変えながら計数すると，ϕ_{ac} を変数とするスピン干渉パターンが観測される．

このように，中性子スピン干渉法によれば，空間的な分波をすることなく，スピン固有状態間の干渉を観測することが可能である．しかし，従来型の冷中性子スピン干渉計では，その内部で分散性位相が生じる．そのため，干渉パターンを高精度で観測するためには，分散性位相を相殺するための機構とその高精度での設定が必要である．

1.7.6　中性子スピン干渉を利用した第2章以後の研究

中性子スピン干渉法を利用した，様々な研究を紹介する．Ebisawa らは多層膜スピンスプリッター (MSS) による中性子のスピン回転を実証し，これを利用したスピンエコー分光器の開発を行っている [74]（第2章，第3章）．

Hino らは磁気膜のトンネリングに伴う位相変化の測定 [71]，および中性子の量子井戸の共鳴トンネリングでの位相変化の測定を行った [72]．また，Achiwa らは磁気多層膜による動力学回折位相を測定している [73]（第4章）．

Mezei の開発した中性子スピンエコー分光器 [75] は中性子スピンの Larmor 歳差回転を利用したものであるが，これも一種の中性子スピン干渉である [76]-

[78]. これは 1.7.3 節でみた分散性位相が中性子の速度に依存していることから, 散乱によるわずかな速度変化を分散性位相の変化として観測するものである. この装置の分解能を上げるためには, できるだけ強い一様な磁場を長距離にわたってかけ, 大きな分散性位相を生じさせることが必要となる.

海老沢は, 極冷中性子ボトルを用いた中性子スピン干渉法を提案し, 中性子と場の相互作用時間を格段に増加させ, 位相を測定する手法を開発しつつある (第 5 章).

パルススピンフリッパーを用いて, 河合らは分波後中性子が重ね合わせ器に到着する前に, 重ね合わせ器を挿入するか, しないかにより, 干渉性を調べる遅延選択実験を行った (第 6 章).

また, 共鳴スピンフリッパーを利用して, G. Gähler, R. Golub らは共鳴スピンエコー装置, MIEZE 分光器を開発している [79]~[82]. これも中性子スピンエコー装置の一種といえるものである.

さらに, 共鳴スピンフリッパーを用いた, 様々な中性子スピン干渉を用いた研究が行われてきている [83]~[99](第 7 章).

参考文献

[1] J. Chadwick, Nature **129** (1932) 312.

[2] Particle Data Group, K. Hagiwara et al., Phys. Rev. D **66**(2002), 010001 (URL:http://pdg.lbl.gov).

[3] A. J. Dianoux, G. Lander, *Neutron Data Booklet*, ILL Neeeutrons for Science(2002).

[4] D. J. Hughes, *Neutron Optics*, Interscience Publishers,Inc., 1954.

[5] Kurt Sköld and David L. Price ed., *Neutron Scattering, Methods of Experimental Physics*, Vol. 23, Academic Press (1986).

[6] I. Butterworth, P. A. Egelstaff, H. London and F. J. Webb, Phil. Mag. **2** (1957) 917.

[7] T. Kawai, M. Utsuro, Y. Maeda, T. Ebisawa, T. Akiyoshi, H. Yamaoka and S. Okamoto, Nucl. Instr. Meth. Phys. Res. **A 276** (1989) 408.

[8] T. Kawai, T. Ebisawa, T. Akiyoshi and S. Tasaki, Annu. Rep. Res. React. Inst. Kyoto Univ. **23** (1990) 158.

[9] H. Rauch and S. Werner, *Neutron Interferometry, Oxford series on neutron scattering in condensed matter 12* Clarendon Press, Oxford Press (2000).

[10] L. Alvarez and F. Bloch, Phys. Rev. **57** (1940) 111.

[11] J. E. Sherwood, T. E. Stephenson and S. Bernstein, Phys. Rev. **96**, (1954) 1546.

[12] S. Barkan et al. Rev. Sci. Instr. **39** (1964) 101.

[13] T. J. L. Jones and W. G. Williams, J. Phys. **E 13** (1980) 227.

[14] J. Byrne, *Neutrons, Nuclei and Matter*, Institute of Physics Publishing Bristol and Phyladelphia, (1994).

[15] J. Schmiedmayer, Nucl. Instr. Meth. A **284** (1989), 59.

[16] L. Koester, Z. Phys. **182** (1965) 328.

[17] L. Koester and W. Nistler, Z. Phys. A **272** (1975) 189.

[18] E. Fermi and W. H. Zinn, Phys. Rev. **70** (1946) 103.

[19] E. Fermi and L. Marshall, Phys. Rev. **71**, (1947) 666.

[20] M. L. Goldberger and F. Seitz, Phy. Rev. **71** (1947) 294.

[21] I. I. Gurevich and L. V. Tarasov, *Low Energy Neutron Physics*, North-Holland Publishing Company, 1968.

[22] V. F. Sears, *Neutron Optics*, Oxford University Press, New York, Oxford, 1989.

[23] G. L. Squires, *Introduction to the Theory of Thermal Neutron Scattering*, Cambridge University Press, London, Cambridge, 1978.

[24] O. Halpern and M. H. Johnson, Phys. Rev. **55** (1939) 898.

[25] V. K. Ignatovich, *The Physics of Ultracold Neutrons*, Oxford University Press, New York, Oxford, 1990.

[26] H. Maier-Leibnitz and T. Springer, Reactor Sci. Tech. **17** (1963) 217.

[27] B. P. Schoenborn, D. L. D. Casper and O. F. Lammerer, J. Appl. Cryst. **7** (1974) 508.

[28] J. W. Lynn, J. K. Kjems, L. Passell, A. M. Saxena and B. P. Schoenborn, J. Appl. Cryst. **9** (1976) 454.

[29] F. Mezei, Comm. Phys. **1** (1976) 81.

[30] G. P. Felcher, Phys. Rev. B **24** (1981) 1595.

[31] G. P. Felcher, R. Felici, R. T. Kampwirth and K. E. Gray, J. Appl. Phys. **57** (1985) 3789.

[32] E. Bouchaud, B. Farnoux, X. Sun, M. Daoud and G. Jannink, Europhys. Lett. **2** (1986) 315.

[33] J. Penfold and R. K. Thomas, J. Phys. Condens. Matter **2** (1990) 1369.

[34] A. G. Gukasov, V. A. Ruban and M. N. Bedrizova, Sov. Tech. Phys. Lett. **3** (1977) 52.

[35] S. Yamada, T. Ebisawa, N. Achiwa, T. Akiyoshi and S. Okamoto, Annu. Rep. Res. Reactor Inst. Kyoto Univ. **11** (1978) 8.

[36] J. Schelten and K. Mika, Nucl. Instr. Meth. **160** (1979) 287.

[37] A. M. Saxena and B. P. Schoenborn, Acta Cryst. **A 33** (1977) 805.

[38] T. Ebisawa, N. Achiwa, S. Yamada, T. Akiyoshi and S. Okamoto, J. Nucl. Sci. Tech. **16** (1979) 647.

[39] A. M. Saxena, J. Appl. Cryst. **19** (1986) 123.

[40] T.Ebisawa, S.Tasaki, K.Kawai, T.Akiyoshi, M.Utsuro, Y.Otake, H.Funahashi and N.Achiwa, Nucl. Instr. Meth. Phys. Res. **A 344**, (1994) 597.

[41] T.Ebisawa, S.Tasaki, Y.Otake, H.Funahashi, K.Soyama, N.Torikai and Y.Matsushita, Physica **B 213 & 214** (1995) 901.

[42] S. Tasaki, T. Ebisawa, N. Achiwa, T. Akiyoshi and S. Okamoto, *Thin-Film Neutron Optical Devices: Mirrors Supermirrors, Multilayer Monochromators, Polarizers and Beam Guides*, Proc. SPIE, **983** (1988) 54.

[43] 田崎誠司　波紋 vol.11, **2** (2001)45.

[44] P.Böni, D.Clemens, M.Senthil Kumar and S.Tixier, Physica B **241&243** (1998)1060.

[45] O. Schaerpf, Physica **B 156& 157** (1989) 631.

[46] O. Schaerpf, Physica **B 156& 157** (1989) 639.

[47] O. Schaerpf and N. Stuesser, Nucl. Instr. Meth. Phys. Res. **A 284** (1989) 208.

[48] C. F. Majkrzak and J. F. Ankner, Neutron Optical Devices and Applications, Proc. SPIE, **1738** (1992) 150.

[49] K.Soyama, M.Suzuki, T.Hazawa, A.Moriai, N.Minakawa and Y.Ishii, Physica B **311** (2002) 130.

[50] ILL news, No.31(1999).

[51] R. Pynn, Rev. Sci. Instr. **55**, (1984) 837.

[52] 岡本朴, 秋吉恒和, 海老沢徹, 山田修作, 見谷薫史, 吉田不空男, 河合武, 阿知波紀郎, 昭和 48 年度科学研究費 KUR 中性子導管研究報告書.

[53] T. Akiyoshi, T. Ebisawa, T. Kawai, F. Yoshida, M. Ono, S. Tasaki, S. Mitani, T. Kobayashi and S. Okamoto, J. Nucl. Sci. Technol. **29** (1992) 939.

[54] D.Mildner, H.Chen and G.Downing, J. Neutron Res. **1** (1993) 1.

[55] C. F. Majkrzak and L. Passell, Acta Cryst. **A 41** (1985) 41.

[56] B. Hamelin, Nucl. Instr. Meth. **135** (1976) 299.

[57] N.A.Achiwa, M.Hino, Y.Yamauchi, H.Takakura, S.Tasaki, T.Akiyoshi and T.Ebisawa, *Proceedings of the Fifth International Symposium on Advanced Nuclear Energy Research, Neutron as Microscopic Probes*, JAERI-M 93-228 (1983) 304.

[58] T. Kawai. T. Ebisawa, S. Tasaki, Y. Eguchi, M. Hino, N. Achiwa, J. Neutron Research **5** (1997) 123

[59] M.Hino, S.Tasaki, T.Ebisawa, T.Kawai, N.Achiwa and M.Utsuro, J. Phys. Soc. Japan **70** Suppl.A (2001) 489.

[60] J. Summhammer, G. Badurek, H. Rauch, U. Kischko, A. Zeilinger, Phys. Rev. **A 27** (1983) 2523.

[61] G. Badurek, H. Rauch, J. Summhammer, Phys. Rev. Lett. **51** (1983) 1015.

[62] G. Badurek, H. Rauch, J. Summhammer, Physica **B&C 151** (1988) 82.

[63] J. J. Sakurai, Modern Quantum Mechanics, Addison-Wesley, 1994.

[64] I. I. Rabi, Phys. Rev. **51** (1937) 652.

[65] E. Krüger, Nukleonika **25** (1980) 889.

[66] R. Golub, R. Gähler and T. Keller, Am. J. Phys. **62** (1994) 779.

[67] B. Alefeld, G. Badurek, H. Rauch, Z. Phys. **B 41** (1981) 231.

[68] F. Bloch, A. Siegert, Phys. Rev. **57** (1940) 522.

[69] T. Ebisawa, S. Tasaki, Y.Otake, H. Funahashi, Physica **B 212-213** (1995) 957.

[70] 理科年表 2001 年版, 丸善株式会社理科年表：京都での地磁気

[71] M. Hino, N. Achiwa, S. Tasaki, T. Ebisawa, T. Kawai, T. Akiyoshi, D. Yamazaki, Phys.Rev.**A59** (1998) 2261.

[72] M. Hino, N. Achiwa, S. Tasaki, T. Ebisawa, T. Kawai, D. Yamazaki, Phys. Rev. **A 61** (2000) 013607.

[73] N. Achiwa, M. Hino, K. Kakurai, S. Kawano, Phsica **B 241-243** (1998) 1204.

[74] T. Ebisawa, S. Tasaki, T. Kawai, M. Hino, N. Achiwa, Y. Otake, H. Funahashi, D. Yamazaki, and T. Akiyoshi, Phys.Rev.**A 57** (1998) 4720.

[75] F. Mezei ed.,*Neutron Spin Echo ;Lecture Notes on Physics*, (Springer, Berlin, 1980).

[76] F. Mezei, *Coherent approach to neutron beam polarization in Imaging Processes and Coherence in Physics*, ed. by M. Schlenker, M. Fink et al. (Springer, Berlin, 1979) pp.282-295 .

[77] F. Mezei, Physica B**137** (1986) 295.

[78] F. Mezei, Physica B**151** (1988) 74.

[79] M. Köppe, M. Bleuel, R. Gähler, R. Golub, P. Hank, T. Keller, S. Longeville, U. Rauch, J. Wuttke, Physica **B 266** (1999) 75.

[80] R. Gähler and R. Golub, Z. Phys. B**65** (1987) 269.

[81] R. Golub and R. Gähler, Phys. Lett. A**123** (1987) 43.

[82] R. Gähler and R. Golub, J. Phys. (Paris) **49** (1988)1195.

[83] D. Yamazaki, T. Ebisawa, T. Kawai, S. Tasaki, M. Hino, T. Akiyoshi and N. Achiwa, Physica **B 241-243** (1998) 186 .

[84] T. Kawai, T. Ebisawa, S. Tasaki, M. Hino, D. Yamazaki, H. Tahata, T. Akiyoshi, Y. Matsumoto, N. Achiwa, Y. Otake, Physica **B241-243** (1998) 133.

[85] S. Tasaki, M. Hino, T. Ebisawa, N. Achiwa, T. Kanaya, D. Yamazaki, H. Tahata and T. Akiyoshi, Physica B **241-243** (1998) 175.

[86] T. Ebisawa, D. Yamazaki, S. Tasaki, T. Kawai, M. Hino , T. Akiyoshi , N. Achiwa and Y. Otake, J. Phys. Soc. Jpn. **67** (1998) 1569.

[87] T. Kawai, T. Ebisawa, S. Tasaki, M. Hino, D. Yamazaki, T. Akiyoshi, Y. Matsumoto, N. Achiwa and Y. Otake, Nucl. Instr. and Meth.**A410** (1998) 259.

[88] T. Ebisawa, S. Tasaki, M. Hino, T. Kawai, Y. Iwata, D. Yamazaki, N. Achiwa , Y. Otake , T. Kanaya, K. Soyama, Journal of Physics and Chemistry of Solids **60** (1999) 1569.

[89] T. Ebisawa, D. Yamazaki, S. Tasaki, M. Hino, T. Kawai, Y. Iwata, N. Achiwa, T. Kanaya, K. Soyama, Phys. Lett. **A 259** (1999) 20.

[90] T. Ebisawa, S. Tasaki, D. Yamazaki, G. Shirozu, M. Hino, T. Kawai, T. Kanaya, K. Soyama, N. Achiwa, Physica B **276-278** (2000) 144.

[91] S. Tasaki, T. Ebisawa, M. Hino, T. Kawai, D. Yamazaki, N. Achiwa, J. Phys. Soc. Japan **70** Suppl. (2001) 428.

[92] N. Achiwa, G. Shirozu, T. Ebisawa, M. Hino, S. Tasaki, T. Kawai, D. Yamazaki, J. Phys. Soc. Japan **70** Suppl. (2001) 436.

[93] S. Tasaki, T. Ebisawa, M. Hino, T. Kawai, D. Yamazaki, N. Achiwa, J. Phys. Soc. Japan **70** Suppl. (2001) 439.

[94] T. Ebisawa, S. Tasaki, D. Yamazaki, N. Achiwa, G. Shirozu, T. Kanaya, J. Phys. Soc. Japan **70** Suppl. (2001) 442.

[95] N. Achiwa, T.Ebisawa, M. Hino, D. Yamazaki, G. Shirozu, S. Tasaki, T. Kawai, Physica B **311** (2002) 61.

[96] S. Tasaki, T.Ebasawa, M. Hino, T. Kawai, D.Yamazaki, N. Achiwa, R. Maruyama, S. Kawakami, Physica B **311** (2002) 102.

[97] D. Yamazaki, Nuclear Instruments and Methods **A 488** (2002) 623.

[98] S. V. Grigoriev, W. H. Kraan, F. M. Mulder, M. Th. Rekverdt, Phys. Rev. **A 62** (2000) 063601.

[99] F. M. Mulder, S. V. Grigoriev, W. H. Kraan, M. Th. Rekveldt, Europhys. Lett. **51** (2000) 13.

第2章　冷中性子スピン干渉実験法の開発と高分解能分光器への応用

海老沢　徹

2.1　はじめに

　冷中性子スピン干渉法の原理的特徴は,従来のシリコン干渉計等のように空間的に分波するのではなく,中性子波をスピン固有状態で分波するところにある.冷中性子スピン干渉現象では,スピン依存の相互作用による物理状態の変化が波動関数における位相因子の変化として直接観測される.スピン固有状態での分波にエネルギー差や空間的な分離を付与すると一層多彩な量子力学現象の研究が可能になる.その結果,中性子スピンの量子回転というスピン回転の一般的な概念の導入,多層膜スピンスプリッターによるスピンの量子回転現象の発見,中性子波のトンネリング現象や中性子 Fabry-Perot resonator における位相時間の測定,空間的に分離したスピン分波の可干渉性に関する研究,エネルギー差を伴うスピン分波間の干渉現象の研究,遅延選択実験の実現あるいは中性子に対する極微弱なポテンシャルの検出等,多様な基礎物理的テーマの進展がはかられてきた.それらについては,第4章以降に譲りたい.
　ここでは,冷中性子スピン干渉法を用いた高分解能分光器の開発に焦点を絞って紹介したい.この分光法は,スピンエコー法と基本的に同じ原理に基づいており,他の通常型のものとは全く異なったものである.3軸型あるいはTOF法等,通常型の分光法では,測定される物理量は,モノクロメーターやパルス幅等によって決められる入射ビームと散乱ビームにおける物理量の差から測定される.そのため,分解能の向上は,両ビームの物理量のバンド幅をどんどん狭くすることにより実現される.しかし,バンド幅を狭くするには限界があるばかりでなく,そのこと自身,ビーム強度の大幅な減少を余儀なくされる.したがって,通常の方法による高分解能化には限界があった.しかし,スピン干渉法を用いた分光法は,散乱過程における中性子速度の微弱な変化が,個々の中性子のスピン分

波間の位相差の変化として大きく増幅されて観測されるという原理に基づいている．その位相差は入射中性子の速度や波長に基本的に依存しない．したがって，スピン干渉を利用する分光器は中性子強度を犠牲にすることなく高分解能を実現できるという「通常の分光器の常識」に反する特徴をもつことになる．

スピンエコー法の原理に基づいた中性子分光器としては，3つのものが原理的に可能である．

1. 磁場の中での中性子スピンのLarmor回転を利用する既存のもので，Mezeiによる提案以来，分光器としての高性能化がはかられ，quasi-elastic現象の研究に広く利用されてきた[1][2][3]．
2. 共鳴フリッパー (Radio-frequency flipper, RFフリッパー) とゼロ磁場の組み合わせにより生じる，スピンの回転を用いたもので, Gähler, Golub 等により, resonance neutron spin echo(RNSE) 法としてMezei法に匹敵する性能を達成しつつある[4][5][6][7]．
3. 多層膜スピンスプリッターによるスピンの量子回転を利用したものである[8][9][10][11]．このスピン回転は，磁場と無関係に生じる量子力学的現象であること，スピン回転に必要な長さが極めて短いという特徴をもっており，前の2者とは異なる特性を持つ小型の高分解能分光器を開発することが可能である．

ここで述べられるスピン干渉を利用した高分解能分光法は，多層膜スピンスプリッターによるスピンの量子回転を用いたもの及びRFフリッパーによる時間干渉を利用したもの2種類である．そこで用いられるスピン回転は，いずれも巨視的スケールで現れる純粋に量子力学現象であり，古典物理的には取り扱えない一見奇異な現象である．はじめに，冷中性子スピン干渉法，とくに分光法に用いられるスピン干渉現象について述べ，次に，それらを用いた高分解能分光法について現状を紹介したい．

2.2 冷中性子スピン干渉の原理と基本構造

中性子波をスピン固有状態で分波するスピン分波の原理は，中性子スピンの固有状態によるcoherentな重ね合わせ原理に基づいている．量子化磁場を垂直

(z 軸) 方向にとると水平面 (xy 平面) 内に偏極している中性子の状態 ($|S_{xy}\rangle$) は，量子力学的には，式 (2.1) に示されるように，位相差 ϕ をもつスピン固有状態の coherent な重ね合わせとして表される．また，位相差 ϕ は，スピンの x 成分の期待値を表しており，スピンの回転角に対応している [3][12]．

$$|S_{xy}:\phi\rangle = \frac{1}{2}\{|\uparrow_z\rangle + e^{i\phi}|\downarrow_z\rangle\}, \tag{2.1}$$

$$\langle S_x:\phi\rangle = \cos\phi. \tag{2.2}$$

式 (2.1) に示されるスピノールとしての特性を利用して中性子波のスピンによる分波が行われる．すなわち，偏極中性子を $\pi/2$ 回転する操作が中性子波をスピン固有状態に関して分波することに等価である．換言すれば，Polarizer と $\pi/2$ フリッパーの組み合わせは中性子波のスピン分波器としての機能をもっている．$\pi/2$ フリッパーの機能について，↑スピン状態にある中性子の半分を↓スピンに変え，スピン固有状態の重ね合わせ状態を実現すると表現する方が量子力学的には自然である．

冷中性子スピン干渉計の基本構成は，図 2.1(a) に示されるように，偏極ミラーと $\pi/2$ フリッパーとの組み合わせからなるスピン分波器とスピン重ね合わせ器である．それらの間には，研究目的に合わせてスピン干渉現象を生じさせる実験空間がある．ガイドコイルにより，干渉計全体に 1 mT 以下の弱い磁場が適用される．この磁場により，磁気ミラーの磁化の飽和，偏極中性子の depolarization の防止あるいは量子化軸の決定が行われる．

偏極中性子はスピン分波器により 2 つのスピン固有状態に分波される．その一方を経路 1，他方を経路 2 として区別する (図 2.1(b))．それらスピン固有状態の間には，後述するように，様々なスピン依存の物理現象により位相差 ϕ が生成される (例えば，コイルにより生成される磁場)．スピン重ね合わせ器の $\pi/2$ フリッパーは，位相差 ϕ をもつ経路 1 と 2 の分波を↑,↑と↓,↓という 2 組の同一スピンの重ね合わせ状態に変換する．アナライザーミラーは反射波，透過波としてそれらを分離する．その結果，位相差 ϕ は中性子強度として測定される．スピン干渉計における干渉パターンは，通常のスピンエコー波形と同様にして測定される．そのため実験空間の中にスピン回転を自由に制御できるコイルが設置される．このような干渉計としての原理は，従来型の空間的分波による干渉計と基本的に同じである．

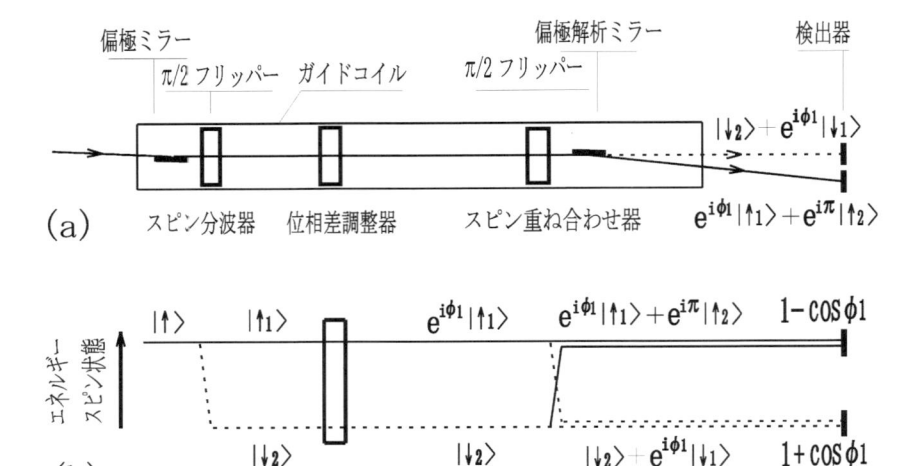

図 2.1: 冷中性子スピン干渉計の基本構造と原理. (a) スピン干渉計の基本構造. ポーラライザーと第 1 の $\pi/2$ フリッパーはスピン分波器として, 第 2 の $\pi/2$ フリッパーとアナライザーはスピン重ね合わせ器として各々機能する. それらの間が実験空間である. ガイドコイルによりスピン干渉計全体に弱い垂直磁場が適用される. (b) スピン干渉の原理. スピン分波器により分波された 2 つのスピン固有状態は, スピン重ね合わせ器により, ↑,↑ と ↓,↓ という二組の同一スピンの重ね合わせ状態に変換された後, 反射波, 透過波として分離される. その結果, 位相差 ϕ は中性子強度として測定される.

式 (2.1) と (2.2) はスピン固有状態間の位相差 ϕ と中性子スピンの回転角との関係を示すものであり, シリコン干渉計を用いて最初に実証された [4]. 我々は, この一般的に位相差として表されるスピンの回転を量子回転と定義することにより, 様々な新しいスピンの回転現象を見いだした [9][10][15][16].

通常のスピンエコー装置や偏極実験のように, 磁場によるスピンの Larmor 回転を基礎におく現象を取り扱っている限り, 従来のように古典的概念で充分であり, スピン干渉の概念の導入を必要としない. しかし, 古典的には取り扱えない多くのスピン干渉現象の発見は, スピン干渉による量子回転としてのスピン回転の一般化の有効性とスピン干渉の物理的実在性を実証した.

例えば，2.3節において具体的に示されるように，複合磁気多層膜ミラーシステムにおいて，分波したスピン固有状態間に様々な位相差が，中性子光学現象により生成される．この場合のスピン回転は磁場に無関係に生じる量子力学的回転であり，磁場中のLarmor回転のように古典的アナロジーを持たない．また，多くのスピン干渉実験が行われる磁気多層膜ミラーの中では，膜面に垂直な速度成分に対応する中性子の運動エネルギーは，ミラー内でのポテンシャルと同程度になり，古典物理学的にLarmor回転としての取り扱いは成り立たない．このことはトンネリング領域あるいは全反射の臨界角近傍では特に顕著である．磁場中での中性子スピンのLarmor回転は，磁場中での磁気モーメントがBloch方程式に従う古典物理学的な運動として説明される．一方，量子力学的なスピン干渉の観点からは，そのスピンの回転は，Zeeman分離に起因する速度の違いによりスピン固有状態間に空間的な分離 (longitudinal Stern-Gerlach effect) が生じ，結果的に分波間に位相差が生じる現象として説明される．

冷中性子スピン干渉計は，光学系としては通常のスピンエコー分光器に類似の構造をもっているが，多様な干渉実験を可能にするために次のような独特な特徴をもっており，それと全く異なった装置である．

- 本干渉計で使用されるすべての磁気ミラーはおよそ数ガウスの低磁場でも機能する低磁場磁気ミラーである [17][18]．

- スピン状態に依存する干渉現象を容易に観測できるように，通常のスピンエコー装置とは逆に，適用される磁場をできるだけ小さくし，磁場によるスピンのプリセッション回転数を可能な限り小さくする．このことにより，装置の製作並びにスピン干渉現象の観測が容易になる．

- スピン干渉計の中には，磁気多層膜ミラーあるいはスピンフリッパー等，研究目的に合わせて多様な中性子スピン光学素子が容易に付加される設計になっている．その結果，空間的に分離していなくても，スピン部分波間の位相差あるいは状態を互いに変化させることが可能になると同時に，それらの重ね合わせにより多彩なスピン干渉現象が実現される．

2.3 多層膜スピンスプリッターによるスピンの量子回転

はじめに,典型的な中性子のスピン干渉現象である多層膜スピンスプリッターによるスピンの量子回転について述べる.多層膜スピンスプリッターは,図 2.2 に示されるように,シリコン基板上に蒸着された複合多層膜ミラーであり,表面側から磁気多層膜ミラー,Ge ギャップ層,非磁気多層膜ミラーにより構成される [8][9].磁気多層膜ミラーは中性子の↑スピンの成分を反射する一方,↓スピンの成分をほとんど透過させる機能をもっている.これは磁化されたパーマロイ/Ge 対層より成る Bragg 型の多層膜ミラーである.非磁気多層膜ミラーは中性子をスピンの状態によらず反射する機能を持っている.この場合,磁気ミラーを透過してきた↓スピン成分を反射する.非磁気多層膜ミラーは Bragg 型の Ni/Ti 多層膜ミラーである.ここでニッケルは強磁性体であるが,核ポテンシャルが磁気ポテンシャルよりずっと大きいため実質的に非磁性物質として機

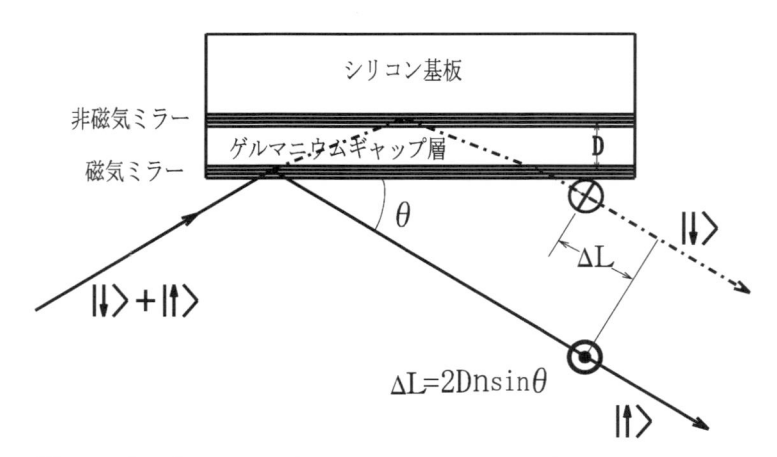

図 2.2: 多層膜スピンスプリッターの構造と原理.ゲルマニウムのギャップ層を挟んで表側に中性子の↑スピン成分を反射させる磁気ミラー,裏側に↓スピンの成分を反射させる非磁気ミラーがシリコン基板上に積層される.ギャップ層が 2 つのスピン分波間に位相差を,結果的にスピン回転を生じさせる.

能する.

　このような多層膜スピンスプリッターをスピン干渉計内の実験空間に設置する．スピンスプリッターに入射する中性子は↑スピン成分と↓スピン成分の重ね合わせ状態にあり↑スピン成分は表側の磁気多層膜ミラーで反射され，↓成分は裏の Ni/Ti 多層膜ミラーにより反射される．その結果，実効的なギャップ層の層厚を D とすると，位相差 ϕ をもつスピン固有状態の重ね合わせの状態が出現する．位相差は式 (2.3) により表される．

$$\phi = \frac{4\pi D n(\theta) \sin\theta}{\lambda}. \tag{2.3}$$

$$n(\theta) = \sqrt{1 - \frac{Nb_c}{\pi}\left(\frac{\lambda}{\sin\theta}\right)^2}. \tag{2.4}$$

ここで，θ は中性子の入射角，λ は入射中性子の波長，N と b_c は原子密度とコヒーレント散乱長である．$n(\theta)$ はギャップ層における中性子の屈折率であり，ミラー面に垂直な中性子の運動量成分に関するものである．

　量子力学 (式 (2.1) を参照) は，式 (2.3) の位相差がスピン回転の観点からスピンの Larmor 回転に同等であることを予測する．この同等性はスピン干渉計を用いて詳細に実証された [9][10]．すなわち，式 (2.1) によって評価される多層膜スピンスプリッターによるスピンの量子回転が磁場によって生じる同量の Larmor 逆回転によって打ち消されることが実験的に示された．Larmor 回転は磁場のなかで生じ，古典的に取り扱える．

　一方，多層膜スピンスプリッターによるスピンの量子回転は，ギャップ層に起因する位相差により生じる磁場に無関係な量子力学的な現象である．これは古典的な類似性をもたないが故に，量子回転と名付られけた．式 (2.3) は，量子回転がギャップ層に加えて中性子の入射角と波長に依存していること，新しいスピンの回転現象であることを示している．そのもう一つのユニークな特徴は回転に必要な長さが極めて短いことである．この性質は，磁場中の Larmor 回転あるいは共鳴スピンエコー法で用いられるゼロ磁場回転と大きく異なる特徴である．

　次に，図 2.3 に示されるように，同一の MSS が角度 $2\theta_o$ で $(++)$ に配置されたダブル MSS(DMSS) を考える [20]．入射中性子の発散角を $\Delta\theta$ とすると，第 1

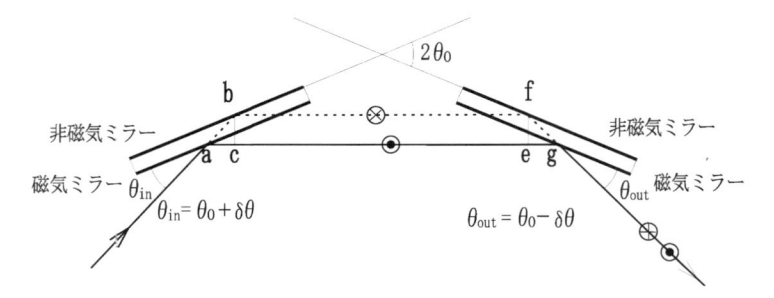

図 2.3: $2\theta_o$ の角度で $(++)$ に配置された同一の MSS によって構成される DMSS とそれによって生じるスピン固有状態間の位相差. MSS による 2 回の連続的な反射によりスピン固有状態間に横方向の分離のない経路差:$(\overline{ac} - \overline{ab}) + (\overline{fg} - \overline{eg})$ が生じる.

と第 2 の MSS に入射する中性子の角度は, $\theta_{\text{in}} = \Delta\theta_o + \Delta\theta$ と $\theta_{\text{out}} = \Delta\theta_o - \Delta\theta$ とによって各々与えられる. スピン固有状態によって分波した中性子が DMSS に入射するとき, それらの相対的な位相差 ϕ は, 図 2.3 に説明されるように, それらの行路差によって生じ, 次式で与えられる [20].

$$\phi = \frac{8\pi D n(\theta) \sin\theta_o \cos\Delta\theta}{\lambda} \quad (2.5)$$

$$\simeq \frac{4\pi D^n}{d} \quad (2.6)$$

ここで, $D^n = Dn(\theta)$, また, d はミラーの格子間隔に対応する対層の厚さであり, Bragg 条件 $\lambda = 2d \sin\theta_o$ を満たす.

DMSS によって生じる位相差 ϕ は, 単一の MSS の場合と異なり, ビーム発散に対して cosine の依存性をもっている. また, 分波間の横方法の分離は第 2 の MSS によりキャンセルされる. このような DMSS によるスピン回転の特性は Larmor 回転に全く類似である. したがって, スピンエコー装置において, 磁場を用いたプリセッションコイルを DMSS に置き換えた光学系を構成することによりスピンエコー装置と同等の分光器を開発することが可能である.

2.4 多層膜スピンスプリッターを用いた高分解能分光器の開発

DMSS を用いたスピンエコー分光器は,図 2.4 に示されるように,スピンエコー装置において,磁場を用いたプリセッションコイルを DMSS に置き換えたものであり [19][20][21][22], 従来型のスピンエコー装置のように,準弾性散乱研究に応用できる.

スピン固有状態で分波された中性子が第 1 の DMSS に入射するとき,分波間には式 (2.5) によって与えられる位相差が生じる.この位相差は,π フリッパーによって逆転され,第 2 の DMSS によってキャンセルされ,元の状態に戻される.π フリッパーによるエコー条件は DMSS による位相差及びガイド磁場による位相差に対して同時に満たされる.ただし,以下の議論ではガイド磁場による位相差はその低磁場のため小さいので無視する.我々はこのようなシステムを DMSS を用いた位相エコー分光器 (Neutron Phase echo spectrometer with DMSS, NPED) と呼ぶ.

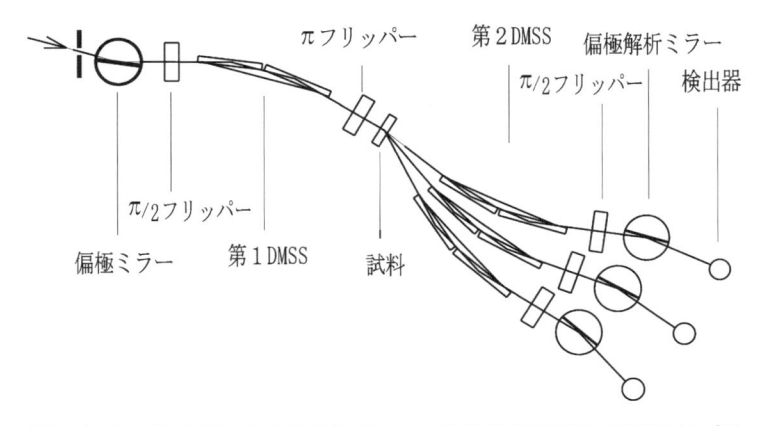

図 2.4: DMSS を用いた中性子位相エコー分光器 (NPED). NPED はプリセッションコイルを DMSS によって置き換えたことを除けば,従来型のスピンエコー装置に光学系としては類似である.スピン制御が必要な全領域にガイドコイルによって低磁場が適用される.

πフリッパーによるスピンエコー現象は，位相差の観点からは位相エコー現象に対応している．このようなエコー条件は，波長分散をもつ入射中性子に対して干渉パターンを観測するために不可欠のものである．Larmor回転は，干渉計の観点からは，ゼーマン分離した2つのスピン固有状態が，速度の違いにより空間的に分離する過程と見なされる．

この装置のスピンエコー装置としての性能評価は，R.Gählerら[23]による方法を用いて次のように与えられる．以下の議論では，第1及び第2のDMSSにより生じる位相差を各々ϕ_1及びϕ_2とする．2つのDMSSを同じものとすると，$D_1^n = D_2^n = D^n$, $\theta_1 = \theta_2 = \theta_0$が成立する．また，準弾性散乱を仮定すると，試料によるエネルギー遷移量は小さいので，$\lambda_2 = \lambda_1 + \Delta\lambda$, $\Delta\lambda \ll \lambda_1$が満たされる．ここで，suffix 1,2は第1及び第2のDMSSに対する物理量を示す．分光器NPEDにおける最終的な位相差Φ_pは次式によって与えられる[20]．

$$\Phi_p = \phi_1 + \phi_2 \qquad (2.7)$$

$$\cong \frac{8\pi D^n \sin\theta_0}{\lambda_1^2}\Delta\lambda. \qquad (2.8)$$

この位相差Φ_pはスピンエコー時間τ_{nse}とエネルギー遷移に対応する周波数ωによって次のように与えられる．

$$\Phi_p = \omega\tau_{nse}. \qquad (2.9)$$

$$\tau_{nse} = \frac{4mD^n\lambda_1 sin\theta_0}{h}. \qquad (2.10)$$

$$\hbar\omega \cong \frac{h^2\Delta\lambda}{m\lambda_1^3}. \qquad (2.11)$$

ここで，mは中性子質量である．分光器NPEDの特性は上式によって評価される．表2.2に典型的なパラメーターに対する評価結果を示す．これらの物理量は，以下に示される式(3.3)及び(3.4)によって散乱体の物理量と関係付けられる．エネルギー遷移$\hbar\omega$で散乱される中性子の確率は，$S(q,\omega)d\omega$によって与えられ

表 2.1: 式 (2.9)〜(2.11) を用いて評価された DMSS による NPED のスピン回転, エネルギー分解能及び τ_{nse}. ミラーの格子定数として 15 nm が仮定された. エネルギー分解能は, 2π の位相差を与えるエネルギー遷移に対応している.

波長 (nm)	0.6	0.12	0.24
ギャップ厚 : 1 μm			
回転数	133	133	133
エネルギー分解能 (μeV)	35	8.6	2.2
τ_{nse}(nsec)	0.12	0.49	1.9
ギャップ厚 : 10 μm			
回転数	1330	1330	1330
エネルギー分解能 (μeV)	3.5	0.86	0.22
τ_{nse}(nsec)	1.2	4.9	19
ギャップ厚: 100 μm			
回転数	13300	13300	13300
エネルギー分解能 (μeV)	0.35	0.086	0.022
τ_{nse}(nsec)	12.0	49	190

る. したがって, 式 (2.2) によって示される中性子の x 方向の偏極率は, $S(q,\omega)d\omega$ の ω に関する "cosine Fourier transform" として次式に与えられる [23].

$$\langle S_x : \Phi_p \rangle = \int d\omega S(q,\omega) cos\omega\tau_{nse}. \qquad (2.12)$$

これが次式の "intermediate scattering function" に同等であることは既に示されている [3].

$$I(q,\tau_{nse}) = \int d^3R \langle \rho(r,t)\rho(r+R,t+\tau_{nse})\rangle e^{iq\cdot R} \qquad (2.13)$$

高分解能分光器を実現するためには, ギャップ層の厚さを 10 μm 以上にすることが不可欠である. 分光器 NPED の特徴は, 小型で高分解能を実現できることである. 電子銃による蒸着法で実現できる MSS のギャップ層の厚さは, 2 μm である. そのとき, 分光器 NPED の典型的なスピンエコー時間は 0.1 nsec から

1 nsec である. 10 μm のギャップ層厚をもつ MSS の開発はスパッター装置を用いれば可能である. 100 μm 以上の層厚をもつ MSS の開発は, 2 つの独立なミラーの位置をピエゾアクチュエーターにより精度よく制御することにより実現されると考えている. いずれにしろ, 10 μm 以上のギャップ層厚をもつ MSS の開発は容易ではない [21].

分光器 NPED は原子炉中性子源に加えて加速器パルス中性子源に対しても適用可能である. スピンエコー時間 τ_{nse} のより広い dynamic range を得るという観点からにパルス中性子源がより適している. 何故なら, 時間 τ_{nse} が入射中性子波長 λ_1 に比例しているからである (式 (2.10) 参照). パルス中性子源用の NPED の光学素子は白色の中性子に適用可能なものでなければならない. 斯くして, 中性子ミラーとしては全てスーパーミラーが用いられる. また, 中性子スピンの π あるいは π/2 へのフリッピングは, 量子化磁場の非断熱的な変化によって行えば, 装置を簡単化することができる.

2.5 　共鳴フリッパーによる中性子スピン干渉と高分解能分光器の開発

共鳴スピンフリッパーの原理については, 第 1 章の 1.6 節に詳細な解説がなされている.

共鳴フリッパー (Radio-frequency フリッパー, RF フリッパー) を用いた基本的なスピン干渉計は図 2.5 に示される [8][27][28]. RF フリッパーは 2 つのコイルから構成される. 一つは量子化軸に平行な磁場 B_z を生成し, 他の一つはそれに垂直な振動磁場を作る. 振動磁場を $B_x(\sin \omega_z t)$ と表し, RF フリッパーについて共鳴条件を仮定すると, 振動磁場の振動数 ω_z は

$$\hbar \omega_z = 2\mu B_z. \tag{2.14}$$

ここで, μ は中性子の磁気モーメントである. RF フリッパーは次式に従って π/2 あるいは π フリッパーとして機能する.

$$\frac{l}{v}(\mu B_x) = \frac{\pi \hbar}{2} = \pi \hbar. \tag{2.15}$$

ここで, l は RF フリッパーの長さ, v は中性子の速度である. 磁場に関して, 次の条件を満たす場合を考える.

$$B_{z,1} = B_{z,2} = B_z \gg B_{z,3} = B_g \tag{2.16}$$

ここで, $B_{z,i}$ は i 番目の RF フリッパーの磁場であり, B_g はガイド磁場である. 3つの RF フリッパーは, 順に, $\pi/2, \pi$ 及び $\pi/2$ として機能する. 偏極中性子は最初の RF $\pi/2$ フリッパーによってエネルギー差 $\hbar\omega_z$ をもって2つのスピン固有状態に分波される. その際, 運動量差 (Longitudinal Stern-Gerlach effect) により分波間に経路差が生じる. これら分波のエネルギーとスピン状態は, 2番目の高周波 RF π フリッパーによって逆転される. 経路1と2を経た分波は, 3番目の $\pi/2$ フリッパーによって↑,↑スピン状態と↓,↓スピン状態として重ね合

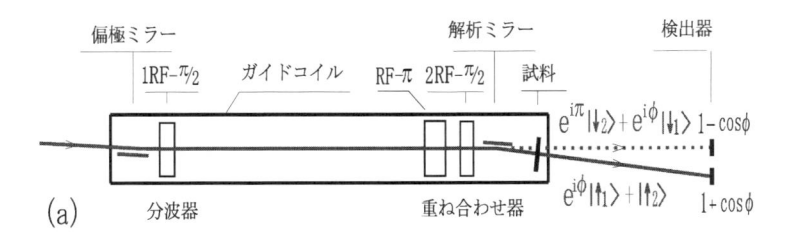

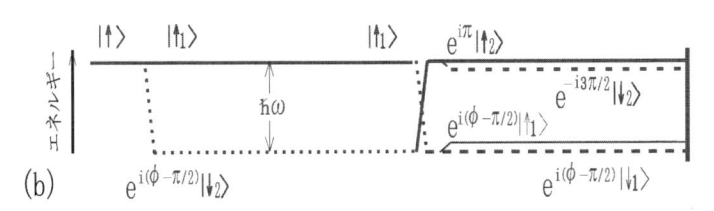

図 2.5: RF フリッパーを用いたスピン干渉分光器. (a) 第1と第2の RF フリッパーは高周波フリッパーであり, $\pi/2$ フリッパー及び π フリッパーとして用いられる. 3番目の RF フリッパーは低周波の $\pi/2$ フリッパーであり, スピン重ね合わせ器として機能する. (b) 第1のフリッパーはスピン分波器として機能すると共に, 2つのスピン固有状態間に全エネルギー差 $\hbar\omega_z$ をもたらす. 第2のフリッパーはスピン分波の状態を逆転させる.

わされる. ↑スピン状態の重ね合わせは,アナライザーミラーによって反射され,分波間の位相差は中性子強度として検出される. このような分波の挙動は図 2.5(b) に説明される.

B_z に比して B_g を無視すると,検出器での位相差 Φ_t は,中性子の検出時間 t の関数として次式で評価される [8][28].

$$\Phi_t = \omega_z t_o + \omega_z(t_1 + t_2 + t_3) - \{k_z(L_1 - L_2 - L_3)\} \qquad (2.17)$$

$$= \omega_z t - \{\omega_z \frac{(L_1 - L_2 - L_3)}{v}\}. \qquad (2.18)$$

$$t = t_o + t_1 + t_2 + t_3. \qquad (2.19)$$

ここで, t_o は中性子が最初の RF $\pi/2$ フリッパーに入射する時間, k_z は分波間の波数差で ω_z/v によって与えられる. L_1 は 1 番目と 2 番目の RF フリッパー間の距離, L_2 は 2 番目と試料までの距離, L_3 は試料と検出器までの距離である. t_i は中性子の飛行時間で, L_i/v によって与えられる. (2.17) 式の右辺第 1 項は第 1 $\pi/2$-RF フリッパーにかけられる振動磁場の位相である. 第 2 項は分波間の全エネルギー差によって生じる位相差である. これら 2 つの項による位相差は,式 (2.18) の右辺第 1 項に示されるように,中性子検出時間の関数として ω_z で振動する. 第 3 項は分波間の波数差から生じる位相差である. この位相差は,磁場により生じたものではないが,スピン干渉の観点からはスピンの Larmor 回転に類似の現象である. 式 (2.18) において,タイムスペクトルをとれば,第 1 項からは時間的に振動する中性子強度が得られる. 一方,第 2 項は,入射中性子が速度分布を持つため位相差に分散を導入する. したがって,中性子強度の時間振動,すなわち,時間干渉パターンが観測されるためには,条件:

$$L_1 - L_2 - L_3 = 0 \qquad (2.20)$$

が必要であり,そのとき位相差は中性子検出時間の関数として与えられる.

$$\Phi_t = \omega_z t. \qquad (2.21)$$

この条件は, Gähler らの提案している "Mieze spectrometer" における "time focusing" と同等である [6][7]. 検出器の位置が式 (2.20) を満たす位置から離れるとき,時間干渉パターンは,式 (2.18) の第 2 項により急速に消失し,測定される中性子強度は,平均化されて時間的に一定値になる.

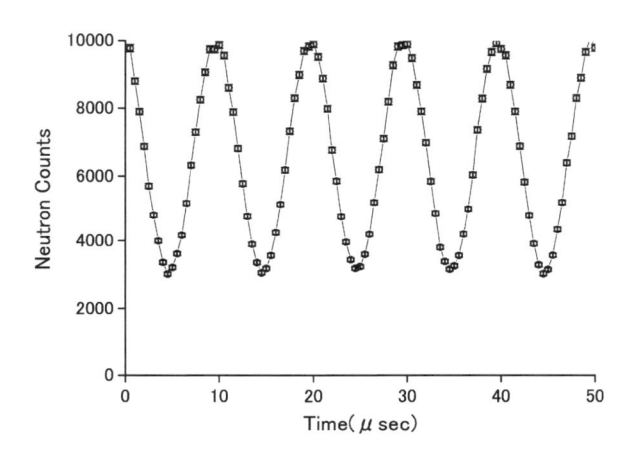

図 2.6: RF フリッパーを用いたスピン干渉における時間干渉パターン.RF フリッパーに適用された振動磁場の周波数は 100kHz である.

図 2.6 に周波数 100kHz の場合の測定結果を示す.L_1 と $L_2 + L_3$ は約 80cm であり, 式 (2.20) は満たされる. それに対して, 検出器の位置を 2cm ずらすと, この時間振動の振幅は大幅に減り,4cm では消失した. この消失は ω_z が 1KHz 以下の低周波では観測されないが, 高周波になるほど激しくなる. この中性子スピン干渉現象はいくつかの点で特異的である. 時間的に一様な連続入射ビームから, 極めて短周期の中性子強度の時間変動が得られること. その場所は極めて狭い領域に限定されているため, その近辺では, 粒子数が保存していないように見えること. いかなる作用もない自由空間に, 突然, 時間的, 空間的に粗密波が生じること. 前節までの現象と異なり, スピンの重ね合わせの後, 相互作用が存在しないにも拘わらず, 中性子が検出されるまで位相差が変化すること. これらの現象は古典的にはいかなる類似も許さない量子力学的物理現象である. しかし, 量子力学的には, 定量的に予測される自然な物理現象である.

この RF フリッパーを用いたスピン干渉における中性子強度の時間振動は,

高分解能分光器の開発に利用できる. もし, 図 2.5 において, 試料の場所で非弾性散乱が生じ, 中性子の速度が変化した場合を考える. その場合の位相の変化 ($\Delta \Phi_t$) は式 (2.18) から与えられる.

$$\Delta \Phi_t = -\omega_z \Delta t_3 - 2\Delta k_z L_3. \quad (2.22)$$

$$\Delta t_3 = t_3 \frac{\Delta v}{v}. \quad (2.23)$$

$$\Delta k_z = \omega_z \frac{\Delta v}{v^2}. \quad (2.24)$$

ここで, Δv, Δt_3 及び Δk_z は, 各々試料による非弾性散乱を受けた後の中性子速度, 中性子の飛行時間及び分波間の波数の変化である.

中性子速度の変化による位相差 (ϕ) の変化は, 第1項と第2項とでキャンセルされるが, その時, 同一の位相差 ($\Delta \Phi_t = 0$) を与える中性子の検出時間は, 飛行時間の変化 (Δt_3) だけ遅れる. この飛行時間の遅れは通常の TOF 法に類似である. 一方, 同一の検出時間 ($\Delta t_3 = 0$) における位相差の変化は, 式 (2.22) の右辺の第2項によって与えられる. かくして, 非弾性散乱後の位相差の変化 ($\Delta \Phi$) は散乱過程におけるエネルギー遷移量 ω に関連づけられる.

$$\Delta \Phi = -\omega_z L_3 \frac{\Delta v}{v^2}, \quad (2.25)$$

$$= -\omega \tau_{nse}. \quad (2.26)$$

ここで, ω 及び τ_{nse} は, 各々散乱過程におけるエネルギー遷移及びスピンエコータイムであり, 次式により与えられる.

$$\omega = \frac{m}{\hbar} v \Delta v. \quad (2.27)$$

$$\tau_{nse} = \frac{\hbar \omega_z L_3}{mv^3}. \quad (2.28)$$

このような分光器のスピンエコー装置としての典型的な特性 (スピンエコータイム, エネルギー分解能) は, 周波数, 中性子波長をパラメーターとして表 2.2 に与えられる. 上式の物理量は, 前節の議論と同様にして (式 (2.9)〜(3.4) 参照) 散乱体の物理量に関係づけられる. スピンエコータイムとしての特性は, 物理現象の違いにもかかわらず, 従来のスピンエコー法と同じである.

第2章 冷中性子スピン干渉実験法の開発と高分解能分光器への応用　　103

表 2.2: 共鳴フリッパーを用いた新しいスピンエコー法によるエネルギー分解能及び τ_{nse} の評価. 評価は時間ビートの3つの周波数及び3つの波長に関してなされた. その際, $L_3 = 1\mathrm{m}$ が仮定された. エネルギー分解能は 2π の位相差に対応している.

波長 (nm)	0.6	0.12	0.24
周波数：10kHz			
エネルギー分解能 (μeV)	2100	267	33
τ_{nse}(nsec)	0.016	0.12	0.99
周波数：100 kHz			
エネルギー分解能 (μeV)	210	26.7	3.3
τ_{nse}(nsec)	0.155	1.24	9.92
周波数：1 MHz			
エネルギー分解能 (μeV)	21.4	2.67	0.33
τ_{nse}(nsec)	1.55	12.4	99.2

　ここで, 本分光法の技術的課題について注意したい. 本分光法では, 分解能を向上させるために, 時間周期の短い干渉パターンの観測が不可欠である. この観測可能条件を満たすために, 検出中性子の位置, RF フリッパーの位置あるいは中性子が散乱される位置等について, 0.1 mm 以下の高精度の位置制御が必要である. RF フリッパーや試料の適切な配置により, 散乱角や試料厚さに関する制約は緩和されるが, 検出器厚さについては上記の厳しい制約が必要である. これらの制約は式 (2.17) を用いて評価される.

　本分光器の開発は現在進行中であるが, 周波数として 400 KHz, 飛行距離1 mの分光器の開発はほぼ終了している. 次の段階として, off-specular 反射の中で非弾性成分の測定に関する応用実験が開始される予定である.

2.6　おわりに

　ここで述べたスピン干渉を利用した高分解能分光法は, 量子力学的原理においては既存のスピンエコー法と同じである. しかし, 中性子スピン回転の原理と

特性あるいはスピン干渉現象において, 既存のものとは全く異なる特徴をもっている. したがって, 本分光法の開発は, 既存のスピンエコー分光器とは特性の異なる分光法の開発である. かくして, 本分光法開発のためには, スピン干渉の精密制御及び分光器としての高性能化の実現を担当する装置開発グループが必要であることは論を俟たない. 一方, 既存の研究テーマに応用するだけでなく, 本分光法に適した応用研究を開発することが本研究の独創性を高めるために不可欠である. また, 本分光法では, 分光器の小型化による中性子源の有効利用も大きな特徴である. この特長を生かすためには, 小さなビーム断面でも高強度の中性子ビームが得られる入射ビーム系の開発, あるいは高性能中性子ビームベンダー等の開発が重要である. これらの開発条件を考慮すると, 本分光法の開発のためには, 分光器開発研究グループ, 分光器応用開発研究グループ並びに入射ビーム系の開発研究グループという３つの異なる分野の研究グループの密接な研究協力が不可欠である.

　ところで, 現存の分光器は, すべて, 原理的な優位性を基礎に, 長年にわたる性能の改善と利用研究面での実績を重ねて進展させられたものであり, それらと競合可能な分光法を新たに開発することは容易ではない. 分光器開発グループは, 分光器の高性能化をはかる際, スピン干渉の論理だけでなく, 応用研究グループからの要望に応じられるように分光器の特性を高度化することが不可欠である. 一方, 応用研究グループは, 分光法に関する充分な認識に基づいて, それに適した応用研究分野を開拓することが重要である. 入射ビーム開発グループは本分光器の特性に合致すると共に, 応用実験を可能にする中性子強度の入射ビーム系を開発しなければならない. このように, 新たな研究分野が開拓されるためには, ３つの研究グループが positive に coherent に影響し合い, 協力することが不可欠である. 上記分光法はパルス中性子源にも適用可能であり, 大型加速器中性子源計画を含め２１世紀において有力な中性子分光法となることが期待される.

参考文献

[1] F.Mezei, Z. Phys. **255** (1972) 146.

[2] *Lecture notes in Physics*, vol.128, *Neutron Spin Echo* , (Edited by F.Mezei), (Springer, Berlin, 1980).

[3] B.Farago and F.Mezei, Physica B**136** (1986) 100.

[4] R.Gähler and R.Golub, Z. Phys. B**65** (1987) 269.

[5] R.Golub and R.Gähler, Phys. Lett. A**123** (1987) 43.

[6] R.Gähler, R.Golub and T.Keller Physica B **180** & **181** (1992) 899.

[7] W.Besenböck, P.Hank, M.Köppe, R.Gähler, T.Keller and R.Golub, J. Phys. Soc. Jpn. **65** Suppl.A (1996) 215.

[8] T.Ebisawa, H.Funahashi, S.Tasaki, Y.Otake, T.Kawai, M.Hino, N.Achiwa and T.Akiyoshi, J. Neutron Research, **4** (1996) 157.

[9] T.Ebisawa, S.Tasaki, T.Kawai, M.Hino, N.Achiwa, T.Akiyoshi, Y.Otake and H.Funahashi, J. Phys. Soc. Japan, **65**Suppl.A (1996) 66.

[10] T.Ebisawa, S.Tasaki, T.Kawai, M.Hino, N.Achiwa, Y.Otake, H.Funahashi, Dai Yamazaki and Tsunekazu Akiyoshi, Phys. Rev. A**57** (1998) 4720.

[11] N.Achiwa and T.Ebisawa, "Kotaibutsuri"(in Japanese), **33** No2, (1998) 1.

[12] E.P.Wigner, Am. J. Phys., **31** (1963) 6.

[13] A.Zeilinger, *Neutron interferometry*, edit by U.Bonse and H.Rauch, Clarendon Press Oxford (1979) 241.

[14] J.Summhammer, G.Badurek, H.Rauch, U.Kischko and A. Zeilinger, Phys. Rev. A**27** (1983) 2523.

[15] M.Hino, N.Achiwa, S.Tasaki, T.Ebisawa, T.Kawai and D.Yamazaki, Phys. Rev. A, **61** (2000) 0136071.

[16] M.Hino, T.Kawai, T.Ebisawa, S.Tasaki and N.Achiwa, Physica B **241-243** (1998) 1083.

[17] T.Kawai, T.Ebisawa, S.Tasaki, Y.Eguchi, M.Hino and N.Achiwa, J. Neutron Research **5** (1997) 123.

[18] M.Hino, T.Kawai, T.Ebisawa, S.Tasaki and N.Achiwa, Physica B **267-268** (1999) 360.

[19] S.Tasaki, T.Ebisawa, M.Hino, T.Kawai, N.Achiwa and T.Akiyoshi, Physica B (1998) 299.

[20] T.Ebisawa, D.Yamazaki, S.Tasaki, M.Hino, T.Kawai, Y.Iwata, N.Achiwa, T.Kanaya and K.Soyama, Phys. Lett. A **259**, (1999) 20-24.

[21] S.Tasaki, T.Ebisawa and M.Hino, Physica B **267-268** (1999) 299.

[22] S.Tasaki, T.Ebisawa and M.Hino, Journal of Physics and Chemistry of Solids **60** (1999) 1607-1609.

[23] R.Gähler, R.Golub, T.Keller and J.Felber, Physica B **229** (1996) 1.

[24] L.Van Hove, Phys. Rev. **95** (1954) 249.

[25] T.Ebisawa, S.Tasaki, T.Kawai, T.Akiyoshi, M.Utsuro, Y.Otake, H.Funahashi and N.Achiwa, Nucl. Instr. & Meth. A**344** (1994) 501.

[26] W.G.Williams, *Polarized Neutrons*, (Clarendon Press, Oxford, 1988) p129.

[27] D.Yamazaki, T.Ebisawa, T.Kawai, S.Tasaki, M.Hino, T.Akiyoshi and N.Achiwa, Physica B 241-243(1998)186.

[28] T.Ebisawa, S.Tasaki, M.Hino, T.Kawai, Y.Iwata, D.Yamazaki, N.Achiwa, Y.Otake, T.Kanaya and K.Soyama, Journal of Physics and Chemistry of Solids **60** (1999) 1569-1572.

[29] D.Yamazaki, Nucl. Instr. Meth. Phys. Res. A **488** (2002) 623-633.

第3章 中性子スピンスプリッターによる新しい中性子スピンエコー分光器の開発 田崎誠司

3.1 中性子スピンエコー分光器とその特徴

　中性子スピンエコー分光器は，1970 年代 Mezei により提案・開発された装置 [1] で，磁場中における中性子の Larmor 歳差運動を利用して，中性子強度のロスを抑えつつ，極低エネルギーの中性子準弾性散乱の測定に広く用いられている．

　中性子スピンエコー分光器の模式図を図 3.1 に示す．図では，P および A は中性子偏極および偏極解析鏡で，$\pi/2$, π は中性子スピンフリッパー，Pr_1 および Pr_2 は Larmor 歳差磁石，また S は試料である．中性子スピンエコー分光器では，偏極した中性子を $\pi/2$ フリッパーによって磁場に垂直に「倒し」，一定の磁場の中を飛行させることにより Larmor 歳差運動させる．この歳差角度は中性子の速度（波長）によって異なるので，磁場を出る時点では，入射した中性子ビームの速度分布に応じて中性子の偏角分布は大きく広がっている．

　中性子スピンエコー分光器では，磁場から出たところで，π フリッパーによって中性子のスピンを反転させる．この操作は，中性子（スピン空間）に対する時間反転操作と同等であり，スピンフリッパー後では，同じ向きの磁場に入射させると歳差角度が打ち消されてゆく．このため，π フリッパー後に上流と同じ磁場をおくと，磁場から出た地点ですべての速度の中性子について位相がそろう．このように中性子の速度によらずにスピンの方向がそろう現象が「スピンエコー」と呼ばれる．

　この中性子を $\pi/2$ フリッパーによりスピン方向の変換を行うと，すべての速度の中性子についてスピン方向が磁場に平行に揃い，偏極解析ミラーによって弁別される．

　このような中性子スピンエコー分光器では，中性子を散乱させる試料は，π フリッパーの直後（あるいは直前）に置かれる．この位置は，中性子スピンの偏角

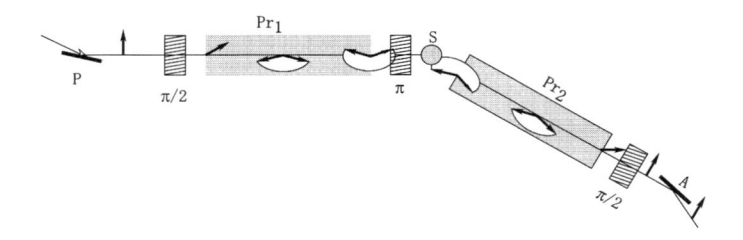

図 3.1: 中性子スピンエコー分光器の概略. P:中性子偏極鏡. $\pi/2$, π:中性子スピンフリッパー. Pr_1, Pr_2:Larmor 歳差磁場. A:中性子偏極解析鏡. S:試料. 中性子スピンの向きは図中の黒矢印に示すとおりである.

がもっとも広がった位置である. 試料による散乱によって中性子の速度がわずかに変わると,歳差角度を打ち消すはずの下流側の磁場で回転が打ち消されない成分が残り,結果として検出器で計数される中性子の数が減少する. この中性子の計数は,また, 装置から出てきた中性子ビームの偏極率に比例する.

このような中性子スピンエコー分光器では,速さ v_1 の中性子が試料による散乱で速さ v_2 に変化した場合,最終的に打ち消し残される歳差角度 $\delta\phi$ は

$$\delta\phi = \frac{\mu_n B_1 \ell_1}{\hbar v_1} - \frac{\mu_n B_2 \ell_2}{\hbar v_2} \tag{3.1}$$

のように与えられる. ここに, B_1, B_2 はそれぞれ歳差磁場 Pr_1 および Pr_2 の磁場の強さ, ℓ_1 および ℓ_2 はそれぞれ磁場の長さを表す.

この式は, $\ell_1 = \ell_2 = \ell$, $B_1 = B_2 = B$, $v_1 = v$, $v_2 = v + \delta v$ であるとすると,より簡単化される.

$$\delta\phi \approx \frac{\mu B \ell}{\hbar v} \cdot \frac{\delta v}{v} = 2\pi N \frac{\delta v}{v}. \tag{3.2}$$

ここで, N は歳差磁場中での Larmor 歳差回転数である. すなわち, 大雑把に言うと,磁場中での Lamor 歳差回転数が 1000 の場合, 試料による散乱によって中性子の速度が 1/2000 だけ遅くなると, 下流の磁場を出た地点でスピンの方向がちょうど半回転ずれているので, ビーム強度はゼロになる. この場合,エネルギーでみると入射中性子のエネルギーの 1/1000 の変化が測定できることになる.

このように,中性子スピンエコー分光器では,測定できるエネルギーの下限は入射中性子の平均速度と Larmor 歳差回転数に依存し,入射中性子ビームの速度分解能とは独立である.このため,中性子のような非常に弱い線源でも速度分解能を悪くすることでビーム強度を保ちつつ,高分解能の中性子散乱測定が可能となる.

実際には,エネルギーの変化量も一定値の周りに分布を持つので,中性子計数の変化と中性子のエネルギー変化とは簡単な関係とはならないので,中性子スピンエコー法の測定では,Larmor 歳差回転数を変化させ,偏極率の変化を測定する.前章で述べたように,スピンエコー分光器で測定される偏極率 $<S_x:\Phi_p>$ は試料の散乱関数 $S(q,\omega)$ と以下のように関係付けられる [2].

$$\langle S_x : \Phi_p \rangle = \int d\omega S(q,\omega) cos\omega \tau_{nse}. \tag{3.3}$$

これは,試料の中間相関関数 $I(q,\tau)$ と一致する [3].

$$I(q,\tau_{nse}) = \int d^3 R \langle \rho(r,t)\rho(r+R, t+\tau_{nse})\rangle e^{iq\cdot R}. \tag{3.4}$$

中性子スピンエコー分光器の性能を表す一つの指標として,プランク定数を測定できる最小エネルギーで割った,Fourier 時間 τ_{NSE} と呼ばれる量がある.

$$\tau_{\mathrm{NSE}} = \frac{2\mu BL}{\pi m v^3}. \tag{3.5}$$

ここに,B, L, μ, m, v はそれぞれ磁場の強さ,磁場の長さ,中性子の磁気モーメント,中性子の質量,中性子の速度を表す.この値が大きいほどより低いエネルギーの中性子散乱まで測定できることを意味する.通常の装置で τ_{NSE} は数 10n 秒,現在の世界記録では 500n 秒を超えるものが実現されている.

式中の BL は,磁場積分とも呼ばれ,これもまた,中性子スピンエコー分光器の性能を表すひとつの指標である.この式からもわかるとおり,Fourier 時間は中性子の速度の 3 乗に反比例するので,低速の中性子を用いるときわめて低エネルギーの散乱の測定が可能となる.また,近年計画されているように,パルス中性子源に中性子スピンエコー分光器を設置し,0.3nm~1.5nm というように一度に広い波長領域にわたる測定ができると,Fourier 時間では 2 桁にわたっての測定が可能となる.

3.2 スピン干渉の観点から見た中性子スピンエコー分光器

Larmor歳差を行っている中性子は，スピン干渉の観点から見ると，磁場に平行，反平行スピンを持つ中性子波の重ね合わせと考えることができる．この場合，$\pi/2$フリッパーとは，中性子のスピン方向を倒すのではなく，磁場に平行（または反平行）だった中性子波の半分を反平行（または平行）に変換するデバイスであるとみなせる．

磁場に平行なスピン成分は，磁場によるポテンシャルエネルギーμBだけ運動エネルギーが失われ，中性子の速度が遅くなる．一方，磁場に反平行なスピン成分は，同じだけ運動エネルギーを得るので，速度が速くなる．このため，磁場中を重ね合わせ状態の中性子が飛行する場合，飛行の時間に応じて両スピン成分間に位相差が生じる．この位相差がLarmor歳差回転角に相当する．

さらに，Fourier時間τ_{NSE}は磁場に平行・反平行スピン成分の時間差に一致する[2]．この観点からすると，中性子スピンエコー分光器は，τ_{NSE}だけの時間をおいて試料が1個の中性子を同じように散乱するかどうかを測定する装置であると見ることができる．2つのスピン成分が同じように散乱した場合には，中性子は位相差を保つので，最終的にスピンエコー分光器で測定される偏極率も変化しない．試料が内部変化して同じように散乱しない場合には，変化の度合いに応じて偏極率も低下する．すなわち，中性子スピンエコー分光器では，τ_{NSE}の時間間隔での試料の時間相関を求めていることになる．

このようにスピンの重ね合わせ状態の考え方に従うと，中性子スピンエコー分光器は試料の中間散乱関数$I(q, \tau_{NSE})$を測定する方法であるということができる．また，装置の分解能を決めるのは磁場に平行・反平行スピン成分間の位相差であることもいえる．通常のスピンエコー分光器では，位相差をつけるためにLarmor歳差磁場を用いているが，他の何らかの手段で同様の位相差をつけることも可能である．以下ではそのためのひとつの手段である多層膜スピンスプリッターを用いた中性子スピンエコー分光器の予備測定について述べる．

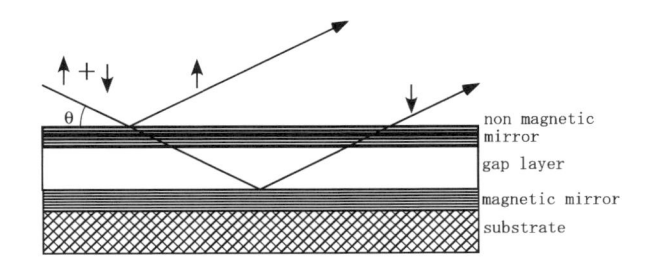

図 3.2: 多層膜スピンスプリッター (MSS) の構造

3.3 多層膜スピンスプリッターによる中性子スピンエコー法

この装置では，中性子の Lamor 歳差を利用するために，一様かつ強力な磁場が必要である．京大炉グループが中心となって発展してきた中性子スピン干渉現象の観点からは，この Larmor 歳差磁場では，磁場に平行・反平行スピン状態間に位相差を導入していることが明らかになっている [4]．このような位相差を与えるためには，必ずしも強力な磁場を利用する必要がない．

前章で述べたように，京大炉で開発された多層膜スピンスプリッター (MSS) は，図3.2に示すように，磁気ミラー・ギャップ層・非磁気ミラーからなる複合多層膜で，磁場に平行・反平行スピン状態の重ね合わせ状態である中性子を入射させると，スピン状態間に次式の ϕ のような位相差を与えることができる．

$$\phi = \frac{4\pi D \sin\theta}{\lambda}. \tag{3.6}$$

ここに，D, θ, λ はそれぞれギャップ層厚さ，入射見込み角，中性子波長を表す．

この MSS を図3.3のように (++−−) で配置すれば，従来型のスピンエコー分光器と同様の機能が発揮できる [5]．

以下では，このような4回反射のセットアップで初めて中性子のスピンエコー現象を実験的に確認した結果を述べる．

3.4 MSS製作

MSSの製作は真空蒸着装置で行った．この実験では，4回反射で干渉を出すことを目的としたので，多層膜（磁気・非磁気ミラー）の周期は大きめにし，ギャップ層の厚さは小さい．実際の膜厚は以下のとおりである．

1. d=22.0 nm (実質膜厚 Ni=17.07 nm, Ti=11.19 nm, Ge=15.17 nm, PA=21.98 nm) とする．蒸着物質は,Ni/Ti と PA/Ge．
2. ギャップ層は Ge を用い，その厚さは 500 nm とする．

この真空蒸着の際には膜の厚さは石英の固有振動を利用した膜厚計によってモニターされている．磁気ミラーはパーマロイ (PA) と Ge の多層膜で，蒸着中に磁場をかけることで数 Oe という低磁場でも機能するようにしてある [6].

非磁気ミラーは Ni と Ti の多層膜である．非偏極中性子の反射にはこのような元素の組み合わせが一番効率がよく，一般的に使われる．Ni は本来磁性体であるが，これを飽和させるためには 1KOe 程度の強い磁場が必要であり，また，磁化も比較的小さいためにこれで反射しても事実上偏極中性子は得られない．

ギャップ層は Ge を用いた．これは現段階でもっとも表面粗さが小さく，膜厚の均一性もよいであるからである．ただ，Ge は比較的光学ポテンシャルが高いので，屈折率の影響により実効的に膜厚が薄くなってしまうという欠点がある．

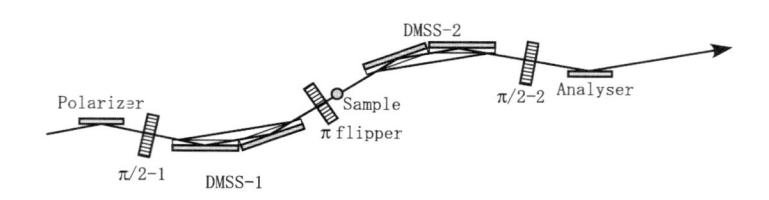

図 3.3: MSS を 4 枚使った NSE スペクトロメータの構造

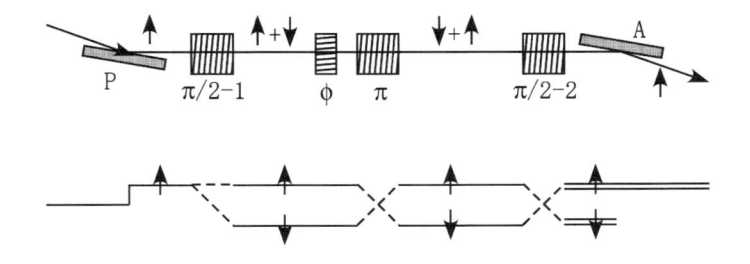

図 3.4: 中性子スピン干渉計の実験配置

3.5 JRR-3Mにおける実験と考察

3.5.1 スピン干渉計のセットアップ

この実験は，日本原子力研究所改造3号炉 C3-1-2-2 実験孔の MINE にて行われた．中性子スピン干渉計の実験配置は，図3.4に示すとおりである．

今回は，偏極率が7:1までしか上がらなかったが，この原因は偏極ミラーの劣化によるものと思われる．実験自体には支障がないので，以下の実験もこの設定で行われた．

今回のスピン干渉計の諸元は以下の通りである．rf 周波数はすべてのフリッパーで共通で30kHz，ガイドコイル電流は2.79A，$\pi/2$コイル rf 電流は 22mV×Sony Amp，π コイル rf 電流は127mV×Sony Amp，補助 B_z はπ が0.5A，$\pi/2$ が0.02A である．

3.5.2 MSSの偏極反射率

まず最初の段階としては，この MSS の偏極反射率を測定した結果を図3.5に示す．この反射率では，π-OFF の方が1.5度程度の角度に見られる Bragg ピーク反射率が高くなっているが，MSS の磁気，非磁気ミラーが充分な反射率になっていれば，このような反射率の差は現れないはずである．これは基板側の非磁気ミラーの反射率がやや低いのではないかと思われる．

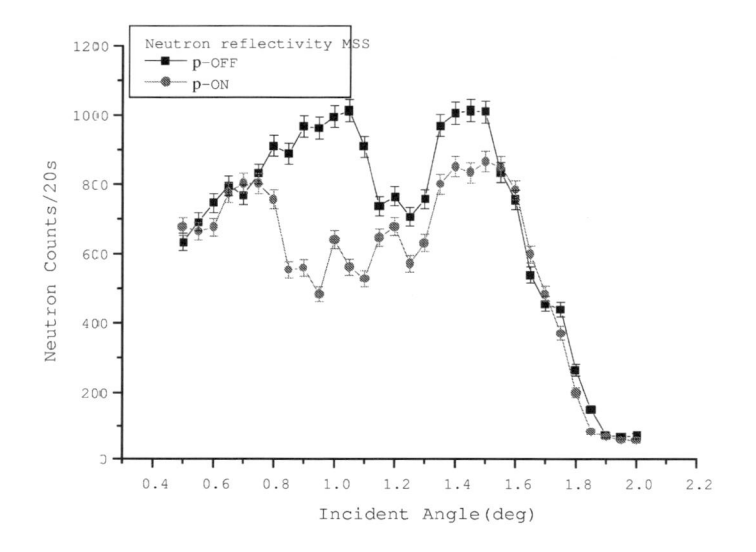

図 3.5: MSS の偏極反射実験結果

3.5.3　MSS の 2 回反射実験 (機能の確認)

第 2 段階として, 図 3.6 に示すように, (+−) 配置にしてスピンエコーの測定によって, MSS の機能チェックを行う.

この配置では, MSS がきちんと機能していれば, 下流側の MSS の角度を微小に変えることによって干渉縞がシフトするはずである. その結果を図 3.7 に示す. 図に示されるとおり, 予期どおり干渉縞のシフトが観測された. さらに, シフトの大きさと角度の関係から, 屈折率の効果も考慮してギャップ層の厚さは $0.352 \pm 0.002 \mu m$ という結果が得られた. この厚さは期待したよりかなり薄かった.

MSS なしでの干渉縞のビジビリティは 0.690 だったが, この MSS 2 回反射のビジビリティは最高 0.576 である. ビジビリティの低下率 r は 0.835 で, ギャップ層厚さの不均一性 σ と以下のように関係付けられる.

$$r = \exp\left[-\frac{4\pi^2 \sigma^2 \sin^2 \theta}{\lambda^2}\right]. \tag{3.7}$$

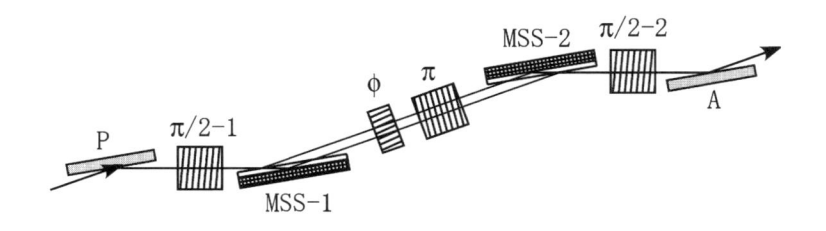

図 3.6: MSS (+−) 反射でのスピンエコー配置. MSS の機能チェックに使う.

ここで, θ は MSS への入射角 (1.4 度), λ は中性子の波長である. この関係から, σ を求めると, 3.46 nm となる. この程度のビジビリティの減少なら 4 回反射にしても 0.7 倍程度にしか減少しないので, 充分に 4 回反射のスピンエコー測定が可能である.

3.5.4 MSS の 4 回反射実験

最後の段階としては, 4 回反射によるスピンエコーの測定である. それぞれの DMSS (MSS 2 回反射のペア) の下流側の MSS は手動で角度, 平行移動を設定するようになっており, それぞれの DMSS の角度設定は, 「反射予想位置」に検出器を予め移動させておき, その中心にレーザービームが入るように角度と平行移動位置を調整して粗調整とし, その後中性子計数を見ながら, 角度と平行移動位置を微調整して, 反射中性子計数が最大となるようにする. 最後に, 手動で θ-2θ スキャンを行ない, 反射ビーム強度が一番強くなるように設定した. 最終的な実験配置を図 3.8 に示す.

配置ができて最初に確かめたのは, 後段の DMSS の角度をわずかに振ったとき, 干渉縞のシフトが起こらないことである. (++) 配置の DMSS を構成したのは, 散乱ビームの入射角の微小な変化で干渉縞のシフトが起こらないようにするためである. このようなシフトがもし起こると, 試料による散乱ビームの発散の影響でビジビリティの減少が起こってしまい, 準弾性散乱と区別がつかなくなる.

この実験の結果を図 3.9 に示す. この図に示すように, 無事干渉縞のシフトは

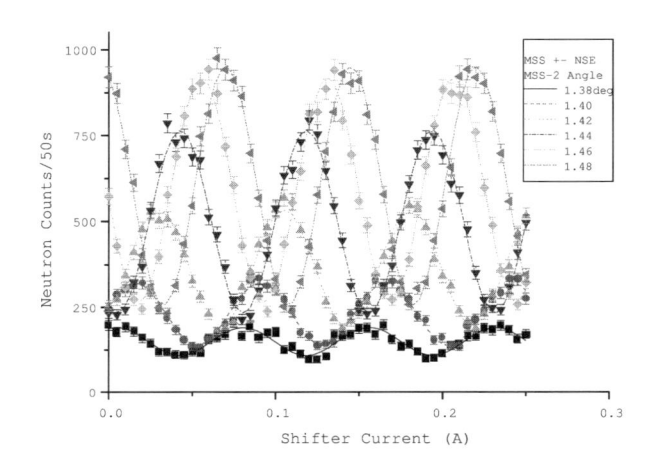

図 3.7: MSS(+−) 配置で, 下流 MSS の角度を変えたときの干渉縞のシフト

起こっていないため, このような配置でスピンエコー分光が可能であることが示された.

これに対し, 下流 DMSS の 2 枚目の MSS の角度をわずかに変化させ, 干渉縞のシフトを観測した. その結果が図 3.10 である. このようにちゃんとシフトが起きており, これで今回は, すべての MSS がきちんと機能して, 4 回反射 MSS-NSE が一応実現できていることが確認された.

ただ今回は 4 回反射を確認することに重点が置かれていたので,「回転数」も 34 回程度とごく少ない.

今後の方針として,

- D を大きくする. ただし平滑度 (roughness) は小さいままにとどめる.

- d(多層膜ミラーの面間隔) を小さくする. 特に, スーパーミラー化して適応できる波長範囲を広くする.

- 4 回反射 ($+\pi$ フリッパー) を一体化して, 超小型化を目指す.
  ということが挙げられる.

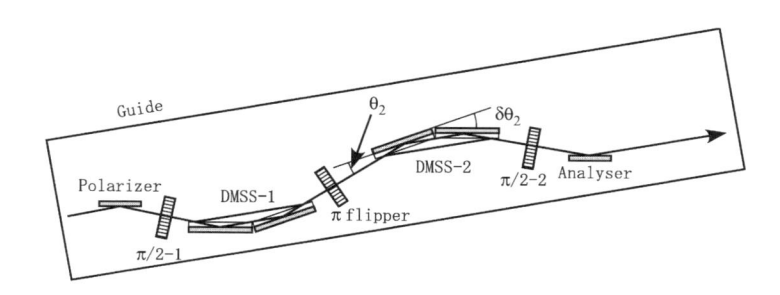

第3章 中性子スピンスプリッターによる新しい中性子スピンエコー分光器の開発

図 3.8: 4回反射 MSS-NSE 実験の配置

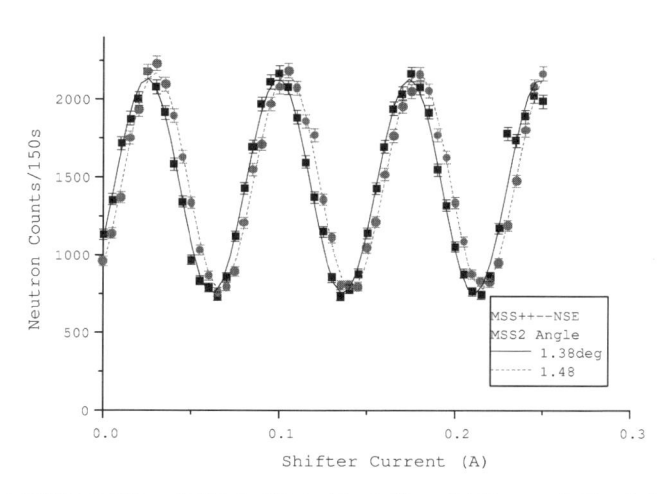

図 3.9: 下流側 DMSS の角度をわずかに振った際の干渉縞. シフトがほとんどない.

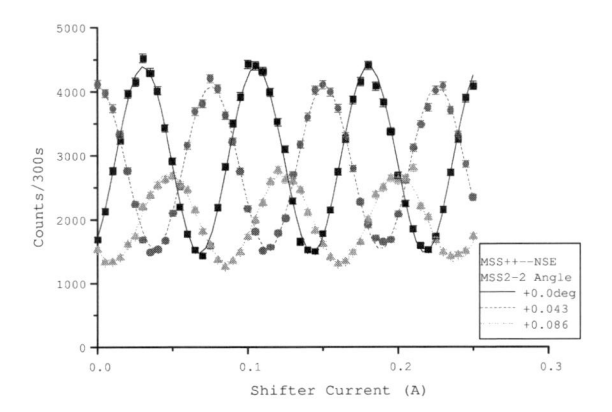

図 3.10: 下流 DMSS の 2 枚目の MSS の角度をわずかに変化させ, 干渉縞のシフトを測定した結果

参考文献

[1] F.Mezei, *Neutron Spin Echo, Lecture Notes in Physics*, (Springer, Berlin 1980).

[2] R.Gähler, R.Golub, K.Habicht, T.Keller, J.Felber, Physica B **229** (1996) 1–17.

[3] L.Van Hove, Phys. Rev. **95** (1954) 249.

[4] T.Ebisawa, S.Tasaki, M.Hino, T.Kawai, Y.Iwata, D.Yamazaki, N.Achiwa, Y.Otake, T.Kanaya, K.Soyama, J. Phys. Chem. Solids (UK) **60** (1999) 1569-72.

[5] S.Tasaki, T.Ebisawa, M.Hino, J. Phys. Chem. Solids (UK) **60** (1999) 1607-9.

[6] T.Kawai, Ebisawa, S.Tasaki, T.Akiyoshi, M.Hino, N.Achiwa, Y.Otake, H.Funahashi, J. Phys. Soc. Jpn. **65** suppl.A (1996) 230-3.

第4章 冷中性子スピン干渉法を用いた磁気膜トンネル位相の測定

阿知波紀郎，日野正裕

4.1 はじめに

　Bonse, Hart によるシリコン完全結晶を用いた X 線干渉計 [1] の実現に引き続き Rauch らはシリコン中性子干渉計を製作した．そしてスピノールの 4π 特性, スピンのコヒーレントな重ね合わせの原理, 量子ビート, 中性子の重力ポテンシャル, 中性子による物質の屈折率や, 中性子と種々の場との微弱な相互作用などの観測がなされ, 量子力学の基礎実験において重要な役割を果たしてきた [2][3][4][5]. 一方, 中性子スピン干渉計 (Neutron Spin Interferometer, NSI) は中性子をスピン空間に分波し再結合することにより, 実空間分波を必要としない. スピン空間に分波するという考え方が, 比較的容易に, 以下の実験を可能とした [6].

- トンネル中性子のスピンプリセッションの測定 [7][8],
- 共鳴トンネル中性子のスピンプリセッションの測定 [9],
- Bragg 条件近傍の磁気多層膜を透過する中性子スピンの動力学回折位相の測定 [10],
- Bragg 条件のヘリカル磁気結晶を透過する中性子の動力学回折位相の測定 [11].

　本章ではこれらの NSI でなされた基礎的な量子力学実験を紹介する.
　1 章 (1.5.2) で述べたように, 垂直磁場中での中性子スピンの波動関数 $|\psi(\bm{r})\rangle$ は以下のように表される.

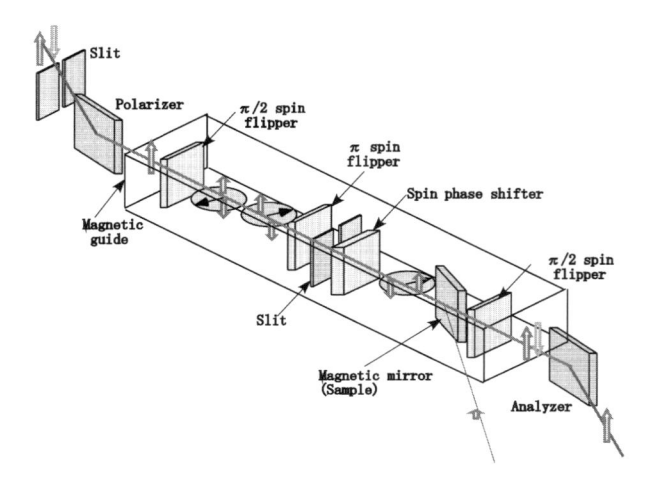

図 4.1: 中性子スピン干渉計による測定の概略図

$$|\psi(\boldsymbol{r})\rangle = \frac{1}{\sqrt{2}}\left[e^{i\boldsymbol{k}_+\boldsymbol{r}}\begin{pmatrix}1\\0\end{pmatrix} + e^{i\boldsymbol{k}_-\boldsymbol{r}}\begin{pmatrix}1\\0\end{pmatrix}\right]. \tag{4.1}$$

$$\begin{aligned}\langle S_\mathrm{x}\rangle &= \langle\psi(\boldsymbol{r})|\frac{\hbar}{2}\sigma_\mathrm{x}|\psi(\boldsymbol{r})\rangle\\ &= \hbar cos(\boldsymbol{k}_+\boldsymbol{r}-\boldsymbol{k}_-\boldsymbol{r})\\ &= \hbar cos(\phi_+-\phi_-).\end{aligned} \tag{4.2}$$

$\begin{pmatrix}1\\0\end{pmatrix}$ は, ↑,↓ スピンの固有波動関数, $\boldsymbol{k}_\pm$ は↑,↓ スピン中性子の波数ベクトルである. σ_x は Pauli 行列で $\sigma_\mathrm{x} = \begin{pmatrix}0 & 1\\1 & 0\end{pmatrix}$ で表される. この期待値 $\langle S_\mathrm{x}\rangle$ の振動は古典的描像では Larmor 歳差運動と呼ばれ, Larmor 歳差角を測定することは↑↓ スピン固有状態間の位相差を測定することに対応する. ここで↑↓ スピン中性子波は磁場中によるポテンシャルエネルギーが異なるため, 2 つの固有

状態の中性子波は進行方向に以下の位相差を生じる.

$$
\begin{aligned}
\Delta\phi &= (\boldsymbol{k}_+ - \boldsymbol{k}_-)\boldsymbol{r} = \boldsymbol{k}_0\left(\sqrt{1-\frac{\mu B}{E}} - \sqrt{1+\frac{\mu B}{E}}\right)\boldsymbol{r} \\
&\simeq -\boldsymbol{k}_0\frac{\mu B}{E}\boldsymbol{r}.
\end{aligned} \quad (4.3)
$$

$\boldsymbol{k}_0, E$ は真空中の中性子の波数ベクトルとその運動エネルギーであり, μ, B は中性子の磁気モーメントおよび磁束密度である. ここで Larmor 角振動数は $\omega_L = \gamma_L B = 2\mu B/\hbar$ であるので, 均一磁場中のある場所 r_0 と $r_0 + r$ における中性子の Larmor 歳差角は以下の関係式が成り立つ.

$$\phi(r) = \phi(r_0) - \omega_L r/v. \quad (4.4)$$

これは均一磁場中の Larmor 歳差運動は中性子の飛行時間を測定する時計となることを示している [12].

NSI は中性子スピンエコー (NSE) 分光器 [13][14][15] に非常に良く似た配置をとる. 図 4.1 に NSI の概念図を示す. 偏極素子 (ポーラライザ) により偏極された中性子スピンは $\pi/2$ スピンフリッパーにより z 方向から xy 面内に倒され, Larmor 歳差運動を始める (ここでは簡単のためスピンは矢印のような古典的描像で考えている). 入射中性子は速度分布を持つため, 磁場を通過することで Larmor 歳差角にも分布が生じるが, 2つの $\pi/2$ フリッパーの中間に π フリッパーを挿入することにより以下のように収束させることが出来る.

$$\delta N = N_0 - N_1 = \frac{\gamma_L}{2\pi}\left[\frac{B_0 l_0}{v_0} - \frac{B_1 l_1}{v_1}\right]. \quad (4.5)$$

γ_L=2.916 kHz/Oe, N は Larmor 歳差回転数, Bl はプリセッション用磁場とその区間の長さの積, v は中性子の速度, 添字 0 および 1 は π フリッパー前後を示す. サンプルのない場合, $l_0 = l_1, v_0 = v_1$ であるので, B_1 の磁場を B_0 値周りで変化させることにより図 4.2 に示されるようなスピン干渉シグナルが得られる.

NSI は位相のエコーを取ることにより入射中性子の単色性の必要条件が緩和され, 他の干渉計と比較して強度の利得が大きいという利点がある. 以下, 京大原子炉の垂直磁場型中性子スピンエコー (NSE) 装置や日本原子力研究所改

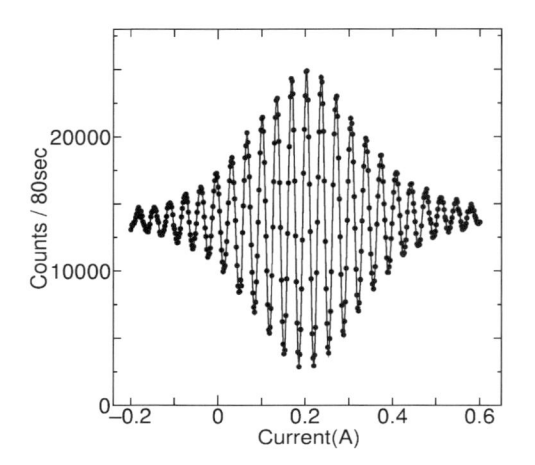

図 4.2: 典型的なスピン干渉シグナル (Larmor 歳差回転は約 1000 回)

造 3 号炉の C3-1-2 導管に設置してある冷中性子スピン干渉計等を用いた実験を解説する.

4.2 Larmor 回転による磁場中シリコン単結晶の屈折率測定

屈折率 n の非磁性体の光学ポテンシャルは, $U = (2\pi\hbar^2/m)N_\rho b$ で与えられる. ここで, N_ρ は, 原子数密度, b は中性子の干渉性散乱長である. この物質を磁場中に置くと, 次式のような複屈折を示す.

$$n_\pm(U) = \left(1 - \frac{U}{E} \mp \frac{\mu B}{E}\right)^{1/2}. \tag{4.6}$$

物質を透過する中性子の Larmor 回転数は, 磁場中における複屈折の差および透過物質の長さに比例する [16].

屈折率 n で長さ D の物質を透過する中性子の Larmor 歳差角 φ を次式に示す.

$$\varphi = k_0 \left[n_+(U) - n_-(U)\right] D, \tag{4.7}$$

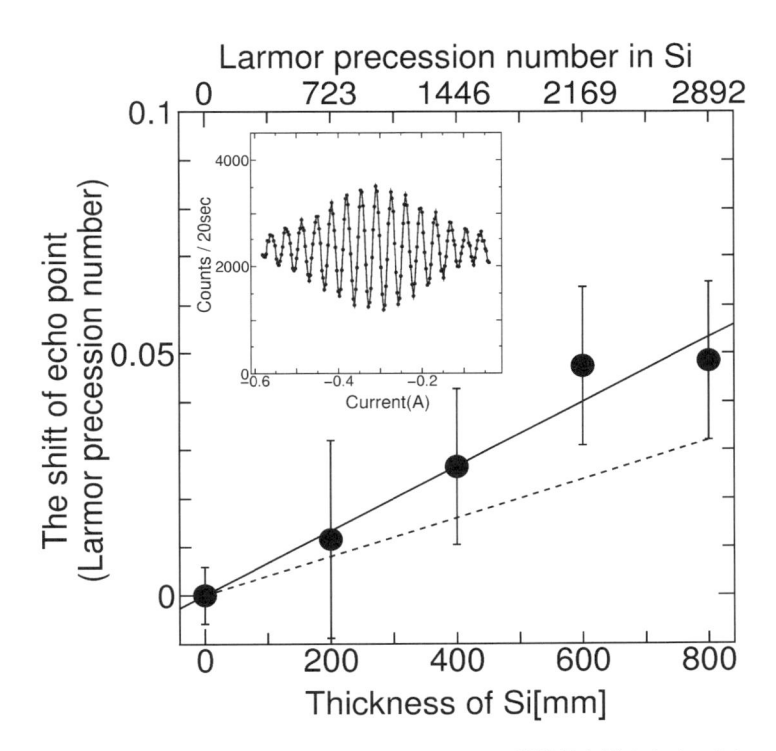

第 4 章 冷中性子スピン干渉法を用いた磁気膜トンネル位相の測定

図 4.3: 片方のプリセッション磁場中にシリコン単結晶を挿入することによる透過中性子の Larmor 歳差角の変化. 点線はシリコンのポテンシャルから導き出された理想的な Larmor 歳差回転角の変化 (理論値). 全長 83cm の磁場を通過する時, 中性子の Larmor 回転数は約 3000 回. その時のスピン干渉シグナルを小枠に記す.

ここで $\mu B/E \ll 1, U/E \ll 1$ とすると,

$$\varphi \simeq -k_n \frac{\mu B}{E}D - k_0 n \frac{\mu B}{E}\frac{U}{E}D = \varphi_0 + \Delta\varphi, \tag{4.8}$$

$$\varphi_0 = -\omega_L \frac{D}{v_0}, \ \Delta\varphi = -\omega_L \frac{D}{v_0}(1-n) \ . \tag{4.9}$$

冷中性子スピン干渉計において, 入射中性子の速度 v_0 及び ω_L は既知なので, 物質の厚さ D を変化させて, Larmor 歳差角のずれ $\Delta\varphi$ を測定することで屈折率 n が測定できる. そして $\Delta\varphi$ はスピン干渉シグナルのシフト (物質のない場合の干渉シグナルの横軸におけるずれ) で表される. そこで冷中性子スピンエコー干渉計の片方のスピンプリセッション磁場中にシリコン単結晶を挿入し, 厚みを変化させながらスピン干渉シグナルを測定した. 図 4.3 はシリコンの厚みに対するスピン干渉シグナルのエコー点のシフトをプロットしたものである [7][17]. 図 4.3 の点線は, シリコン単結晶の屈折率より計算された理論値である. この実験は, 測定誤差は大きいながら, 中性子のスピンを利用した屈折率測定の最初の実験となった.

4.3 障壁をトンネル透過する中性子のスピンプリセッション

1928 年, 原子核の α 崩壊の説明にトンネル効果が用いられて以来, 現在まで,

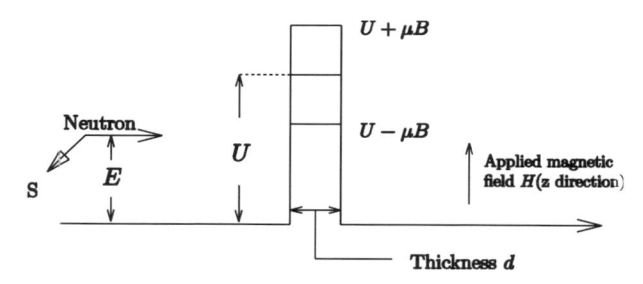

図 4.4: ↑↓ スピン中性子の磁気膜による散乱. 磁気膜は 1 次元箱型磁気ポテンシャルで表される.

半導体のトンネルダイオードや走査トンネル顕微鏡などトンネル効果は様々な分野で盛んに用いられている. しかし "粒子が障壁をトンネル通過するのにかかる時間はどれくらいか?" という素朴な問題については, 現在にいたるまで論争が続いている [18][19]. 論争の理由として, 量子力学において時間は物理現象の変化の割合を示しているパラメーターであり, 時間に対応する演算子を持たないため定義が確立していないこと, トンネル時間の定義に関する提案やシミュレーションは多いのだが, それを検証する実験例がほとんどないことがあげられる. ここで Baz', Rybachenko, Büttiker[20][21][22] らに提案されるような中性子 Larmor 歳差運動を用いたトンネル時間の測定を考えてみる. Larmor 歳差運動は時計として使用出来るので, 障壁にだけ磁場をかけておけばトンネル中性子のスピンプリセッション Ω から障壁通過時間 (Ω/ω_L) が求められるという見通しの良い方法である. このような障壁を実験的に創り出し, 精度良く Ω を直接測定することは容易ではなかったが, NSI を用いることにより実現した.

磁気膜による中性子散乱の問題は, 図 4.4 に示されるように磁気膜面に対して垂直方向の 1 次元ポテンシャル問題として Schrödinger 方程式で取り扱うことができる.

磁気膜に入射する ↑↓ スピン中性子の波数ベクトルの垂直成分 $k_\pm$ は,

$$k_\pm = \frac{\sqrt{2m(E-(U\pm|\mu B|))}}{\hbar}. \tag{4.10}$$

$E = \frac{(\hbar k_\perp)^2}{2m}$ は真空中での膜に垂直な成分の運動エネルギーであり, U, B, m は, それぞれ膜の平均核ポテンシャル, 磁場の強さ, 中性子の質量を表す. Larmor 歳差運動をしている中性子を磁気膜に入射させると, 反射および透過に際してその ↑↓ スピン成分の波動関数にそれぞれ異なる位相が生じるが, これらの相違は, ↑↓ スピン成分に対する異なったポテンシャル障壁に起因する. トンネル状態の中性子波では式 (4.10) で定義された波数ベクトルは虚数になり, 1 次元箱型磁気ポテンシャルを透過後の中性子波の位相は次式で与えられる.

$$\tan(\Delta\phi_\pm) = \frac{k_\pm^2 - \kappa_\pm^2}{2k_\pm\kappa_\pm}\tanh(\kappa_\pm d). \tag{4.11}$$

波数ベクトルは $\kappa_\pm = \frac{\sqrt{2m(U\pm|\mu B|)-E)}}{\hbar}$ で与えられる. ここで波動関数の透過係数は $t_\pm = \sqrt{T_\pm}e^{i\Delta\phi_\pm}$ と求められるので, 膜を透過した中性子スピンの期待値は

次式で与えられる．

$$\langle S_\mathrm{x} \rangle = \hbar \cos(\Delta\phi_+ - \Delta\phi_-) \frac{\sqrt{T_+ T_-}}{T_+ + T_-}, \tag{4.12}$$

$$\langle S_\mathrm{y} \rangle = -\hbar \sin(\Delta\phi_+ - \Delta\phi_-) \frac{\sqrt{T_+ T_-}}{T_+ + T_-}, \tag{4.13}$$

$$\langle S_\mathrm{z} \rangle = \frac{\hbar}{2} \frac{T_+ - T_-}{T_+ + T_-}. \tag{4.14}$$

ここで，$T_\pm$ は↑↓スピン中性子の透過確率である．

図 4.5 に実験で得られたシリコン基板上に蒸着した厚さ 20, 30, 40 nm のパーマロイ 45(PA;$Fe_{55}Ni_{45}$) 磁気膜を透過する↑↓スピン中性子の透過率を示す．実点は測定点，実線は 1 次元 Schrödinger 方程式の解である $T_\pm$ である．↑スピン中性子の全反射臨界角以下のトンネル領域でも，スピンエコーのビジビリテイは，式 (4.12) の $\sqrt{T_+ T_-}$ に比例して存在する．図 4.6 にシリコン基板上に蒸着された厚さ 20 nm のパーマロイ 45 磁気膜を透過させたことによるスピンプリセッションと，1 次元 Schrödinger 方程式を数値計算で解いた結果 (実線) を示す．点線は,↑↓スピン中性子の全反射臨界角を示す．全反射臨界角以上では，入射角の減少により，スピンプリセッションは複屈折による行路差に比例して増加するが，全反射臨界角以下では，スピンプリセッションは逆に減少する．右縦軸にスピンプリセッションを Larmor 歳差角速度 ω_L で割ったものである Larmor 時間を参考のために示す．この Larmor 時間をトンネル時間とすると最短のトンネル時間は入射角 $\theta = 0.62°$ の場合 2.42 ± 0.12 nsec となるが，この結果は，いわば，波動関数の位相差を古典的 Larmor 時間に対応させたものであり，中性子の群速度を求めたものではない．事実，実験結果は平面波によるシミュレーションと非常に良い一致が得られた．これは中性子が既に粒子という概念からは離れてしまっていることに意味するので [23], Larmor 時間は位相時間の一つではあるが，粒子の障壁通過時間とは直接対応できないことが言える．

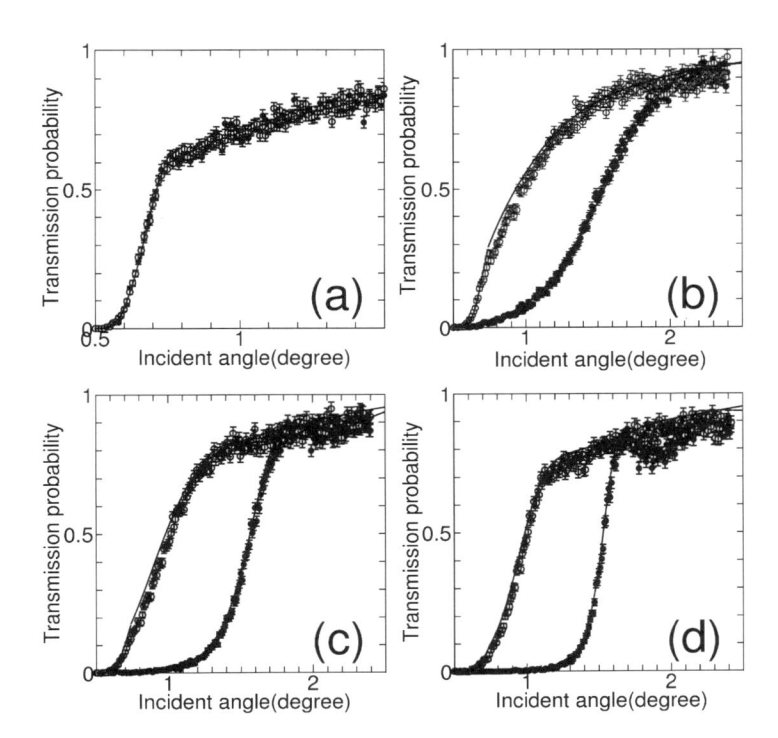

図 4.5: ↑↓スピン中性子の透過率. (a) シリコン基板, パーマロイ磁気膜 [厚さ (b) 20 nm, (c) 30 nm, (d) 40 nm]. 入射角 1.40° は↑スピン中性子の全反射臨界角で, この入射角度以下から, 中性子はトンネル透過をはじめる.

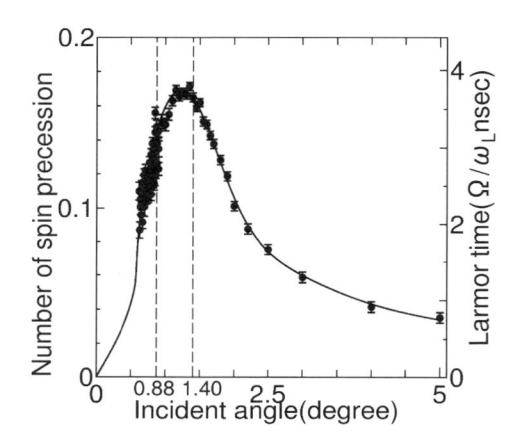

図 4.6: パーマロイ磁気膜 (厚さ 20nm) をトンネルする中性子のスピンプリセッション. 点線位置の 1.40°, 0.88° は↑, ↓スピン中性子の全反射臨界角. 実線は 1 次元 Schrödinger 方程式の解によるスピンプリセッションを示す.

4.4 井戸型ポテンシャルを共鳴トンネルする中性子のスピンプリセッション

↑スピン中性子に対して, 2 つのポテンシャル障壁 (量子井戸) を生じさせる Fabry-Perot 磁気膜を透過する中性子のスピンプリセッションを測定した. ここで↓スピン中性子に対しては全体として 1 つの小さなポテンシャル障壁を感じるのみである.

Fabry-Perot 磁気膜による中性子散乱も磁気膜面に対する垂直方向 (ここでは y 方向とする) の 1 次元ポテンシャル問題として Schrödinger 方程式を取り扱えるので, 入射中性子の側から j 番目 ($1 \leq j \leq n$) の領域で波動関数は $A_j e^{iq_j y} + B_j e^{-iq_j y}$ と表せる. ここで 1 番目の領域は真空 (空気), n 番目の領域はシリコン基板, $q_j = \sqrt{\frac{2m}{\hbar^2}(E - V_j)}$, $E = \frac{\hbar^2 k_\perp^2}{2m}$, V_j はそれぞれの中性子スピンが感じる j 番目の領域のポテンシャル障壁の大きさである.

さて最初と最後の境界面における波動関数の連続性から, 透過係数 t や反射

第4章 冷中性子スピン干渉法を用いた磁気膜トンネル位相の測定

係数 r が遷移行列 $\hat{M}$ によって次のように与えられ，

$$\begin{pmatrix} 1 \\ r \end{pmatrix} = \begin{pmatrix} M_{11} & M_{12} \\ M_{21} & M_{22} \end{pmatrix} \begin{pmatrix} t \\ 0 \end{pmatrix}, \tag{4.15}$$

波動関数の連続性と滑らかさの条件より，

$$\hat{M} = \hat{D}^{-1}(q_1) \left(\prod_{j=2}^{N-1} \hat{D}(q_j) \hat{P}(q_j, d_j) \hat{D}^{-1}(q_j) \right) \hat{D}(q_N), \tag{4.16}$$

$$\hat{D}(q_j) = \begin{pmatrix} 1 & 1 \\ q_j & -q_j \end{pmatrix}, \tag{4.17}$$

$$\hat{P}(q_j, d_j) = \begin{pmatrix} e^{-iq_j d_j} & 0 \\ 0 & e^{iq_j d_j} \end{pmatrix}, \tag{4.18}$$

が導かれる [24][25]．ここで d_j は j 番目の領域の幅である．式 (4.15) を解くことにより透過係数 $t_\pm = \sqrt{T_\pm} e^{i\Delta\phi_\pm}$ が求められ，Fabry-Perot 磁気膜を透過することによるスピンプリセッション ($\Delta\phi = \Delta\phi_+ - \Delta\phi_-$) が計算できる．ここで $T_\pm$ は↑↓スピン中性子の透過確率である．

図 4.7(a) に各入射角における Fabry-Perot 磁気膜 (PA(20 nm)-Ge(40 nm)-PA(20 nm)) によるスピンプリセッションの実測値を (b) に↑スピン中性子の透過率及びスピンプリセッションの理論値を示す．(a) 図の点線は↑スピン中性子の障壁ポテンシャルに対応する全反射臨界角を, (b) 図の点線は, ↑スピン中性子のそれぞれ1次，2次，3次の共鳴束縛状態に対応する入射角度位置を示す．またスピンプリセッションは Gap 幅 (Ge の膜厚) が 40 nm の理論曲線と良い一致をみせ，入射角の変化に対してその束縛角度を中心に正弦波状に波打ち，低角度の束縛状態ほど位相変調の振幅は増加している．これより，中性子のスピンプリセッションは磁場中の Larmor 歳差回転のように, 磁気モーメントが磁場を感じてそのトルクで回転するといった古典的な取り扱いは全く成り立たず,↑↓スピン波動関数の位相差でのみ正しく記述することができる．また↑スピン中性子の透過率は Gap 幅が 40 nm と ∞(実際は 2.0 µm として計算) のスピン歳

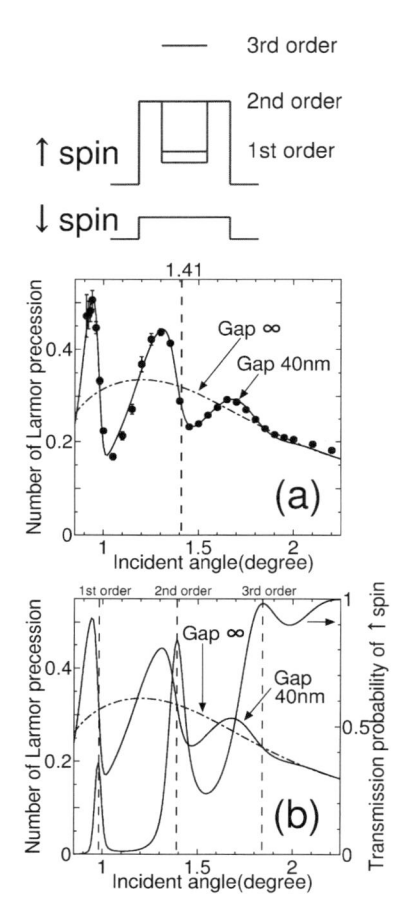

図 4.7: (a)PA(20nm)-Ge(40nm)-PA(20nm)Fabry-Perot 磁気膜を透過する中性子のスピンプリセッション．実点は測定点，実線は1次元Schrödinger方程式の解によるスピンプリセッション．入射角 1.41° は↑スピン中性子の全反射臨界角．(b) 実線はPA(20nm)-Ge(40nm)-PA(20nm)Fabry-Perot膜を透過する↑スピン中性子の透過率とスピンプリセッションの計算値．点線の角度位置は↑スピン中性子の共鳴トンネルを示す．最上段に2つのポテンシャル障壁(量子井戸)における↑スピン中性子の共鳴束縛状態の概念図を示す．

差位相の交点に対応する入射角で極大となる(共鳴する)ことが分かる.これより,↑スピン中性子が共鳴トンネルする条件は,そのポテンシャル障壁位置が波動の節にあたることが位相の観点から示された [9]. 図 4.8 および図 4.9 に各入射角における多重連結 Fabry-Perot 磁気膜 [PA(20 nm)-Ge(40 nm)]^{10}-PA(20 nm) による↑,↓スピン中性子の透過率およびスピンプリセッションを示す.この結果も平面波によるシミュレーションと非常に良い一致をみせた.図 4.10 と図 4.11 に量子井戸 (=Gap) 数がそれぞれ 1, 2, 5, 10, 20 を透過した場合の↑スピン中性子とスピンプリセッションの関係を示す.↑スピン中性子のトンネル確率は量子井戸の数によらないが,スピン歳差位相はその井戸数に比例して増加することが良く分かる.

この結果は中性子強度の減少なしにスピン歳差位相のみを増加,つまり膜内での中性子の滞在時間をのばせることを示している.1 次束縛波に対応する入射角度において,↓スピン中性子がこの 10 連結量子井戸中に滞在する時間は,200 nsec 程度である.ここで外部磁場を 10 MHz 程度で振動させた場合,膜内に中性子が滞在している間に,ポテンシャルが変化することになり,「(膜内の)定在波がどのくらい滞在出来るか?」という疑問に対して実験的な解答ができることを示唆している.

4.5 Bragg 条件磁気多層膜を透過する中性子のスピンプリセッション

図 4.12 に PA(5.5 nm)/Ti(5.4 nm) 磁気多層膜を透過する, (a)↑↓スピン中性子の透過確率と, (b) スピンプリセッションとを示す.この磁気多層膜は↑スピン中性子に対して高さ 316 neV と 0 neV の周期ポテンシャルを, ↓スピン中性子に対しては高さ 124 neV と 0 neV の周期ポテンシャルを与える.ここで実線は式 (4.15) を解いた数値計算の結果を示している.いずれにせよ,これらの結果も平面波によるシミュレーションと非常に良い一致をみせた [26]. 図 4.12(a) において,↑スピン中性子の Bragg 角が↓スピン中性子の Bragg 角に対して大きくなっていることが分かる.これは膜内磁場による複屈折の影響で説明できる.Bragg 条件近傍において,スピンプリセッションに正弦波的な変化が見られた.これは Bragg 条件近傍でシリコン完全結晶を透過する中性子 (粒

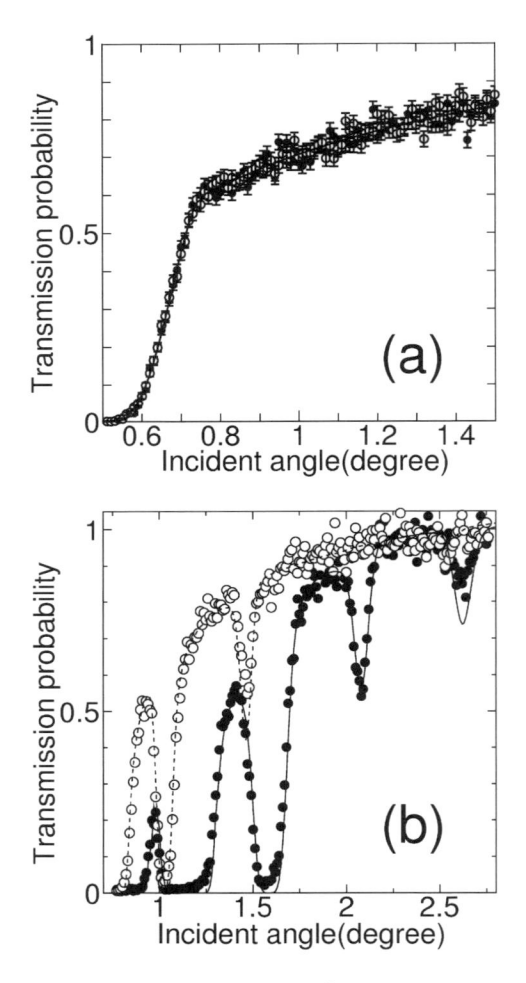

図 4.8: ↑,↓ スピン中性子の (a) シリコン基板および [PA(20 nm)-Ge(40 nm)]^{10}-PA(20 nm)Fabry-Perot 磁気膜における透過率. 実線は計算値.

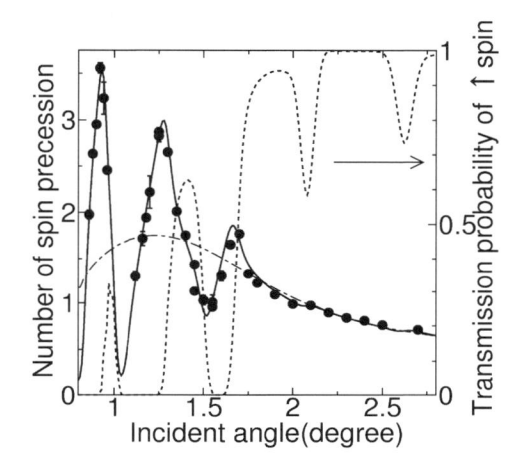

図 4.9: [PA(20 nm)-Ge(40 nm)]^{10}-PA(20 nm)Fabry-Perot 磁気膜を透過する中性子のスピンプリセッション. 小点線および実線は, 計算値.

子波) の位相変化と類似の現象である. このスピンプリセッションが正弦波的で Bragg 条件近傍でのみ急激に変化する. 入射角の減少に伴うスピンプリセッションのゆるやかな増加は, 膜を透過する↑↓スピン中性子の複屈折による行路差の増加を示す.

磁性体結晶における動力学回折位相の測定は磁性体で完全結晶を得ることが現在のところ困難である. それ故, スピンプリセッションと透過 (反射) 確率の関係を実験的に検証したこれらの結果の意義は大きい. また, 中性子スピン干渉によりモザイクなどのある不完全な磁性結晶による動力学回折位相も測定出来る可能性がある. そこでその可能性を議論するため, NSI によるヘリカル磁性体の動力学回折効果の測定を次節に示す.

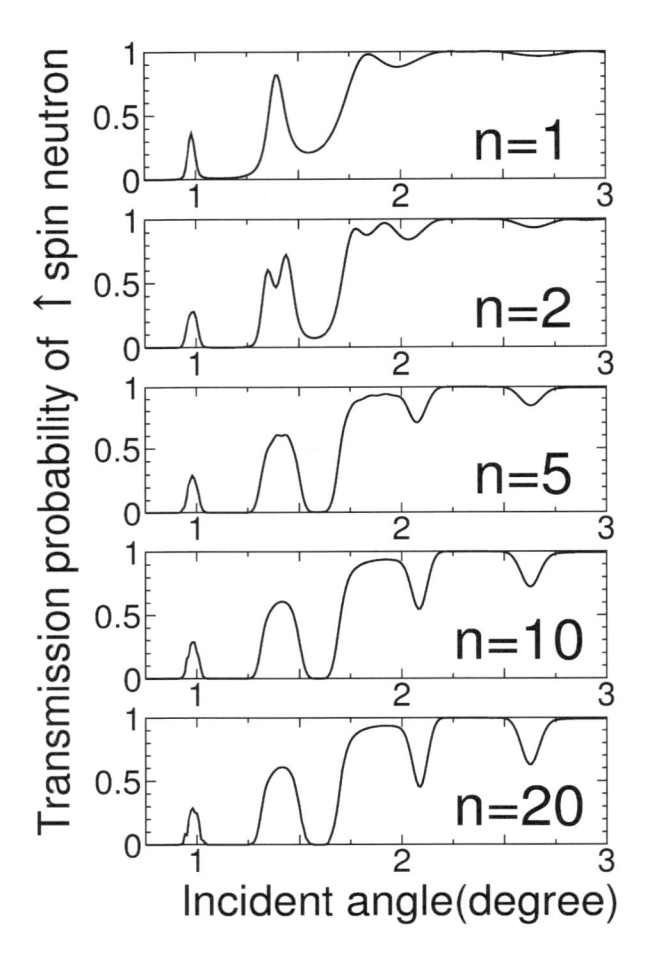

図 4.10: [PA(20 nm)-Ge(40 nm)]^n-PA(20 nm)Fabry-Perot 磁気膜; n=1, 2, 5, 10, 20 を透過する↑スピン中性子の透過率の計算値. トンネルポテンシャル数が増加しても, 全反射臨界角 (1.41°) 以下のトンネル領域での↑スピン中性子の透過率は, あまり減少しない.

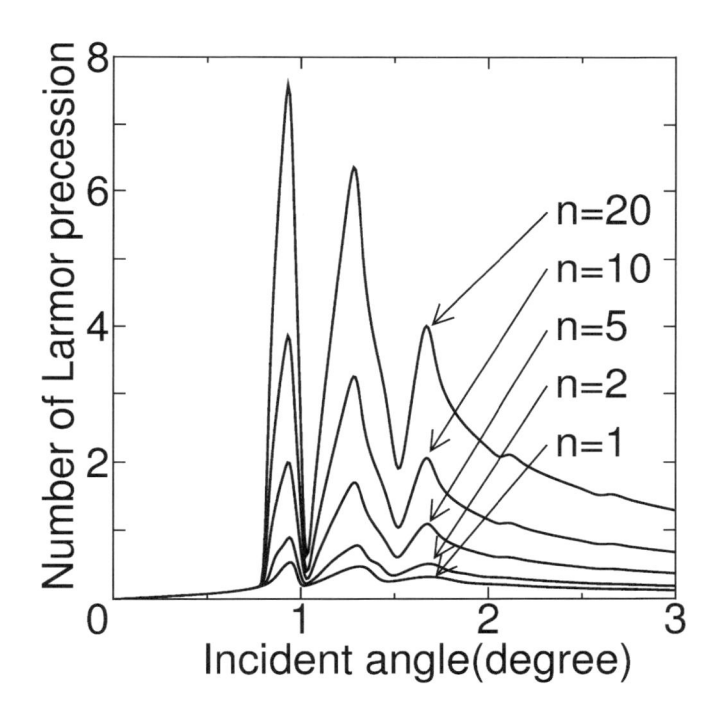

図 4.11: [PA(20 nm)-Ge(40 nm)]^n-PA(20 nm)Fabry-Perot 磁気膜; n=1, 2, 5, 10, 20 を透過する中性子のスピンプリセッションの計算値. トンネルポテンシャル数の増加に比例して, スピンプリセッション位相のシフト変化は大きくなる.

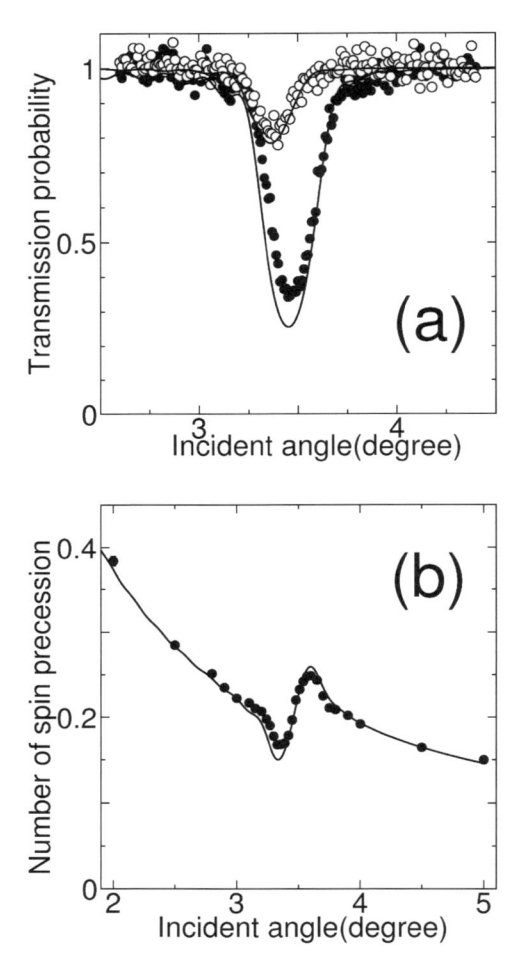

図 4.12: パーマロイ (5.5 nm)/Ti(5.4 nm)15 対層の Bragg 条件磁気多層膜を透過する (a)↑ (•) ↓ (∘) スピン中性子の透過率の実測および計算値 (実線), (b) 中性子スピンプリセッションの実測値および計算値 (実線).

4.6 ヘリカル磁性の磁気Bragg条件における透過中性子のスピンプリセッション

ヘリカル軸と中性子スピンの量子化軸が平行な場合のLarmor中性子によるヘリカル結晶透過中性子スピンプリセッションを考える．z-軸に平行に進むにつれ xy 面内で回転する q ベクトルを持つヘリカル磁化を考える．

$$M(z) = M(i\cos qz + j\sin qz). \tag{4.19}$$

ヘリカル磁場中の中性子の固有関数は，入射中性子の波数ベクトルを k とすれば，

$$|\psi_u(k,z)\rangle = \begin{pmatrix} \frac{C}{2k_u q} e^{i(k''-q)z} \\ e^{ik''z} \end{pmatrix}. \tag{4.20}$$

$$|\psi_l(k,z)\rangle = \begin{pmatrix} e^{ik'z} \\ -\frac{C}{2k_l q} e^{i(k'+q)z} \end{pmatrix}. \tag{4.21}$$

$$k_u = k'' - q/2, \quad k_l = k' + q/2. \tag{4.22}$$

$$k' = k + \frac{C^2}{4kq(k+q/2)}. \tag{4.23}$$

$$k'' = k - \frac{C^2}{4kq(k-q/2)}. \tag{4.24}$$

単位長さあたりの中性子スピンプリセッションは

$$\alpha = k'' - k' = -\frac{C^2}{2q(k^2 - q^2/4)} \tag{4.25}$$

となる．ここで $C = (2m/\hbar^2)4\pi\mu M$ である．この解では，完全ヘリカル結晶の磁気Bragg超格子反射に磁気結晶のロッキング角が近づくと回転角は±方向にシフトが大きくなる[27]．ヘリカル磁性体の1つの磁気Bragg反射近傍においては，ヘリカル軸方向に量子化された↑↓スピン中性子の片方が，左（右）巻きヘリカル磁気構造と相互作用することが知られている[28]．

ヘリカル磁性体ホロミウム単結晶を回転させながら，中性子が(000)± 磁気Bragg反射条件を横切る時のスピンプリセッションを，前方回折O波について

測定した．Larmor歳差回転中性子の，たとえば↑スピン成分は，スピンフリップ磁気反射を受ける．この磁気反射を偶数回受け，前方にO波として回折される↑スピン中性子は，そのまま結晶を透過する↓スピン中性子と平行な進路ならば結晶透過後に再結合する．この時の中性子スピンプリセッション変化を初めて図 4.13 に見られるように観測した．結晶角ロッキング回転による中性子スピンプリセッションの変化は，反射強度にほぼ比例しており，理論より予想される±方向のスピンプリセッションの変化，すなわち，1 次動力学回折効果は結晶の不完全性により消滅するという結果が得られた．しかし，これを結晶内で離れた同じ巻きヘリックス磁区間の多重反射が原因と考えれば [10]，Larmor 回転中性子の片方のスピンが結晶中により長い時間滞在することによる位相遅れと解釈でき，動力学回折位相の一種である．

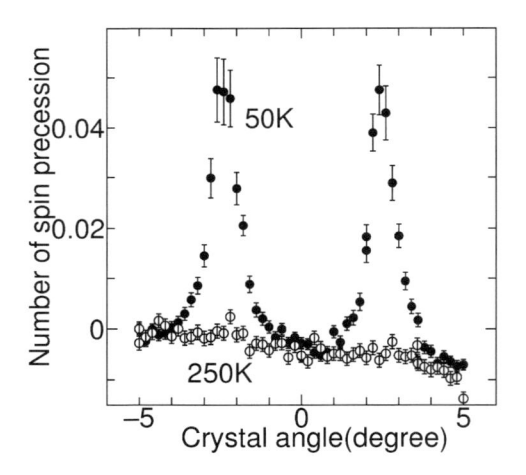

図 4.13: H_O 単結晶 (000)$^-$ ヘリカル磁気超格子反射の前方回折O波の中性子スピンプリセッション．(•) は 50K（ネール温度以下，(∘) は 150K（ネール温度以上）の測定値を示す．

4.7　おわりに

　磁気単層膜, Fabry-Perot 磁気膜, 磁気多層膜における透過中性子のスピンプリセッションは 1 次元箱型周期ポテンシャルを考えた量子力学シミュレーションの結果と非常に良い一致がみられた. このような多層膜による散乱は 1 次元箱型周期ポテンシャルモデルを非常に良く再現し, 基礎的な量子力学問題へのアプローチに有効であることを解説した.

　ただし平面波モデルは粒子という概念からは大きく離れてしまっているため, トンネル時間の問題解決には至らない. Larmor 時間は確かに位相時間の一つではあるが, 粒子という古典的描像における障壁通過時間はこの実験からも定義できなかった. 本実験からは「トンネル時間は Larmor 時計から定義できない」と結論づけた. ただしトンネル領域におけるスピンプリセッションの理論曲線からのずれ（ばらつき）自体がトンネル時間に関係しているという説 [29] もある. 今回は装置の系統誤差にかくれて議論できなかったが, これに吸収も考慮した磁気膜トンネル位相の精密測定, また先に述べた多重連結量子井戸の定在波生成時間測定や中性子のエネルギー固有状態を干渉させる中性子量子ビート [30] を活用して粒子のトンネル時間 (障壁中の中性子波束の群速度) 測定方法の検討は進めていきたい.

参考文献

[1] U.Bonse and M.Hart, Appl. Phys. Lett. **6** (1965) 155, **7** (1965) 99, **7** (1965) 238.

[2] H.Rauch, W.Treimer and U.Bonse, Phys. Lett. A **47** (1974) 369.

[3] A.Zeilinger, *Neutron interferometry*, edit by U.Bonse and H.Rauch, Clarendon Press Oxford 241 (1979).

[4] J.Summhammer, G.Badurek, H.Rauch, U.Kischko, A. Zeilinger, Phys. Rev. A**27** (1983) 2523.

[5] H.Rauch, *Neutron Interferometry*, edited by H.Rauch, S. A. Werner, Clarendon Press Oxford (2000).

[6] 阿知波紀郎, 海老沢徹, 固体物理 **33** (1998) 87.

[7] N.Achiwa, M.Hino, S.Tasaki, T.Ebisawa, T.Kawai, T.Akiyoshi, J. Phys. Soc. Jpn., Suppl. A **65** (1996) 183.

[8] M. Hino, N. Achiwa, S. Tasaki, T. Ebisawa, T. Kawai, T. Akiyoshi and D. Yamazaki, Phys. Rev. A**59** (1999) 2261.

[9] M. Hino, N. Achiwa, S. Tasaki, T. Ebisawa, T. Kawai and D. Yamazaki, Phys. Rev. A**61** (2000) 013607.

[10] N. Achiwa, M.Hino, K.Kakurai and S.Kawano, Physica **B241-243** (1998) 1202.

[11] N. Achiwa, T. Ebisawa, M. Hino, D. Yamazaki, G. Shirozu, S. Tasaki and T. Kawai, Physica **B 311** (2002) 61.

[12] F.Mezei, in *Imaging Processes and Coherence in Physics*, M.Schlenker et al., eds. *Lecture Notes in Physics*(Springer, Heiderberg, 1980) 282.

[13] F. Mezei, Z.Phys. **255** (1972) 146.

[14] *Neutron Spin Echo, Lecture Notes in Physics*, edited by F. Mezei(Springer, Heidelberg, 1980), vol. 128.

[15] R.Gähler, R.Golub and T.Keller, Physica B **180 & 181** (1993) 899.

[16] V.G. Baryshevskii, S.V. Cherepitsa and A.I. Frank, Phys. Letters A **153** (1991) 299.

[17] M. Hino, N. Achiwa, S. Tasaki, T. Ebisawa and T. Akiyoshi, Physica B **213&214** (1995) 842.

[18] E. H. Hauge and J. A. Støvneng, Rev. Mod. Phys. **61** (1989) 917.

[19] R. Landauer and Th. Martin, Rev. Mod. Phys. **66** (1994) 217.

[20] A. I. Baz', Sov. J. Nucl. Phys. **4** (1967) 182; **5** (1967) 161.

[21] V. F. Rybachenko, Sov. J. Nucl. Phys. **5** (1967) 635.

[22] M. Büttiker, Phys. Rev. B**27** (1983) 6178.

[23] H. M. Krenzlin, J. Budczies and K. W. Kehr, Phys. Rev. A**53** (1996) 3749.

[24] S.Yamada, T.Ebisawa, N.Achiwa, T.Akiyoshi and S.Okamoto, Annu. Rep. Res. Reactor Inst. Kyoto Univ. **11** (1978) 8, 海老沢徹, 阿知波紀郎, 山田修作, 秋吉恒和, 岡本朴, 日本結晶学会誌 **20** (1978) 167.

[25] S. J. Blundell and A. C. Bland, Phys. Rev. B**46** (1992) 3391.

[26] N.Achiwa, M.Hino, S.Tasaki, T.Ebisawa, T.Akiyoshi and T.Kawai, Physica B**241-243** (1998) 1068.

[27] R.Nityananda and S.Ramaseshan, Solid State Commu. **9** (1971) 1003.

[28] G.P.Felcher, Solid State Communication, **12** (1973) 1167.

[29] K. Imafuku, I. Ohba and Y. Yamanaka, Phys. Rev. A**56** (1997) 1142.

[30] T.Ebisawa, D.Yamazaki, S.Tasaki, T.Kawai, M.Hino, T.Akiyoshi, N.Achiwa and Y.Otake, J. Phys. Soc. Jpn. **67** (1998) 1569.

第5章　極冷中性子ボトルを用いたスピン干渉実験法の開発と微弱相互作用の検出

海老沢　徹

5.1　はじめに

　スピン干渉法は中性子との微弱な相互作用の検出に適している．スピン干渉では，2つの分波したスピン固有状態間の位相差は，それらの間のポテンシャル差と相互作用時間との積に依存する．このことは，微弱なポテンシャルの高感度の検出のためには，相互作用時間を長くすることが重要であることを示している．その最適な例はUCNボトルを用いた中性子EDMの測定に見られる [1]．

　ここでは，相互作用時間を長くするために，VCNボトルを用いる方法を検討する．それは精密な内面を持つ円筒から構成される．VCNの貯蔵のために，円筒内面におけるVCNのガーラント反射と共に中性子の重力落下が利用される．この点で，VCN磁気ボトル [2] と異なっている．本方式のボトルでは，中性子の通路が円筒内周領域に制限されると共に，運動方向が周期的に繰り返される．すなわち，この系に適したスピン干渉法を適用すると，中性子スピンと磁場や電場との相互作用を制御，消去することが可能になる．その結果，従来のUCNボトルと異なり，外乱を抑制して微弱な相互作用そのものの高精度の測定を可能にすることにより，新しい中性子基礎物理分野を開拓するものと期待される．ここでは，比較的容易に利用可能な中性子源の関係から5nm～100nmのVCNからスタートするが，感度のさらなる向上のために，一層の長波長側あるいはUCNへの拡張は有意義である．

5.2 VCN ボトルの貯蔵原理と基本構造

5.2.1 VCN ボトル円筒内面におけるガーラント反射

VCN ボトルは円筒の鏡面内面により構成される．VCN は，図 5.1 に示されるように，円筒内面におけるガーラント反射により貯蔵される．ガーラント反射における波長 λ の全反射臨界角 θ_c は式 (5.1) によって与えられる．

$$\sin(\theta_c) = \frac{\Delta k}{2\pi}\lambda, \qquad (5.1)$$
$$\Delta k^2 = 4\pi N b_c.$$

ここで，N と b_c は内周ミラー物質の原子密度とコヒーレント長である．円筒内周の曲率半径を ρ とするとき，円筒内周面からの最大距離 d_m 及び内周反射面

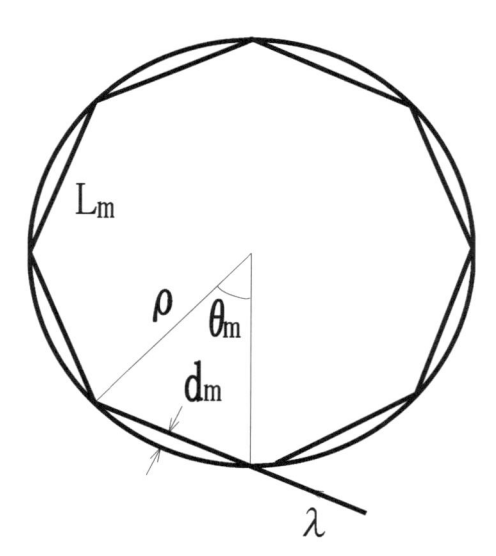

図 5.1: VCN の円筒内面ガーラント反射．反射のパラメータは表 5.1 に与えられる．

表 5.1: Ni-58 と無水石英から作られる半径 20 cm の円筒内面における VCN のガーラント反射のパラメータ. 反射回数の欄は円筒を一周するために必要な最小の反射回数を示す.

λ(nm)	d_m(mm)	$2\theta_c$(deg)	L_m(mm)	反射回数
Ni-58				
5	1.1	12.0	42	30.0
10	4.4	24.2	84	14.9
20	18.7	50.0	169	7.2
40	122.0	114.0	368	3.2
Ni				
5	0.72	9.75	34.04	36.9
10	2.90	19.50	68.08	18.46
20	11.60	39.0	136.15	9.23
40	46.35	78.0	272.3	4.61
Quartz				
10	1.00	11.5	34.0	31.3
20	4.02	23.1	67.0	15.6
40	16.06	47.3	135.0	7.6

間の最大距離 L_1 は式 (5.2)〜式 (5.3) によってそれぞれ与えられる.

$$d_m = \rho(1 - \cos\theta_c). \tag{5.2}$$

$$L_1 = 2\rho\sin\theta_c. \tag{5.3}$$

円筒内周における VCN のガーラント反射に関するボトルと入射 VCN のパラメータは, 式 (5.1)〜式 (5.3) により評価され, 表 5.1 に与えられる.

定性的な特性を具体的に検討しよう. 入射波長として 10nm の VCN, 直径 40cm の円筒を考えると, Ni-58 の反射面では, 円筒内側 4mm の幅で中性子の通路が形成され, 15.5 回の反射で円筒を一周する. したがって, 1 秒の貯蔵のためには, 31.4 周する必要があり, 反射回数は 487 回になる. VCN の波長が 40nm になると, 円筒内側の通路幅は 65mm と増大し, 一周の反射回数は 3.9 回と減少し, 1 秒の貯

蔵のための反射回数は 31 回と急減する. この議論で分かるように, 波長が長くなると, 広いビーム幅や大きな発散角の許容に加えて, 反射回数の急減があり, 貯蔵のために有利な条件が実現される.

いずれにしろ, 長期 (例えば, 100 秒) の貯蔵のためには多数回 (例えば, 数千回から数万回) の反射が必要である. したがって, 円筒内面のミラーに要求される性能は, 極めて高い反射率 (例えば, 0.9999), 極めて低い Off-specular 成分 (0.0001 以下), 円筒内面の正確な形状 (内面角度のずれが 5×10^{-5} 以下) 等の厳しい条件を実現する必要がある. 上記の充分低い Off-specular 成分を実現するためには, Bragg 反射に関する Off-specular 成分の測定から [3][4], roughness を 0.2nm 以下に抑えることが必要と推測される. そのような平滑な面に対しては, 反射率に関する光学的な評価がよい近似で成り立つだろう. 吸収をもつ物質に対する全反射領域の反射率, R, は式 (5.4) によって評価される [5].

$$R = \frac{(1-n')^2 + n''^2}{(1+n')^2 + n''^2}. \tag{5.4}$$

ここで, n' 及び n'' は屈折率 n の実数及び虚数部分であり, 次式により与えられる.

$$n = n' + in'',$$
$$n' = \left\{\frac{1}{2}(\sqrt{B'^2 + B''^2} + B')\right\}^{\frac{1}{2}},$$
$$n'' = \left\{\frac{1}{2}(\sqrt{B'^2 + B''^2} - B')\right\}^{\frac{1}{2}}. \tag{5.5}$$
$$B' = 1 - \frac{\rho b'}{\pi}\lambda^2,$$
$$B'' = \frac{\rho b''}{\pi}\lambda^2. \tag{5.6}$$

ここで, λ は中性子の波長, b' 及び b'' は中性子の散乱長 b の実数及び虚数部分であり, 次式により与えられる.

$$b = b' + ib'',$$
$$b' = \pm\left\{\frac{\sigma_s}{4\pi} - (\frac{\sigma_a}{2\lambda})^2\right\}^2,$$
$$b'' = -\frac{\sigma_a}{2\lambda}. \tag{5.7}$$

ここで, σ_s 及び σ_a は中性子のコヒーレント散乱断面積及び捕獲断面積である.

典型的な物質, Ni-58, Ni, 無水石英等に関する波長依存の反射率は表 5.2 に与えられる. 反射率から言えば, 無水石英が適している. すなわち, 臨界波長より長波長側直ぐに 0.9999 以上の高反射率が実現されている. しかし, 40nm より短い波長の VCN については, 上述のように, Ni-58 のような大きな臨界角をもつ物質が有利であろう.Ni-58 の場合でも 1.2 倍以上の臨界波長に対しては 0.9997 の反射率が実現される.

表 5.2: Ni-58, Ni 及び無水石英に関する中性子反射率の評価. 1 行目はミラー面に垂直な運動量成分に対応する波長, 2, 3 行目は各々 1 回反射及び 5000 回反射による反射率を示す.

Ni-58				
No. of Ref.	50 nm	60 nm	80 nm	100 nm
1	0.99927	0.99975	0.99986	0.99990
5000	0.02600	0.29000	0.51000	0.61000
Ni				
No. of Ref	60 nm	70nm	90nm	120nm
1	0.99912	0.99964	0.99980	0.99987
5000	0.01215	0.16736	0.35974	0.51143
Quartz				
No. of Ref.	120nm	130nm	140nm	160nm
1	0.32090	0.99996	0.99998	0.99999
5000	0.00000	0.84000	0.90000	0.94000

5.2.2 VCN の重力による貯蔵

円周方向に平行に入射する中性子の場合, それらの多くは, ガーラント反射により一周した後, 入り口から出てしまい, 蓄積されない. そこで, 本ボトル法では, 中性子を斜め上方に入射させ, 重力を利用して VCN を蓄積, 貯蔵する方法を採用する. しかし, 鉛直方向の重力は大きすぎるので, ボトルを傾けてその大

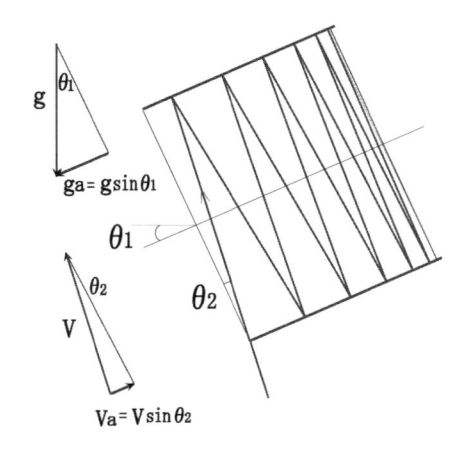

図 5.2: VCN ボトルの構造と制御された VCN の重力落下による貯蔵の原理

きさを抑制,制御する.一方,VCN の入射方向も制御して,20 cm 前後の実用的なボトル高さで,一回の上昇,下降で数秒の貯蔵時間を確保する.

中性子は,図 5.2 に示されるように,円筒底面に対して θ_2 の角度で上向きに入射される.円筒軸は水平面から θ_1 の角度に設置される.その時,中性子は,軸下方に重力 $g_a = g\sin(\theta_1)$ を受け減速され,頂点に達する.その後,下方向に加速され,下降し,確率的に入り口より円筒内面から出て行く.円筒軸を鉛直方向から傾けることにより,軸方向の重力を減少させ,短い円筒高さによっても中性子の長い滞在時間が得られることが本方式の原理的特徴である.円筒下面に反射リング板を設置し,また,出入り口を閉にすることにより,VCN は円筒内で上昇,下降を繰り返し,長時間の貯蔵が可能になる.

重力を利用したボトルによる VCN の貯蔵のパラメータは,ボトルの傾き角度 θ_1,入射ビームの角度 θ_2,中性子の波長 λ に依存して評価される.円筒軸方向の重力加速度の成分 g_a 及び中性子速度の成分 v_a は次式によって各々与えられる.

$$g_a = g\sin(\theta_1), \qquad (5.8)$$

$$v_a = v\sin(\theta_2) = g_a t. \qquad (5.9)$$

表 5.3: 中性子の重力落下を用いた VCN ボトルの仕様と特性. 4 つの中性子波長, 5 nm, 10 nm, 20 nm and 40 nm について評価された. 垂直ボトルの場合は "$1/\theta_1$" $= 90(\deg)$ の行に示される.

$1/\theta_1$	$1/\theta_2$	g_a (cm/sec^2)	v_a (cm/sec)	2t (sec)	$g_a t^2/2$ (cm)
λ=5 nm					
1/6.25	1/100	160	80	1	20
λ=10 nm					
1/50	1/100	20	40	4	20
1/12.5	1/50	80	80	2	40
1/6.25	1/50	160	80	1	20
1/1.6	1/25	520	160	0.62	25
90(deg)	1/14	980	280	0.57	40
λ= 20 nm					
1/12.5	1/25	80	80	2	20
λ=40 nm					
1/50	1/25	20	40	4	40
1/25	1/25	40	40	2	20
1/12.5	1/12.5	80	80	2	40

また, VCN の貯蔵時間 $2t$ 及び必要なボトルの高さは, 式 (5.10) 及び (5.11) によって各々与えられる.

$$2t = 2\frac{v_a}{g_a}, \tag{5.10}$$

$$\frac{1}{2}g_a t^2 = \frac{1}{2}\frac{v_a^2}{g_a}. \tag{5.11}$$

これらの式を用いると, VCN 貯蔵パラメーターが評価できる. 典型的な評価結果は表 5.3 に示される.

典型的な場合についてボトルの特性を具体的に考えよう. ボトルを 1/25 傾ける場合, 10 nm の VCN をボトル底面に対して 1/100 の角度で入射した時, VCN

は円筒軸方向にらせん的に運動し,1秒後に軸方向20 cm上昇した所で頂点に達し,その後1秒後に入射位置に戻ってくる.ボトルを鉛直にする場合,同じ波長のVCNを1/28.5の角度で入射したとき,軸方向10 cm上昇して0.286秒後に入射位置に戻ってくる.40 nmのVCNでは,ボトルを1/100傾け,VCNを1/50の角度で入射するとき,軸方向20 cmのところで,頂点に達し,4秒後に元の位置に戻る.

ボトルで長期間貯蔵するためには,ボトル内の中性子密度の増加が飽和する前に,シャッターを閉にする必要がある.上述のように入射位置に戻るまでに数秒の時間があれば,機械的なシャッターの開から閉への期間は,その数倍が最適であり,その間に貯蔵される中性子数は,応用のために充分大きくなると期待される.ところで,貯蔵される中性子の数は,シャッターの開いている時間に比例するので,戻るまでの時間が長い方が貯蔵には有利である.ボトルの長さを長くすれば,貯蔵時間を長くすることは可能であるが,中性子の密度は上がらない.したがって,ボトルの長大化はボトルの高性能化にはつながらない.

VCN貯蔵密度を増大させる効果的な方法は,VCNの減速である.すなわち,円筒円周のある場所に磁気減速装置[6]を設置することが出来れば,円周に沿ってらせん的に運動しているVCNを一周ごとに減速させることができる.そこで,VCNはボトルの入射窓のミラーを透過して入射するが,充分な減速を受けて戻ってきたVCNは反射されると仮定する.このような場合,連続的に入射するVCNは,すべてボトルに貯蔵され,ボトル内のVCN密度を増大させることが可能となる.

通常のUCNボトルに比して本ボトルでは次のような光学的特徴が期待される.

1. ボトル実験を中性子強度の大きいVCN領域に拡張する.
2. roughnessの小さなミラーからの反射を用いるので,高反射率ひいては中性子貯蔵寿命の長期化が期待できる.
3. また,光学的方法により反射率が良い近似で評価できる.
4. 磁気減速により中性子の高密度化が期待できる.
5. 貯蔵される中性子通路が決まり,その運動方向が周期的に繰り返される.このことは,次に述べるように電場や重力等との微弱な相互作用を観測する

とき極めて有利な特徴である.

5.3 VCNボトルに適用されるスピン干渉法

VCNボトルに適したスピン干渉法の概念は図5.3に示される.ボトル内においては,中性子の速度や貯蔵時間は大きな分散をもつ.このような条件の中性子系に適したスピン干渉法は,図5.3に示されるように,Ramseyのスピン共鳴法と同様に,分波器,重ね合わせ器($\pi/2$フリッパー)として共鳴フリッパーを用い,全体にかけられるガイド磁場の強さをフリッパーの共鳴条件に等しくすることである.この方法はUCNボトルを用いた中性子EDM測定に用いられている[1].

分波器の出口における分波間の位相差Φ_0は,RFフリッパーにかけられる振

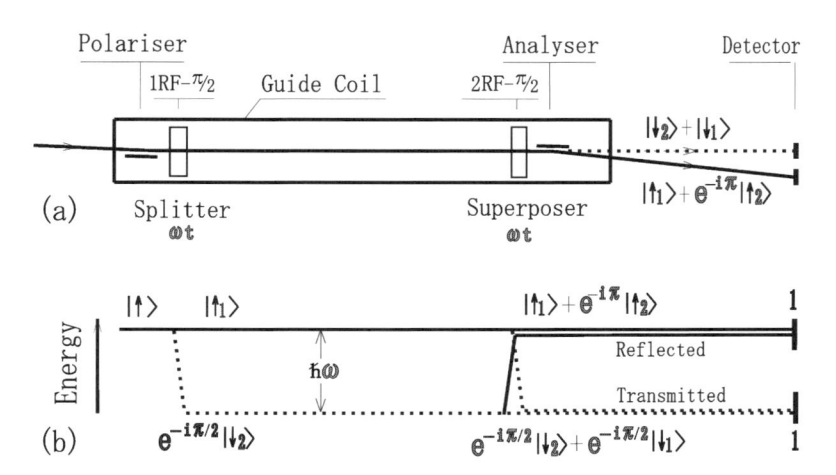

図5.3: VCNボトルに適用されるスピン干渉法の概要. (a) 分波器と重ね合わせ器には$\pi/2$RFフリッパーが用いられる.分波器と重ね合わせ器の間のガイド磁場は共鳴磁場と同じ強度に調整される. (b) スピン干渉の説明. 2つの分波の物理状態と分波間の位相差のキャンセル.

動磁場の位相によって与えられる [7][8]. すなわち,

$$\Phi_0 = \omega_0 t_0 + \Delta_0. \tag{5.12}$$

ここで, ω_0 は振動磁場の角速度, t_0 は中性子の入射時間, Δ_0 は振動磁場の位相定数である. 分波器と重ね合わせ器の間で生じる位相差 Φ_{ss} は次式で与えられる.

$$\Phi_{ss} = \omega_0 t_{ss} - k L_{ss}. \tag{5.13}$$

ここで, t_{ss} はフリッパー間の飛行時間, k は2つの分波の波数の差, L_{ss} はフリッパー s 間の距離である.

RF フリッパー間の磁場の強さが共鳴磁場と等しいとき, 式 (5.13) の右辺の第1項と第2項はキャンセルし, 位相差 Φ_{ss} はゼロになる. また, 分波器と重ね合わせ器の振動磁場の位相がお互いに完全に同期がとれている場合, 分波器で付加される震動磁場の位相も, 重ね合わせ器で完全にキャンセルされる. したがって, 中性子の貯蔵時間や速度に分散があっても分波間の位相差は, ゼロであり, 分散は生じない [7][8].

ガイド磁場の強度が空間的, 時間的に共鳴磁場から僅かにずれる場合, Φ_{ss} に分散性の位相差が生じる. この場合でも, 共鳴磁場とガイド磁場の方向を周期的に反転することにより, ずれによる位相差の分散をキャンセルさせることができる. また, 電場の場合でも, その方向を周期的に変えれば, 電場との相互作用をキャンセルさせることが可能である. 貯蔵された中性子系に適用されるこれらの時間的な反転は, 中性子の貯蔵時間や速度に無関係に, 精度良く位相差をキャンセルさせることができる優れた方法である. 例えば, 磁場の強さに $1~\mu T$ の低周波の揺らぎがあっても, 1 msec ごとに磁場を反転させれば, 位相差の分散は 1/33 以下になり, 高ビジビリティの干渉パターンの観測が可能になる.

VCN ボトルにスピン干渉を適用する一般的な配置は, 図 5.4 に示される. ボトルは分波器と重ね合わせ器との間に設置される. 中性子はスピンの方向がボトル内の磁場と垂直になるように入射させる. そうすれば, ボトル内の磁場による位相差は生じないので, スピン固有状態間には相互作用の違いに基づく位相差 ϕ だけが導入される.

$$\phi = \omega t, \quad \hbar \omega = U. \tag{5.14}$$

第 5 章 極冷中性子ボトルを用いたスピン干渉実験法の開発と微弱相互作用の検出   155

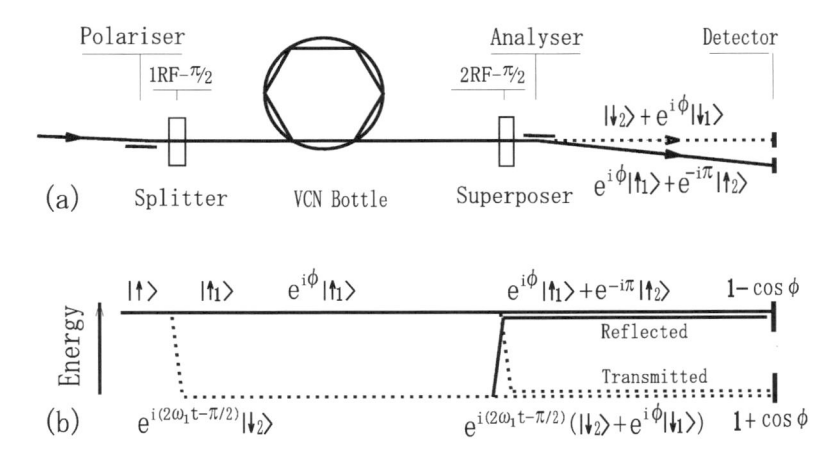

図 5.4: VCN ボトルに適用されるスピン干渉法. (a) 配置と (b) 生じる位相差の説明.

ここで, t は中性子のボトル貯蔵時間, U は分波間のポテンシャル差. 磁場によりポテンシャル差が生じるとき, $U = 2\mu B$ である. この位相差を測定すれば, 相互作用の大きさを評価することが可能である.

ところで, 非常に弱い相互作用を測定するとき, 地磁気の揺らぎ等は致命的に大きな外乱をもたらす. 例えば, 従来の中性子 EDM の測定では地磁気の影響の除去や Schwinger 相互作用の除去において充分とは言い難い.

そこで, それら外乱を検出対象の相互作用ポテンシャルより小さく抑制することが不可欠である.VCN ボトルでは, 中性子通路は円筒内周に制限され, また, その運動方向は円周に沿って周期的に繰り返される. そのような系に適切なスピン干渉法を適用すると, 後述のように, 微弱な相互作用の検出に致命的に有害な地磁気の影響や Schwinger 相互作用等を制御, 消去することが出来る. このことが,UCN ボトル法と異なる上記 VCN ボトル法の特徴である.

5.4 スピン干渉による微弱な相互作用の検出

VCNボトルを用いたスピン干渉法により,中性子スピンとの微弱な相互作用を測定する4種の測定法について議論する.それはSchwinger相互作用 $\mu(\boldsymbol{E}\times\boldsymbol{v}/c)$,中性子EDM,重力のスピン依存性及びスピン依存の中性子電荷の測定である.はじめに,位相差に致命的な外乱を与える地磁気の影響をキャンセルする方法について議論する.

5.4.1 地磁気の影響を消去するスピン干渉法

日本における地磁気は,時間平均として約 $30~\mu T$ であり,また,およそ100秒の周期で約 $0.1~\mu T$ の振幅で不規則に揺らいでいる.これら磁場との相互作用の大きさは,4.2×10^{-12} eV 及び 1.2×10^{-15} eV である.揺らぎの項は位相分散に寄与する割合が大きいので,とくに,注意が必要である.これらの値は,例えば,10^{-20} eV のポテンシャルから生じる位相差に比して 4.2×10^8 倍及び 10^5 倍大きい.このことは 10^{-20} eV の相互作用を測定するために 10^8 以上の地磁気の遮蔽が必要であることを示しているが,それは容易ではない.そこで,スピン干渉により,地磁気の影響を除去することが重要になる.

地磁気による位相差を生じさせないようにする方法として,その変動に比して充分に短い周期で中性子スピンを等速に回転させることが考えられる.その場合,地磁気により生じる位相差は一周すればキャンセルされる.しかし,スピン干渉法で適用される弱い磁場で中性子スピンを回転させることは困難である.ところで,スピン干渉では,スピン固有状態は,適用される量子化軸を決める磁場に平行になっている.また,VCNボトルでは,中性子は円筒内周を円周方向に周回している.したがって,図5.5に示されるように,磁場をボトル円筒半径方向あるいは円周方向に適用させると,中性子が一周するに従って,分波されたスピン固有状態もスピンの方向を一回転させる.すなわち,この場合,中性子スピンの方向は変らないが,位相差をもたらすスピン固有状態の方向は,中性子が円筒内周を周回するのと同じ周期で回転している.結果として,この回転は,地磁気により分波間に生じる位相差をキャンセルさせることを可能にする.このように円周方向に中性子の進行が限定される VCN ボトルでは,磁場の方向を適当に選択し,スピン干渉を適用すると地磁気の影響を原理的にキャンセルさ

せることができる.その上で,地磁気の遮蔽をすれば,地磁気の影響を充分に除去することが可能となり,微弱相互作用の高精度の検出に道を拓くことが期待される.

5.4.2 Schwinger 相互作用, $\mu \cdot (E \times v/c)$ の測定

スピン固有状態の方向を決めるための磁場は,ボトル円筒半径方向に,従って,ボトルに入射中性子のスピンは円筒軸方向である.その場合,電場もまた円筒軸方向にかけられる.その時,磁場による位相差は地磁気を含めてキャンセルされる.一方,ベクトル積 ($E \times v/c$) の方向は,半径方向になるため,Schwinger 相互作用は最大値になる.適用される電場の強さを $\pm 2 \times 10^4$ V/cm と仮定すると,10 nm の中性子に対して 1 秒の貯蔵時間あたり,0.168 rad の位相差が生じる.10 秒の貯蔵時間では,電場を変化させることにより,±0.84 rad にわたる干渉パターンが測定できよう.もう一つの方法は,磁場を円筒軸方向に,電場を円筒半径方向にそれぞれかける.この場合も,Schwinger 相互作用は最大になる.半径方向の電場の場合,$\pm 1.5 \times 10^5$ V/cm の電場をかけることができるので,10 nm の中性子に対して,1 秒の貯蔵時間あたり,1.2 rad の位相差が生じる.地磁気を 1/100 に遮蔽すれば,それによる位相分散は 1 秒あたり 0.1 rad に抑制されるので,1 秒の貯蔵時間でも Schwinger 相互作用を検出することが可能になろう.なお,水晶の結晶場における Schwinger 相互作用は測定され,ほぼ予測値を与えている [9].

5.4.3 中性子 electric dipole-moment(EDM), $d \cdot E$ の測定

中性子 EDM の測定では,図 5.5 に示されるように,EDM と電場との相互作用より何桁も大きい磁場や Schwinger 相互作用等を消去することが重要であると共に,変動する地磁気の影響を充分に抑制することが不可欠である.最近,地磁気を精度よく測定し,その影響を正確に評価する試みが行われている [10].しかし,それを充分に抑制することが適切な方法であることは自明であろう.

ボトルに入射する中性子スピンの方向は円筒軸方向である.磁場及び電場の方向は,共に円筒径方向にかけられる.この場合,5.4.1 節に述べたように,地磁気

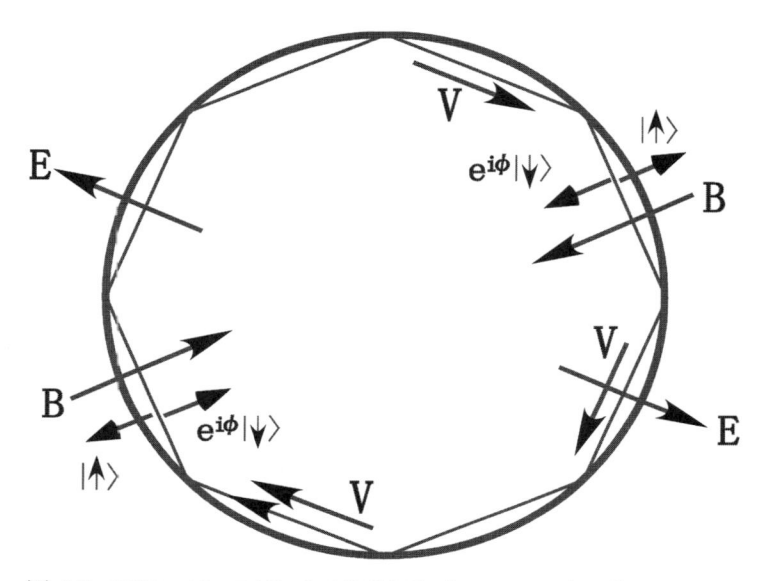

図 5.5: VCN スピン干渉による地磁気及び Schwinger 相互作用のキャンセルと中性子 EDM の精密測定法. 中性子スピンは紙面に垂直である. 量子化磁場及び電場は円筒半径方向である. 中性子のスピン分波は, 量子化磁場の方向のスピン固有状態によって行われる. 中性子が円筒を一周する間に, スピン固有状態は 2π 回転し, 地磁気に起因する位相差はキャンセルされる. $\boldsymbol{E} \times \boldsymbol{v}/c$ は量子化磁場と垂直になり, 位相差は生じない. 中性子の EDM がスピンと同じ方向であれば, $\boldsymbol{d} \cdot \boldsymbol{E}$ による位相差だけが生じる.

による位相差がキャンセルされると同時に, Schwinger 相互作用もキャンセルされる. すなわち, ベクトル積 ($\boldsymbol{E} \times \boldsymbol{v}/c$) はスピン固有状態のスピンの方向とほぼ直角になるため小さな値に抑制されるが, 上昇と下降の過程でそれらもキャンセルされる.

その上で, 地磁気等の外部磁場は 1/1000 に遮蔽される. 適用される量子化磁場の強さは $1\ \mu T$ であるので, 地磁気などの外部磁場は, それより十分小さい値, 例えば, $10^{-3} \sim 10^{-4}$ に遮蔽される. 中性子 EDM, $\boldsymbol{d}$, が磁場と同じ方向にあるとすれば, スピン固有状態間の位相差は, 電場との相互作用 $\boldsymbol{d} \cdot \boldsymbol{E}$ により生じることになる. 電場の方向を逆転させれば, 位相差も逆転され, 2 倍の大きさで測定

される.

　10^{-26} e·cm の EDM を検出するためには，$\pm 2 \times 10^5$ V/cm の電圧を仮定しても1秒あたりの位相差は，$\pm 3 \times 10^{-6}$ rad である．167秒の貯蔵時間で 1×10^{-3} rad である．これは他の外乱が無視できる条件を実現しても 1/1000 の中性子計数の変化を測定しなければならず，統計誤差を充分下げるためには長期の安定な測定が必要であることを示している．

　ここで，UCN ボトルを用いる場合，Schwinger 相互作用により生じる位相差を評価してみよう．UCN の波長を 60 nm とすると，最大の位相差は，上記の電圧と貯蔵時間を仮定すると,33.6 rad である．平均値を 0.5 と仮定すると，それは 16.8 rad になる．この値は EDM により生じる位相差の約 1.7×10^4 倍に達する．ボトル内の UCN の平均自由行程の長さを 20cm とすると，5000回の反射によるランダムな運動方向により Schwinger 相互作用から生じる位相差を抑制することになる．この場合導入される位相差の分散，ϕ_S，は，次式で評価される．

$$\begin{aligned} \phi_S &= (16.8/5000)\sqrt{5000} rad \quad (5.15) \\ &= 0.23 rad. \end{aligned}$$

この位相分散は EDM による位相差に比して2桁大きい．従って，$10^{-26} e \cdot cm$ の EDM 検出に対しても大きなシステマチックエラーが導入され，測定値の実験精度を大幅に低下させる原因になり得ると評価される．本方法では，これらの影響を精度良くキャンセルできることが特徴である．

　これまでの EDM 測定には，上記の問題があるが，代表的な測定結果は，$< 0.63 \times 10^{-25}$ e·cm [10] 及び $0.3 \pm 4.8 \times 10^{-25}$ e·cm [1] である．これらの小さな値に対しては，システマチックエラーの影響は不可避であると思われる．

5.4.4　地球重力のスピン依存性の検出

　重力にスピン依存性 [9] があるとすると，重力との相互作用による位相差は，重力のボトル円筒軸方向の成分と貯蔵時間との積に比例する．従って，ボトルの傾きあるいは上面反射板を移動させることにより，その積の値を変化させ，位相差の変化を測定すれば，重力のスピン依存性が検出できる．

　この場合,かけられる磁場の条件は5.4.3節の EDM の測定と同様である．中性子貯蔵時間として 100 秒，1/1000 rad の位相差が検出可能と仮定すると，$6.7 \times$

10^{-21} eV の感度で, 重力のスピン依存性を測定することが可能である.

5.4.5 スピン依存の中性子電荷の測定 : $e_n \cdot V$

これまでの中性子電荷の上限測定によると, その値は, $0.4 \pm 1.1 \times 10^{-21}$ 及び $1.5 \pm 2.2 \times 10^{-20}$ electron unit である [11][12]. ここでは, 従来の測定と異なり, スピンに依存する中性子電荷の上限測定を行う.

仮に, 中性子の電荷が磁気モーメントの向きに依存すると仮定すると, やはり, その量を精度良く検出できる. 電荷のスピン依存性は, 中性子が反対向きの磁気モーメントの重ね合わせから成り立っていると仮定すればよい. 磁場があればいずれかの状態を取ることになる. この場合, 磁気モーメント依存の電荷があっても磁場のないところでは, 中性子としての電荷はゼロになり得る.

この場合, かけられる磁場の条件は 5.4.3 節と同様である. 電圧は円筒軸方向にかけられる. 100 秒の中性子貯蔵時間と 2×10^5 V の電圧, 1 mrad の位相差の検出を仮定すると 3.5×10^{-26} electron unit の検出感度で中性子電荷の測定が可能である. この値は, 物理的意味は異なるが, 従来のスピン依存でない中性子電荷の上限測定値を大幅に改善する.

5.5 おわりに

VCN ボトル法では, 面精度の良い鏡面によるガーランド反射と制御された重力を用いて VCN を貯蔵する. この方法では, 中性子の運動方向と通路が決められる. このようなシステムに多様なスピンエコー法を適用することにより, 中性子スピンと磁場, 電場との相互作用を制御, 抑制することが可能になる. 具体的には, 磁場, 電場を周期的に反転すること, あるいは磁場, 電場の方向を周期的に変化させること等により特定の相互作用をキャンセルさせることが可能である. すなはち, システマチックエラーの原因となる相対的に大きな外乱をキャンセルし, 微弱な相互作用そのものを測定することが可能になる. その結果, 微弱な相互作用の検出精度, 検出感度を飛躍的に高めることが可能になると期待される.

参考文献

[1] J.M.Pendlebury, K.F.Smith, R.Golub, J.Byrne, T.J.L.Mccomb, T.J.Sumner, S.M.Burnett, A.R.Taylor, B.Heckel, N.F.Ramsey, K.Green, J.Morse, A.I.Kilvington, C.A.Baker, S.A.Clark, W.Mampe,P.Ageron, P.C.Miranda, Phys. Lett. **136B** (1984) 327.

[2] W.Paul, F.Anton, L.Paul S.Paul, W.Mampe, Z. Phys. C **45**(1989) 25.

[3] T.Ebisawa, S.Tasaki, T.Kawai, T.Akiyoshi, M.Utsuro, Y.Otake, H.Funahashi, N.Achiwa, Nucl. Instr. & Meth. A, **344** (1994) 597.

[4] Y.Otake, H.Funahashi, T.Ebisawa, S.Tasaki, Physica B **213** & **214** 945-947, 1995.

[5] T.Ebisawa, T.Akiyoshi, N.Achiwa,S.Yamada and S.Okamoto, Annu. Rep. of Res. React. Inst. Kyoto University, **14** (1981) 10.

[6] K.Sakai, private communication.

[7] 山崎大, 京都大学大学院原子核工学博士論文 (2002).

[8] D.Yamazaki, Nucl. Instr. & Method Phys. Res. A **488** (2002) 623.

[9] B.J.Venema, P.K.Majumder, S.K.Lamoreaux, B.R.Heckel, E.N.Fortson, Phys. Rev. Lett, **68** (1992) 135-138.

[10] P.G.Harris et al., Phys. Rev. Lett. **82** (1999) 904.

[11] J.Baumann et al, Phys.Rev. **D37** (1988) 3107.

[12] R. Gaehlar, J.Kalus, W.Mampe, Phys.Rev. **D25** (1982) 2887.

第6章　中性子波による遅延選択実験

河合　武

6.1　中性子を用いた遅延選択実験

　1978年, J. A. Wheeler は光子が第1の半透膜（分波器）で分波された後にどのように伝搬するのかという問題に対する Bohr の解釈が正しいことを実証するために遅延選択実験という思考実験を提案した [1]. この思考実験は, 光子が第1の分波器で分波された後, 再び重ね合わせられる点に光子が到達したときに重ね合わせ器を置くか置かないかを選択することで, 光子がいずれの道を通ったかを調べようとして考えられたものである. この実験をするには, 光子が分波器を通ったということを確かめた後, 重ね合わせ器まで来たときに, 重ね合わせ器を置いた状態と除いた状態を実現することが必要である.

　最近著者らは, ボゾンである光子と異なり, フェルミオンで, 物質波である中性子を用いた遅延選択実験に成功した. このために開発されたのが冷中性子パルサーである. これは, 中性子偏極ミラーをパルス磁場中に置いたもので, これを用いるとパルス状の偏極中性子を取り出すことができる [2]. これを, Jamin 型中性子干渉計の重ね合わせ器の役目をする第2複合ミラーとして用いると, 分波器である第1複合ミラーを通過した, ミラーの磁化方向に平行なスピン（上向きスピン）を有する中性子が第2複合ミラーに到達したときに, 上向きスピン中性子に対して重ね合わせ器がある状態とない状態を作ることができる. また, 第1複合ミラーを中性子が通ったかどうかは Jamin 型干渉計の前に置かれた π フリッパーをパルス的に駆動し, 中性子の速度に合わせて第2複合ミラーのパルス駆動を同期させることで, 上向きスピンを有する中性子が第2複合ミラーに到達したときに, 上向きスピン中性子に対して重ね合わせ器がある状態とない状態を作ることに成功した [3].

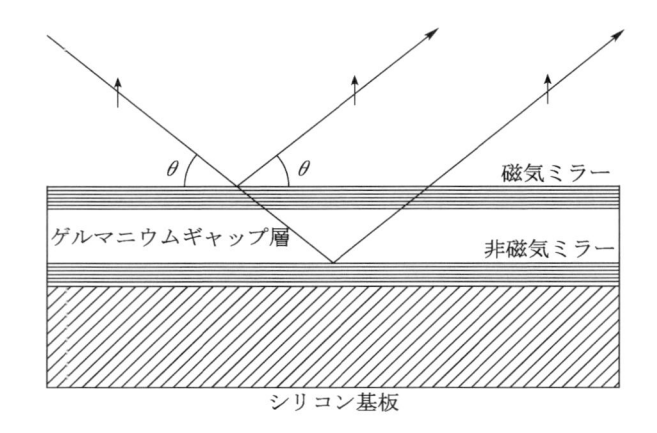

図 6.1: 遅延選択実験に用いるために製作された多層膜複合ミラー

6.2 複合偏極ミラー

ここで,遅延選択実験に用いた複合偏極ミラーについて説明しておこう.図 6.1 に示されるように,基板は直径が 7cm のシリコンウエファである.その上にまず,Ni/Ti 多層膜を蒸着し,次にギャップ層と呼ばれるゲルマニウム層を 200nm,次いで,パーマロイ (Permalloy)/Ge の多層膜 (PGM) を蒸着したものである.表面の PGM 多層膜は,偏極中性子がこの多層膜ミラーに入射すると,一部が反射し,残りは透過するような厚さに製作され,透過した中性子は Ge の層を通り,底面の多層膜で反射する.このことから分かるように,表面の多層膜は,波の振幅を分割する分波器(wave splitter)の役目をし,ゲルマニウムの層は表面で反射した波と底面で反射した波との間に位相差をつける位相シフター(phase shifter)の役目をしている.このようなミラーを複合多層膜ミラーと呼んでいる.また,表面の PGM 多層膜は反射率が約 10% になるような厚さに作られている.

この複合多層膜ミラーを用いて干渉を起こさせるには,これと同じ層厚分布をしているもう 1 枚の複合多層膜ミラーを約 50 cm 離し,対称的に図 6.2 のように置く.

こうすると,図 6.2 からも理解できるように,最初のミラーで作られた位相差

第6章 中性子波による遅延選択実験

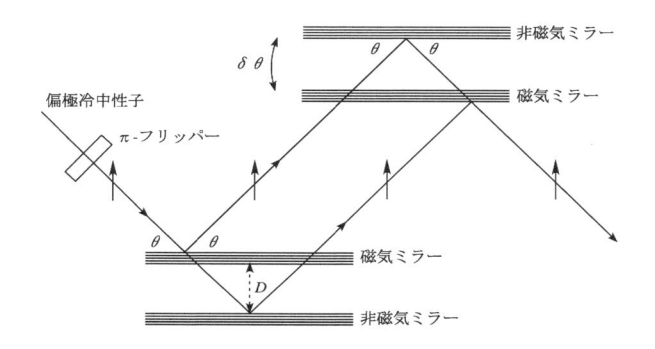

図 6.2: 遅延選択実験における複合多層膜ミラーの配置

が，2枚目のミラーで補償され，キャンセルされるような角度位置に置かれた場合には，中性子強度が強くなり，位相差が補償されない角度位置に置かれた場合には，強度が弱くなる．実際には，最初のミラーに対して2番目のミラーの角度をわずかに変化させて，2枚目のミラーから反射してきた中性子を測定すると，図 6.3 のような中性子の干渉縞が得られる．このような干渉計は光の場合の Jamin 型干渉計と原理は同じであるが，舟橋らにより，中性子を用いて干渉縞が最初に観測された [4]．

パーマロイのような強磁性体のミラーは，その磁気ポテンシャルを利用して，中性子のスピン状態を制御する機器として用いることができる．しかもパーマロイを用いた磁気ミラーは，数ガウスという低い外部磁場で磁化が飽和するので，磁化の方向を制御することも容易である．複合多層膜ミラーの表面の PGM は，磁化方向に平行な方向に偏極した中性子に対して，分波器 (wave splitter) の役目をしている．Ge のギャップ層は位相シフターであり，底面の Ni/Ti の多層膜によって，表面の PGM で分波された波が反射する．このように作られた2枚の複合多層膜ミラーを Jamin 型干渉計の配置に，図 6.2 のように置く．2枚目の複合多層膜ミラーは一枚目で作られた位相差を補償する役目を持っている．

遅延選択実験の場合，前の例と異なるのは，2枚目の複合多層膜ミラーが，振幅 0.002Tesla のパルス磁場中に置かれていることである．こうすることによって，中性子が分波器（wave splitter）の役目をする1枚目の複合多層膜ミラーを通った後で，再び重ね合わされる位置に到達したとき，Ge の層で生じた分波

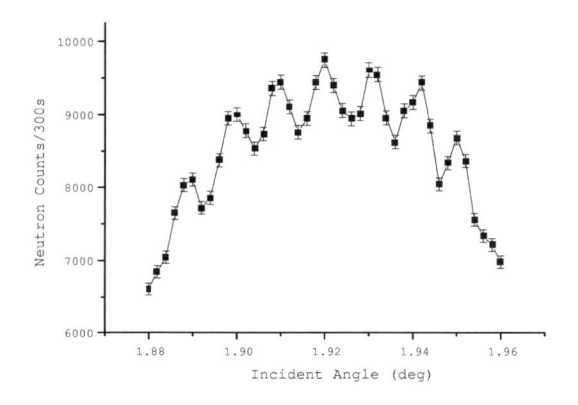

図 6.3: Jamin 型干渉計で 2 枚目の複合多層膜ミラーの角度を変化させた時得られた干渉縞

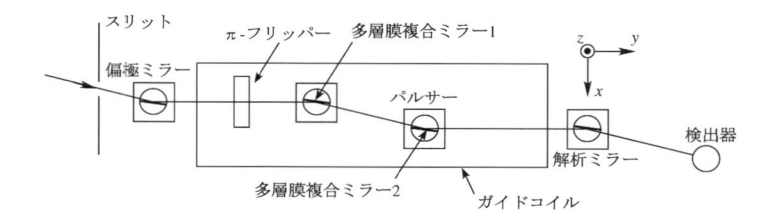

図 6.4: 遅延選択実験の配置図

第6章 中性子波による遅延選択実験

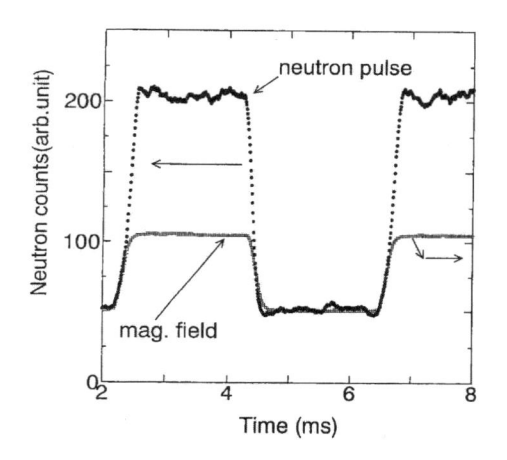

図 6.5: 複合多層膜ミラーをパルス磁場中に置いた時, 得られた中性子数の時間的変化. パルス状になっていることが分かる.

間の位相差を補償し, 重ね合わせる役目をする2枚目の複合多層膜ミラー (分波重ね合わせ器:wave superposer) のPGMを, 導入するか除くかの条件を作ることができる. すなわち2枚目のPGMは光学スイッチとして働く. このことは, 図6.2から理解できるであろう. 図6.2はこの複合多層膜ミラーをパルス磁場中に置いた時に得られた中性子強度の時間的変化を示したものである.

6.3 遅延選択実験

遅延選択の意味を説明しよう. 遅延選択とは, 中性子が1枚目の分波器を通った後に, 2枚目の分波重ね合わせ器を入れるか除くかを選択することである. ここで, 2つの遅延選択モードを作り出そう.

1. 一つは, 中性子が分波器に到達した時には, 分波重ね合わせ器は置かれていないで, 中性子が分波器を通った後に, 分波重ね合わせ器を導入するモード.
2. 他は, 中性子が分波器に到達した時には, 分波重ね合わせ器は置かれていて, それを, 通った後に, 分波重ね合わせ器を取り除くモード.

この2つのモードを作り出す. つまり, 分波重ね合わせ器を置くか, 除くかは, 中性子が分波器を通った後に決定する. これが「遅延選択」の意味である.

遅延選択実験の実験配置図は, 図 6.4 に示すが, 中性子を時間的に追跡するために便利な図を図 6.6 に示す. 図 6.6 は, 波長 1.26nm の中性子が, 偏極ミラー (Polarizer) で磁化に平行な中性子スピン状態のみが取り出された後, 時間的に π フリッパー, 分波器, 分波重ね合わせ器を順次通過していく様子とそれらを通っているときに, π フリッパーがあるかないか, 分波重ね合わせ器があるかないかを示している.

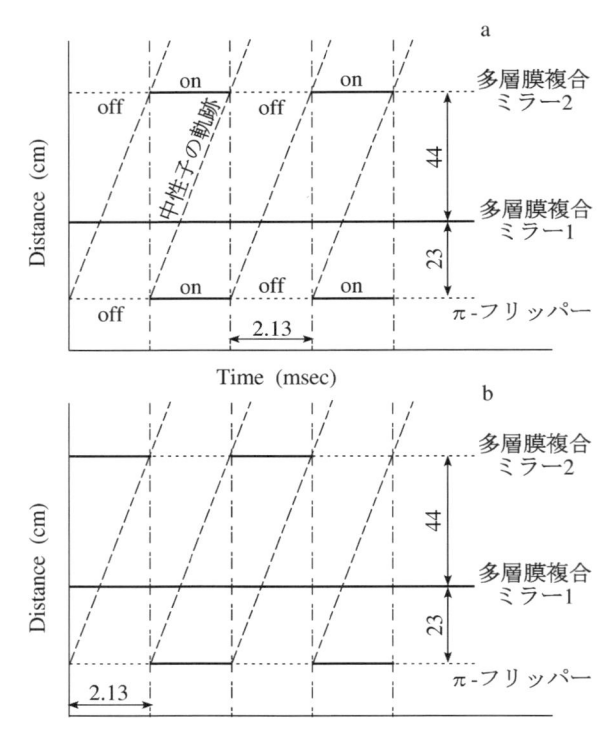

図 6.6: 中性子の時間的軌跡. a 図は, 中性子が分波器を通った後に分波重ね合わせ器を導入するモードを表し, b 図は, 分波器を通った後に重ね合わせ器を取り去るモードを表している.

第6章 中性子波による遅延選択実験

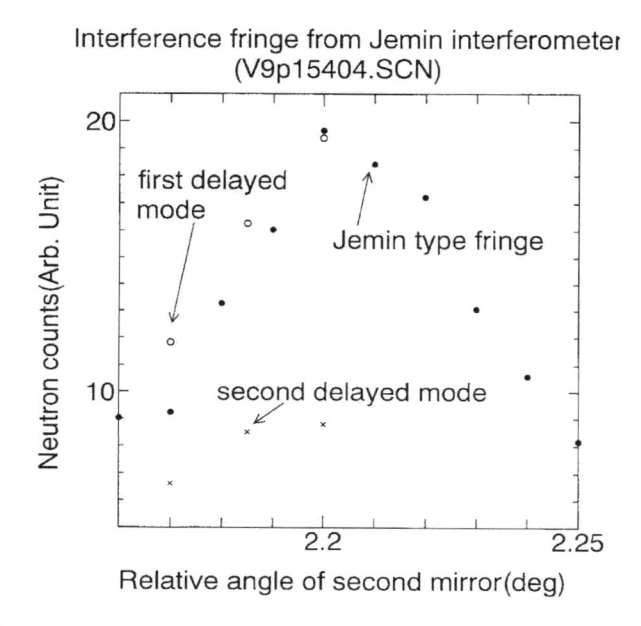

Interference fringe from Jemin interferometer (V9p15404.SCN)

図 6.7: Jamin 型干渉計の配置で行った遅延選択実験の結果．(1) のモードでは，干渉縞の強度は通常の Jamin 型の場合と同じだが，(2) のモードではそれが消えている．

この図から分かるように，遅延選択の条件は，π フリッパーのコイルに流す電流の on-off の周波数と，分波重ね合わせ器を働かせるパルス電流のトリガの周波数を 234Hz に固定し，(1) と (2) のモードは，それらの位相が半周期ずれるようにして作られている．その半周期に相当する時間，2.13ms の間に 1.26nm の中性子は π フリッパーから分波重ね合わせ器まで飛行する．

この実験結果を，図 6.7 に示す．(1) のモード，つまり，中性子が分波器を通った後に，分波重ね合わせ器を導入した場合には，この装置配置で，Jamin 型干渉計として測定した場合の干渉縞の強度と同じ強度の干渉縞が得られたが，(2) のモードでは，干渉縞は消えた．

このことから，分かることは，干渉縞が得られるかどうかは，中性子が分波器を通った後に，分波重ね合わせ器が導入されるか，除かれるかで，決定されると

いうことである．遅延選択という条件は干渉には影響を与えていない．これから，中性子は分波器で分波された後，両方のパス（経路）を等しい確率で伝播していることが分かる．量子波がこのように不思議とも思える性質をもつことはBohrが唱え，こういう実験をすれば，そのことが実証できるであろうと，主張したのが，Wheelerである．ボゾンである光を用いた実験は，T. Hellmuthが1986年に成功し [5]，フェルミオンである中性子を用いた実験は，KURのグループが1998年に初めて成功した [3][6]．

　現在も，中性子を用いて，量子力学の基本的概念を実験的に検証するための実験や，中性子の基本的な性質を測定することによって，自然界が成立している基本的な機構を明らかにする実験が行われている．

参考文献

[1] J. A. Wheeler, in A. R. Marlow(Ed.),*Mathematical Foundations of Quantum Theory, Academic Press*, New York, 1978, pp.9-48.

[2] T. Kawai, T. Ebisawa, S. Tasaki, M. Hino, D. Yamazaki, H. Tahata, T. Akiyoshi, Y. Matsumoto N. Achiwa, Y. Otake, Nucl. Instrum. Methods, **A410** (1998) 259-263.

[3] T. Kawai, T. Ebisawa, S. Tasaki, M. Hino, D. Yamazaki, T. Akiyoshi, Y. Matsumoto N. Achiwa, Y. Otake, Nucl. Instrum. Methods, **A410** (1998) 259-263.

[4] H. Funahashi, T. Ebisawa, T. Haseyama, M. Hino, A. Masaike, Y. Otake, T. Tabaru, S. Tasaki, Phys. Rev, **A54** (1996) 649.

[5] T. Hellmuth, A. G. Zajonc and H. Walther Proc. New York Conference, (1986)108-114.

[6] T. Kawai, T. Ebisawa, S. Tasaki, M. Hino, D. Yamazaki, T. Akiyoshi, Y. Matsumoto N. Achiwa, Y. Otake, Physica, **B241-243** (1998) 133.

第7章 共鳴スピンフリッパーを用いた冷中性子スピン干渉法

山崎 大

7.1 はじめに

　本章では共鳴スピンフリッパー (Radiofrequency Flipper, RFF) を用いた冷中性子スピン干渉法について紹介する．1.7 節で述べたように，冷中性子スピン干渉法とは，冷中性子をスピン状態空間で分波し，重ね合わせることにより，スピン固有状態 $|z+\rangle$ と $|z-\rangle$ の間の位相差を観測する干渉法のことである．

　これまで利用されてきた冷中性子スピン干渉システムは，基本的に DC $\pi/2$ フリッパーをスピン状態空間での分波・重ね合わせに利用する．この場合，分波してから重ね合わせるまでの間で2状態間に分散性の位相ができる．分散性の位相は干渉パターンの観測を妨げるので，これを相殺する機構が必要である．そのために2つの DC $\pi/2$ フリッパーの間に DC π フリッパーを置く必要があった．

　ここ紹介するスピン干渉計では，分波と重ねあわせに RFF を用いる．RFF については，1.6 節で述べた．RFF の特徴はスピン遷移（分波・重ね合わせ）にエネルギーの変化が伴うこと，共鳴条件の下で分波間に分散性位相が生じないこと，分波間の位相を RFF の振動磁場の位相によって容易に変えられることである．したがって RFF を用いれば，2つのスピン固有状態間にエネルギー差をつけた干渉実験が可能になる．分散性位相を相殺する機構なしに干渉計を組むことができる．発振器で振動磁場の位相を変えていくことで，干渉パターンを得ることも可能になる．

　本章ではまず，2つの RF $\pi/2$ フリッパーを用いた冷中性子スピン干渉計 [1] について述べる．この干渉計では，RFF で分波・重ね合わせを行うので分散性位相ができにくい．したがって，スピン干渉実験が高精度で行えるとともに，分散性位相の相殺機構が不要であることから，システムの小型化が可能となる．

また，このシステムでは干渉パターンの観測方法として3通りが考えられる．すなわち時間的に振動する干渉パターン，RFFの振動磁場の位相をずらすことで得られる干渉パターン，2つのRFFの間に置かれたアクセラレータ・コイルの電流を変えることで得られる干渉パターンの3種類である．このシステムは実験の用途に合わせて適当な方法を選ぶことができる．

また，時間的に振動する干渉パターンを観測する際，測定する中性子は異なるエネルギー，異なる運動量をもつ2状態の重ね合わせとして表される．このことは，測定されるビームが時間的かつ空間的な周期的密度分布を持っていることを示している．以上の内容は7.2節で述べる．

RFFを用いて中性子スピン干渉が実現できるのであるから，スピンエコー分光器を開発することも可能である．しかし，そのためには高周波でのスピン干渉を実現する必要がある．7.3節では，高周波での時間的干渉パターンを観測する際に不可避的に現れる分散性位相の起源を挙げ，その相殺に必要な条件を示す．次に，分散性位相の相殺機構をもった高周波スピン干渉システムと，100 〜 200 kHz の高周波干渉パターンの観測実験について述べる．最後に，このシステムを分光器に利用する際のエネルギー分解能について調べ，将来分光器として実用化するための条件を述べる．

7.2　2つの共鳴スピンフリッパーによる冷中性子スピン干渉計

7.2.1　はじめに

共鳴スピンフリッパー (RFF) をスピン空間における分波器，重ね合わせ器として用いた，冷中性子スピン干渉計について述べる．これはRFFを利用したスピン干渉システムとしては最もシンプルなもので，その構造はN. F. Ramseyの分離型スピン共鳴実験 [2][3] と類似なものである．また，原子の進行波レーザーの共鳴吸収・放出を利用した原子干渉計が開発されているが [4][5]，その干渉システムとしての性格は本スピン干渉計と類似している．

最初のRFFを用いた異なる中性子スピン状態間の干渉実験は，G. Badurek らによって行われた [6]．この実験は，シリコン完全結晶の干渉計を用いて，空間的

に分かれた2経路のうち一方に RFF を置くシステムで行われている．R. Gähler らによる中性子共鳴スピンエコー装置 (NRSE) や MIEZE 分光器 [7]~[10] も RFF を用いたスピン干渉法の一種である．また，NRSE のシステムを利用したスピン干渉実験が S. V. Grigoriev ら [11] や，F. M. Mulder ら [12] によって行われている．しかし，シリコン干渉計はそれ自体のサイズに上限があるうえに，温度などの実験環境の変化の影響を受けやすい．また，NRSE や MIEZE は分光器として特化されたシステムであり，スピン干渉を利用した様々な条件での研究に利用するには制約がある．

それに対し，ここで述べるスピン干渉計は，極めて簡単なシステムであるにもかかわらず，多様な特性をもち，干渉現象を高精度で観測することができる．スピン干渉計としては，従来 DC フリッパーを用いたシステムが利用されてきたが，最近ではこの干渉計が多くのスピン干渉実験に利用されるようになってきている．

本節では，まずこのスピン干渉計の構造を概観して，各部位での中性子の状態を調べ，検出位置での中性子強度を計算する．そのうえで，干渉パターンの観測の方法と観測条件を明らかにする (7.2.2-7.2.4 節)．

つぎに 7.2.5 節で，実際に製作したスピン干渉計で行われた，3種類の干渉パターンの観測実験について述べる．さらに，簡単な応用例として，アクセラレータ・コイルが生成する垂直静磁場と中性子磁気モーメントとの相互作用の測定実験について述べる．さらに 7.2.6 節で，RFF を用いた冷中性子スピン干渉計の具体的な応用例として自由中性子の Schwinger 相互作用の測定実験を提案する．

7.2.7 節は時間的干渉ビームの疎密性の実証実験に当てられる．

7.2.2 　構造と原理

共鳴スピンフリッパー (RFF) をスピン空間における分波器，重ね合わせ器として用いることで，冷中性子スピン干渉計を組むことができる．これは最も単純な干渉システムであるが，RFF を用いた干渉現象の特徴と多様な特性を備えている．この節では，その構造と干渉計内部での中性子波動関数の振る舞いについて述べる．

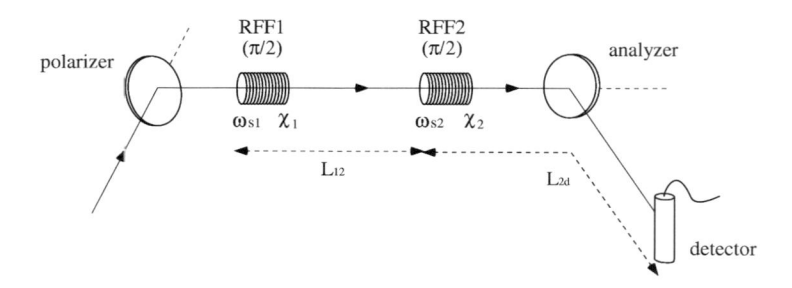

図 7.1: RFF を用いた冷中性子スピン干渉計

構造

2つの RFF を用いた冷中性子スピン干渉計の構造を図 7.1 に示す. ある波長分布を持つ単色の冷中性子が左から入射するものとする.

全体に強さ B_z のガイド磁場が z 軸方向にかかっている. ガイド磁場により偏極ミラー, 偏極解析ミラーは z 軸方向に磁化されている. 2つの RFF はともに $\pi/2$ フリッパーであり, 角振動数をそれぞれ ω_{s1}, ω_{s2} とする. また, RFF1 と RFF2 の長さ (図 1.23 での領域 II の長さ) を d, 両者の入り口の間の距離を L_{12} とする. RFF2 の入り口から検出位置までの距離は L_{2d} である. また, 両方の RFF の内部および近傍においてガイド磁場は完全に一様であり, 共鳴条件

$$2|\mu_n|B_z = \hbar\omega_{s1} \ (\text{at RFF1}) ,$$
$$2|\mu_n|B_z = \hbar\omega_{s2} \ (\text{at RFF2}) , \tag{7.1}$$

が成り立っているとする. つまり, RFF によるスピン状態, エネルギーの遷移を計算するのに 64 ページの式 (1.188)~(1.191) が使えると仮定する.

さらに, ガイド磁場 B_z は干渉計全体においてもできる限り一様であるとする. すなわち $\omega_{s1} \simeq \omega_{s2}$ とする.

干渉計内での中性子のスピン状態とエネルギー状態の遷移を図 7.2 に示す.

RFF1 はスピン空間における分波器として働く. つまり, 上向きスピン状態で入射した中性子を確率 1/2 で下向き状態へ遷移させることで, 上向き状態と下向き状態の重ね合わせを実現させる. このとき, 上向き状態から下向き状態

第7章 共鳴スピンフリッパーを用いた冷中性子スピン干渉法　　　　177

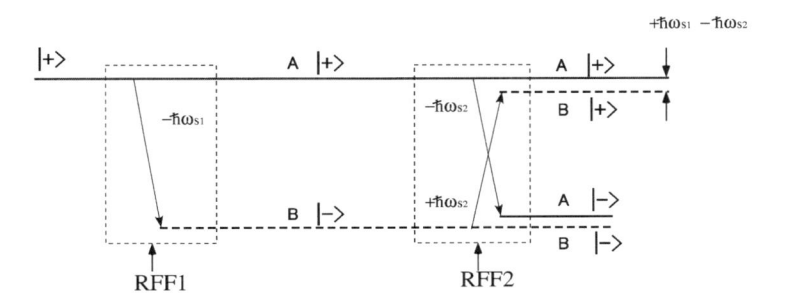

図7.2: RFFを用いた冷中性子スピン干渉計におけるスピンとエネルギー状態の遷移．このシステムでは，スピン空間での実線の径路と破線の径路にそれぞれ対応する2状態間の干渉が観測される．

へ遷移する際に，エネルギー $\hbar\omega_{s1}$ が失われるので，結果として両状態の間にエネルギー差 $\hbar\omega_{s1}$ が現れる．ここでも，分波された後の両状態をA波，B波と呼ぶことにする．すなわち，スピン上向き状態がA波，下向き状態をB波とする．

RFF1とRFF2の間では，ガイド磁場の強さがほぼ一様でRFF1との共鳴条件もほぼ満たしていると考えられる．したがって，1.6.3節で見たように，この領域では両状態間の運動量差はほぼゼロであり，分散性位相はゼロに近くなる．このため，このスピン干渉計では従来の干渉計と違い，分散性位相を相殺する機構が不要である．これは，この干渉計の大きな特徴である．

RFF2は重ね合わせ器として働く．A波とB波をそれぞれ確率1/2で反転させることにより，2分波はスピン空間において重ね合わされる．

重ね合わせの際，エネルギー遷移 $\pm\hbar\omega_{s2}$ を伴う．したがって，2つのRFFの振動数が異なるとき，重ね合わされた後の2状態間にはエネルギー差 $\hbar(\omega_{s1} - \omega_{s2})$ が存在する．このエネルギー差により，重ね合わされた後のA波とB波との間に位相差 $(\omega_{s1} - \omega_{s2})t$ が生じる．このため，検出位置における確率密度，すなわち中性子強度が角振動数 $\omega_{s1} - \omega_{s2}$ で時間的に振動する．したがって，計数の時間変化を測定すれば，干渉パターンが得られる．また，2つのRFFの振動数を一致させた場合には，2つのRFF振動磁場の位相，または2つのRFFの間に置かれた位相調整器によって2状態間の位相差を制御することにより，干渉パターンを得ることができる．以下では，この冷中性子スピン干渉計における，

中性子状態の振る舞いの詳細を明らかにする.

RFF1 での分波

RFF1 にかけられている磁場 $\boldsymbol{B_1}$ を次のように書く.

$$\boldsymbol{B_1} = \hat{\boldsymbol{x}}(2B_{r1})\cos\omega_{s1}t + \hat{\boldsymbol{z}}B_z . \tag{7.2}$$

つまり, RFF1 の振動磁場の振幅を $2B_{r1}$, 振動数を ω_{s1} とする. また, RFF1 の位置においてガイド磁場 B_z は一様であり, 共鳴条件

$$\omega_{s1} = 2|\mu_n|B_z/\hbar \tag{7.3}$$

を満たすとする.

偏極ミラーで反射されたビームは $+z$ 方向に偏極しているので, 中性子波動関数は, $B_z = \hbar\omega_z/|\mu_n|$ として

$$\psi_1^{\text{in}} = \begin{pmatrix} e^{ik_0^+ x} \\ 0 \end{pmatrix} e^{-i\omega_0 t} \simeq \begin{pmatrix} e^{-i\omega_z x/v} \\ 0 \end{pmatrix} e^{ik_0 x - i\omega_0 t} \tag{7.4}$$

と書ける.

これが RFF1 に入射すると, RFF1 の入り口を $x=0$, 出口を $x=d$ として, RFF1 の後ろ $x \geq d$ での波動関数は次のようになる.

$$\psi_1^{\text{out}} = \frac{1}{\sqrt{2}} \begin{pmatrix} e^{-i\omega_z x/v} \\ e^{i(\omega_z - \omega_{s1})x/v} e^{i\omega_{s1}t} \end{pmatrix} e^{ik_0 x - i\omega_0 t} . \tag{7.5}$$

ここで上成分がA波, 下成分がB波に対応する. このスピン干渉計はスピン上向き状態であるA波と下向き状態であるB波との干渉を観測するものである. この式を見ると, RFF1 内部では共鳴条件 $\epsilon = 0$ が成り立つことから, 分波直後の $x \simeq d$ では, 両状態の間に位相差

$$\omega_s t - \pi/2 \tag{7.6}$$

がつくことが分かる.

次に RFF1 と RFF2 の間の領域 ($d \leq x \leq L_{12}$) を考える.一般に,この領域のガイド磁場は完全に一様ではないので,これを $B_z(x) = \hbar\omega_z(x)/|\mu_n|$ と書くと,RFF1 と RFF2 の間での波動関数は

$$\Omega(x) = \int_0^x dx \, \frac{\omega_z(x)}{v} = \int_d^x dx \, \frac{\omega_z(x)}{v} + \frac{\omega_z d}{v} \tag{7.7}$$

として

$$\psi_{1\to 2} = \frac{1}{\sqrt{2}} \begin{pmatrix} e^{-i\Omega(x)} \\ -i e^{i\Omega(x)} e^{i\omega_{s1}(t-x/v)} \end{pmatrix} e^{ik_0 x - i\omega_0 t} \tag{7.8}$$

と書ける.ただし,RFF の内部 $0 \leq x \leq d$ では B_z は一様であること,すなわち $\omega_z(x) = \omega_z$ を仮定した.

RFF1 から RFF2 の間でガイド磁場 B_z が完全に一様であり,かつ RFF1 の振動数 ω_{s1} と共鳴条件

$$\omega_{s1} = 2|\mu_n|B_z/\hbar = 2\omega_z \tag{7.9}$$

を満たすのであれば,$2\Omega(x) = 2\omega_z x/v = \omega_{s1} x/v$ となり,分波間の位相差から位置と速度に依存した項が消える.すなわち,波動関数は

$$\psi_{1\to 2} = \frac{1}{\sqrt{2}} \begin{pmatrix} 1 \\ -i e^{i\omega_{s1} t} \end{pmatrix} e^{-i\omega_z x/v} e^{ik_0 x - i\omega_0 t}, \tag{7.8a}$$

となり,RFF1 による分波後も RFF2 に至るまで,位相差 $\omega_s t - \pi/2$ をもつことになる.

RFF2 での重ね合わせ

RFF2 にかけられている磁場 $\boldsymbol{B_2}$ を次のように書く.

$$\boldsymbol{B_2} = \hat{\boldsymbol{x}}(2B_{r2})\cos\omega_{s2} t + \hat{\boldsymbol{z}} B_z. \tag{7.10}$$

つまり,RFF2 の振動磁場の振幅を $2B_{r2}$,振動数を ω_{s2} とする.また,RFF2 付近でガイド磁場 B_z は一様であり,共鳴条件

$$\omega_{s2} = 2|\mu_n|B_z/\hbar \tag{7.11}$$

が成り立つとする.

まず,RFF2 入り口直前での中性子波動関数を計算する.式 (7.7) から RFF2 入り口 $x = L_{12}$ での位相を求めておき,

$$\Omega(L_{12}) = \int_0^{L_{12}} dx\, \frac{\omega_z(x)}{v} \equiv \Omega_{12} \tag{7.12}$$

と書いておく.次に RFF2 の入り口 $x = L_{12}$ を新しい座標原点とする.また RFF2 入り口近傍ではガイド磁場 B_z が一様だとみなせるとすれば,$x \leq 0$ での波動関数は

$$\psi_2^{\text{in}} = \frac{1}{\sqrt{2}} \begin{pmatrix} e^{-i\Omega_{12}/v}e^{-i\omega_z x/v} \\ -ie^{i\Omega_{12}/v}e^{i\omega_z x/v}e^{-i\omega_{s1}(x-L_{12})/v}e^{i\omega_{s1}t} \end{pmatrix} e^{ik_0 x - i\omega_0 t} \tag{7.13}$$

と書ける.

ここで,RFF1 と RFF2 の間でつく位相差を

$$\Phi_{12} = 2\Omega_{12} - \omega_{s1}L_{12}/v \tag{7.14}$$

と書いて定数位相をまとめる.これは,その定義から分かるように分散性位相である.$2\Omega_{12}$ はこの領域でのガイド磁場に対する両状態のポテンシャル差に起因し,$\omega_{s1}L_{12}/v$ は全エネルギー差に基づくものである.ただし,RFF1 と RFF2 の間で磁場 B_z が一様かつ共鳴条件 $2|\mu_n|B_z = \hbar\omega_{s1}$ を満たすのであれば

$$\Phi_{12} = 0 \tag{7.15}$$

であり,分散性位相はゼロとなる.結局,RFF2 入り口を原点とした時の,RFF2 入り口以前 ($x \leq 0$) での波動関数は

$$\psi_2^{\text{in}} = \frac{1}{\sqrt{2}} \begin{pmatrix} e^{-i\Phi_{12}}e^{-i\omega_z x/v} \\ -ie^{i\omega_z x/v}e^{-i\omega_{s1} x/v}e^{i\omega_{s1}t} \end{pmatrix} e^{ik_0 x - i\omega_0 t} \tag{7.16}$$

となる.したがって,RFF2 入り口 ($x = 0$) での両状態の位相差は $\omega_{s1}t + \Phi_{12} - \pi/2$ である.

これから RFF2 出口以降の波動関数を計算する.まず入射波動関数の上成分の RFF2 における遷移を見ると

$$\frac{1}{\sqrt{2}} e^{-i\Phi_{12}} \begin{pmatrix} e^{-i\omega_z x/v} \\ 0 \end{pmatrix} e^{ik_0 x - i\omega_0 t}$$
$$\rightarrow \frac{e^{-i\Phi_{12}}}{2} \begin{pmatrix} e^{-i\omega_z x/v} \\ -i e^{i\omega_z x/v} e^{i\omega_{s2}(t-x/v)} \end{pmatrix} e^{ik_0 x - i\omega_0 t}. \tag{7.17}$$

また，下成分については

$$\hbar\omega_0' = \frac{\hbar^2 k_0'^2}{2m_n} \equiv \hbar\omega_0 - \hbar\omega_{s1} \tag{7.18}$$

として，エネルギー $\hbar\omega_0'$ で入射したスピン下向き状態の中性子について式 (1.191) を適用すればよい．すると結局，

$$\frac{-i}{\sqrt{2}} \begin{pmatrix} 0 \\ e^{i\omega_z x/v} e^{-i\omega_{s1} x/v} e^{i\omega_{s1} t} \end{pmatrix} e^{ik_0 x - i\omega_0 t}$$
$$\rightarrow \frac{-i}{2} \begin{pmatrix} -i e^{-i\omega_z x/v} e^{-i(\omega_{s2}-\omega_{s1})(t-x/v)} \\ e^{i\omega_z x/v} e^{i\omega_{s1}(t-x/v)} \end{pmatrix} e^{ik_0 x - i\omega_0 t} \tag{7.19}$$

という結果が得られる．

したがって，式 (7.16) の中性子が入射したときの，RFF2 出口での波動関数は

$$\psi_2^{\text{out}} = \frac{1}{2} \begin{pmatrix} \left[e^{-i\Phi_{12}} - e^{-i(\omega_{s2}-\omega_{s1})(t-x/v)} \right] e^{-i\omega_z x/v} \\ -i \left[e^{-i\Phi_{12}} e^{i\omega_{s2}(t-x/v)} + e^{i\omega_{s1}(t-x/v)} \right] e^{i\omega_z x/v} \end{pmatrix} e^{ik_0 x - i\omega_0 t} \tag{7.20}$$

と計算される．図 7.2 に従えば，これまでスピン上向き状態であった実線経路と下向き状態であった破線経路とが各スピン状態で重ね合わされたことになる．すなわち，この式の上下両成分において，第 1 項が実線経路（A波），第 2 項が破線経路（B波）の成分に相当する．分波から重ね合わせるまでの間に両状態間に生じる分散性位相 Φ_{12} は，ガイド磁場の一様性を仮定すればゼロであるとみなせた．しかし，重ね合わされた後では，両状態間に分散性位相 $(\omega_{s2}-\omega_{s1})x/v$ が現れる．これは，エネルギー差をもつ状態を重ね合わせたときに不可避的に生じるものであるが，振動数差 $\omega_{s2}-\omega_{s1}$ を小さく設定すれば，干渉パターンの観測を妨げる効果は無視できる．

偏極解析と検出

RFF2 を出た中性子は偏極解析ミラーによって，反射・透過される．反射成分 (スピン上向き状態) を検出する場合には，検出位置 $x = L_{2d}$ での波動関数が

$$\psi_{\text{ref}} = \frac{1}{2} \begin{pmatrix} \left[e^{-i\Phi_{12}} - e^{-i(\omega_{s2}-\omega_{s1})(t-L_{2d}/v)}\right] e^{-i\omega_z L_{2d}/v} \\ 0 \end{pmatrix} e^{ik_0 L_{2d} - i\omega_0 t} \tag{7.21}$$

とかけるので，検出確率は

$$|\psi_{\text{ref}}|^2 = \frac{1}{2}\left\{1 - \cos\left[(\omega_{s2}-\omega_{s1})\left(t-\frac{L_{2d}}{v}\right) - \Phi_{12}\right]\right\}, \tag{7.22}$$

同様に，透過成分を検出する場合には

$$|\psi_{\text{trans}}|^2 = \frac{1}{2}\left\{1 + \cos\left[(\omega_{s2}-\omega_{s1})\left(t-\frac{L_{2d}}{v}\right) - \Phi_{12}\right]\right\} \tag{7.23}$$

となる．

$$|\psi_{\text{ref}}|^2 + |\psi_{\text{trans}}|^2 = |\psi_1^{\text{in}}|^2 = 1 \tag{7.24}$$

は，最初の偏極ミラーで反射された中性子の粒子数が保存することを表している．

本章ではこれまで RFF の振動磁場の位相を考えてこなかった．しかし，取り扱い方は 1.6.2 節で述べたように，単純である．すなわち，RFF1 の位相を χ_1, RFF2 の位桂を χ_2 とした時, RFF1 の磁場を

$$\boldsymbol{B_1} = \hat{\boldsymbol{x}} B_{r1} \cos(\omega_{s1} t + \chi_1) + \hat{\boldsymbol{z}} B_z, \tag{7.25}$$

RFF2 の磁場を

$$\boldsymbol{B_2} = \hat{\boldsymbol{x}} B_{r2} \cos(\omega_{s2} t + \chi_2) + \hat{\boldsymbol{z}} B_z, \tag{7.26}$$

と書くことができるが，このとき，これまでの式において

$$\omega_{s1} t \to \omega_{s1} t + \chi_1, \quad \omega_{s2} t \to \omega_{s2} t + \chi_2, \tag{7.27}$$

と置き換えてやればよい．したがって，検出位置における反射成分の確率密度は次のようになる．

$$|\psi_{\text{ref}}|^2 = \frac{1}{2}\left\{1 - \cos\left[(\omega_{s2} - \omega_{s1})\left(t - \frac{L_{2d}}{v}\right) + (\chi_2 - \chi_1) - \Phi_{12}\right]\right\}. \quad (7.28)$$

式 (7.28) において t を検出時刻とすると，$t - L_{2d}/v \equiv \tau$ は検出された中性子が RFF2 を通過した時刻に相当する．すなわち，干渉パターンの位相は分波後重ね合わせまでの間に両状態間に生じた分散性位相

$$-\Phi_{12}, \quad (7.29)$$

と時刻 τ における 2 つの RFF の位相の差

$$(\omega_{s2}\tau + \chi_2) - (\omega_{s1}\tau + \chi_1), \quad (7.30)$$

の和で表される．つまり，検出位置での位相差が，中性子が各 RFF を通過した時刻ではなく，重ね合わせの時刻 τ における両 RFF の位相で決まる．このことは，分波から重ね合わせまでの間で，各場所における中性子状態が RFF の位相と同期していることを示している．

この干渉計で干渉パターンを観測する方法は 3 通りある．すなわち，

1. 2 つの RFF の振動数は等しく設定し，RFF の位相をずらして測定する．
2. 2 つの RFF の振動数は等しく設定し，2 つの RFF の間に置かれたアクセラレータ・コイルの磁場の強さ（コイルに流す電流）を変えながら測定する．
3. 2 つの RFF の振動数を僅かにずらし，中性子強度の時間スペクトルを測定する．

これらは，それぞれ式 (7.28) における位相の第 2 項，第 3 項，第 1 項を利用した観測法である．以下の節ではこれらの測定方法について具体的に述べるとともに，この干渉現象の特性を明らかにする．

7.2.3　スピン干渉の観測条件

まずは，2 つの RFF の振動数が等しい場合

$$\omega_{s1} = \omega_{s2}, \quad (7.31)$$

を考える.また,本節では Φ_{12} をゼロに等しいとして省略する.このときの検出位置での確率密度は

$$|\psi_{\text{ref}}|^2 = \frac{1}{2}\left\{1 - \cos\left(\chi_2 - \chi_1\right)\right\}, \tag{7.32}$$

である.

　干渉パターンを得るための一つの方法は 2 つの RFF 振動磁場の位相 χ_1, χ_2 を変えながら中性子強度を測定することである.この場合,χ_1, χ_2 は中性子速度に依存しないので,ビームの波長分散の影響を受けることがない.したがって,χ_1 や χ_2 を変えても干渉パターンのビジビリティは変化せず,高くて一様なビジビリティの干渉パターンを得ることができる.

　もう 1 つは χ_1, χ_2 を固定する場合である.このときは,2 つの RFF の間に垂直静磁場を発生するアクセラレータ・コイル (1.5.2 節) を置き,その磁場強度を変えながら計数する.このときの検出位置での確率密度はアクセラレータの磁場の強さを $B_{\text{ac}} = \hbar\omega_{\text{ac}}/|\mu_n|$,磁場領域の長さを d とすれば,両スピン状態間につく位相差は $2\omega_{\text{ac}}d/v$ である.これは,静磁場中でのスピンの Larmor 回転に相当する.したがって,検出位置での確率密度は

$$|\psi_{\text{ref}}|^2 = \frac{1}{2}\left\{1 - \cos\left[\frac{2\omega_{\text{ac}}d}{v}\right]\right\}, \tag{7.33}$$

と求められる.ただし,固定される RFF の位相は無視した.この場合,干渉パターンの位相は速度に依存するため,ビームの波長分散の影響をうける.つまり,実験では使われる中性子ビームが完全に単色ではありえないため,この位相は中性子の波長分散の幅に対応した広がりをもつことになる.この結果,位相が大きくなれば徐々にビジビリティは低下する.

　これまでみたように,ガイド磁場の一様性を仮定すると,RFF 振動磁場の位相を変化させる干渉法では,まったく分散性位相が生じない.また,アクセラレータによる干渉法でも,磁場による位相差調節を除けば,まったく分散性位相が生じない.したがって,この干渉法では干渉計が簡単な構造であるにもかかわらず,ビジビリティが高く,位相精度の高い干渉パターンが得られる.

　つぎに,$\omega_{s1} \neq \omega_{s2}$ の場合を取り扱う.この場合,固定される RFF の位相や Φ_{12} を無視すれば,検出位置での確率密度,つまり中性子強度は

$$|\psi_{\text{ref}}|^2 = \frac{1}{2}\left\{1 - \cos\left[(\omega_{s2} - \omega_{s1})\left(t - \frac{L_{2d}}{v}\right)\right]\right\}, \tag{7.34}$$

である．この場合，角振動数 $(\omega_{s2} - \omega_{s1})$ で中性子強度が振動するので，計数の時間スペクトルを観測すれば，干渉パターンを得ることができる．また，この式は偏極解析ミラーで反射された後の干渉ビームが空間的な疎密性を持っていることを示している．この疎密性については 7.2.7 節で実証する．

　検出する際，重ね合わされた両状態の間に分散性位相 $(\omega_{s2} - \omega_{s1})L_{2d}/v$ が存在する．これは，RFF2 によってスピン空間で重ね合わされた後では両状態が同じスピン状態にあるためである．このとき，磁場がかかっていても，両状態が感じるポテンシャルは等しい．したがって，RFF2 から検出器までのあいだでは全エネルギー差 $\hbar(\omega_{s2} - \omega_{s1})$ がそのまま運動エネルギーの差となる．この分散性位相はその結果生じるものである．時間的干渉パターンを測定する際には，この分散性位相の生成は避けられない．しかし，この分散性位相は $(\omega_{s2} - \omega_{s1})$ に比例するので，2 つの RFF の振動数を十分近づけることでその生成を抑えることができる．

　この分散性位相は RFF2 から検出器までの距離に依存する．したがって，検出位置を変えれば干渉パターンの位相もその分シフトすることになる．

　また，分散性位相はビームの波長分散によって干渉パターンのビジビリティを低下させる．すなわち，

$$\delta\left(\frac{(\omega_{s2} - \omega_{s1})L_{2d}}{v}\right) = -\left(\frac{(\omega_{s2} - \omega_{s1})L_{2d}}{v}\right)\frac{\delta v}{v} \tag{7.35}$$

の分だけ，干渉パターンの位相はぼやけてしまう．

　そのビジビリティへの影響は $(\omega_{s2} - \omega_{s1})$ が大きくなるほど，無視できなくなる．たとえば，$\omega_{s2} - \omega_{s1} = 2\pi \times 10^3 \text{ rad sec}^{-1}$，$L_{2d} = 1 \text{ m}$，$v = 400 \text{ m sec}^{-1}$ の場合には，

$$\frac{(\omega_{s2} - \omega_{s1})L_{2d}}{v} \simeq 2\pi \times 2.5 \text{ rad}$$

なので，速度分布の広がり $\delta v/v$ が 4% とすれば，位相のぶれは 0.1 周期になる．振動数差が 10 kHz になれば，位相のぶれは 1 周期になり，干渉パターンは全く観測できない．このように，10 kHz 以上の振動数で時間的に振動する干渉パターンを観測するためには，分散性位相の相殺が不可欠となる．

　分散性位相は，散乱による速度変化を測定するのに利用できる．すなわち散乱での速度変化 Δv があれば，散乱後検出器に至るまでの位相にずれをもたら

す．これは干渉パターンの位相シフトとなり，その大きさは式 (7.35) の δv を Δv に変えたものに等しい．よって，この位相シフトを調べれば Δv を知ることができる．

しかし，位相シフトはもともとの分散性位相の大きさに比例するため，小さな Δv を検出するためには，分散性位相を大きくしなければならない．このような分散性位相は，あまり大きくなると干渉パターンの観測を全く不可能にしてしまう．したがって，少なくとも検出位置においてはこの位相がゼロになるようにする必要がある．

このような分散性位相を相殺させる機構を取り入れた，高周波で振動する干渉パターンを得るためのスピン干渉システムについては 7.3 節で述べる．

7.2.4　スピン干渉計内でのスピン期待値の振る舞い

これまでに行ったスピン干渉計での中性子状態についての考察を基に，中性子のスピン期待値の動きをまとめておく．本節では RFF の位相は省略するが，これらを考慮するには，以下の式で単に $\omega_{s1}t \to \omega_{s1}t + \chi_1$，$\omega_{s2}t \to \omega_{s2}t + \chi_2$ の置き換えをすればよい．

まず，偏極ミラーで反射された中性子は上向きに偏極しているので，スピン期待値は $\langle \bm{S} \rangle = (\hbar/2)\hat{\bm{z}}$ である．

この中性子が RFF1 で分波される．この過程は回転系 (1.6.1 節) で考えると分かりやすい．RFF 内部では共鳴条件が成り立つので，垂直静磁場 B_z と見かけの磁場 $B_{s1}/2 = \hbar\omega_{s1}/2|\mu_n|$ が相殺し，磁場は 53 ページの図 1.24 (c) のように横を向いて静止している．$\pi/2$ フリッパーでは，中性子スピンはこの磁場の周りに回転し，最終的に xy 平面上に向けられる．したがって，RFF1 を出た直後のスピンは xy 平面上にあって B_r と 90 度をなしている．これは，実験室系に戻ってみると，スピンは B_r と角度 $\pi/2$ を保ちながら，xy 平面上を角振動数 ω_{s1} で回転するということである．

実際に RFF1 を出たあとの波動関数が式 (7.5) で与えられており，RFF1 出口 $x = d$ でのスピン期待値は

第 7 章 共鳴スピンフリッパーを用いた冷中性子スピン干渉法

$$\begin{aligned}
\langle S_x \rangle &= \frac{\hbar}{2} \cos\left(\omega_{s1} t - \frac{\pi}{2}\right), \\
\langle S_y \rangle &= \frac{\hbar}{2} \sin\left(\omega_{s1} t - \frac{\pi}{2}\right), \\
\langle S_z \rangle &= 0,
\end{aligned} \quad (7.36)$$

と計算される.ただし,RFF1 内部 $0 \leq x \leq d$ では共鳴条件 (7.3) が成り立っているものとした.

次に,RFF1 と RFF2 の間の領域を考える.ここでの波動関数は式 (7.8) で与えられる.したがって,この領域でのスピン期待値は

$$\begin{aligned}
\langle S_x \rangle &= \frac{\hbar}{2} \cos\left(\omega_{s1} t - \frac{\omega_{s1} x}{v} + 2\Omega(x) - \frac{\pi}{2}\right), \\
\langle S_y \rangle &= \frac{\hbar}{2} \sin\left(\omega_{s1} t - \frac{\omega_{s1} x}{v} + 2\Omega(x) - \frac{\pi}{2}\right), \\
\langle S_z \rangle &= 0,
\end{aligned} \quad (7.37)$$

と計算される.スピン期待値の向きのうち角度 $\omega_{s1} t$ は両状態間のエネルギー差によるもの,$\omega_{s1} x/v$ は全エネルギー差による運動量差,$2\Omega(x)$ は両状態が磁場 $B_z(x)$ 中で感じるポテンシャルの差に起因する Larmor 回転に対応する.

RFF1 から RFF2 の間でガイド磁場 B_z が,完全に一様であり,かつ RFF1 の振動数 ω_{s1} との共鳴条件 (7.3) を満たすのであれば,$2\Omega(x) = 2\omega_z x/v = \omega_{s1} x/v$ となる.したがって,式 (7.37) は式 (7.36) と同じものになる.すなわち,スピン期待値は RFF1 と RFF2 の間いたるところで同一方向,つまり RFF1 の回転磁場と角度 $\pi/2$ をなす方向を向いて xy 平面上を時間的に回転する.

RFF2 入り口での波動関数は式 (7.16) である.両状態の位相差は $\omega_{s1} t + \Phi_{12} - \pi/2$ なので,スピン期待値は

$$\begin{aligned}
\langle S_x \rangle &= \frac{\hbar}{2} \cos\left(\omega_{s1} t + \Phi_{12} - \frac{\pi}{2}\right), \\
\langle S_y \rangle &= \frac{\hbar}{2} \sin\left(\omega_{s1} t + \Phi_{12} - \frac{\pi}{2}\right), \\
\langle S_z \rangle &= 0,
\end{aligned} \quad (7.38)$$

となる.このように,RFF2 入り口でのスピン期待値と RFF2 回転磁場の角度差 $\Delta(t)$ は

$$\Delta(t) = (\omega_{s2} - \omega_{s1})t - \Phi_{12} + \pi/2 \tag{7.39}$$

となる．ただし，RFF1 入り口から RFF2 入り口までの間でガイド磁場が一様であれば，$\Phi_{12} = 0$ である．

RFF2 内部でのスピンの振る舞いを考える．ここでは，共鳴条件のため，$B_z = \hbar\omega_{s2}/2|\mu_n| \equiv B_{s2}/2$ が成り立つ．まず RFF1 の回転系（実験室系に対して角振動数 ω_{s1} で回転する系）に移ることにする．そこでは回転磁場は角振動数 $\omega_{s2} - \omega_{s1}$ で回転し，垂直方向には $(B_{s2} - B_{s1})/2$ の磁場がかかっている．また，入射直前の中性子スピンは静止している．したがって，回転磁場との相互作用を無視すれば，中性子スピンは回転磁場と同じ角振動数 $\omega_{s2} - \omega_{s1}$ で回転することになる．結局，スピンは入射時に回転磁場となしていた角度 $\Delta(t)$ を維持したまま，回転磁場の周りを $\pi/2$ だけ回転する．したがって，実験室系に戻ると，RFF2 を出口での中性子スピンは $\pi/2$ 回転後に z 軸となした角度を保ちつつ，さらに z 軸の周りを角振動数 ω_{s2} で回転することになる．

実際に RFF2 で重ね合わされたあとのスピン期待値を計算する．波動関数は式 (7.20) で与えられるから，RFF2 出口 ($x = d$) でのスピン期待値を計算すると

$$\begin{aligned}
\langle S_x \rangle &= \cos\Delta(t - d/v)\cos\omega_{s2}t, \\
\langle S_y \rangle &= \cos\Delta(t - d/v)\sin\omega_{s2}t, \\
\langle S_z \rangle &= -\sin\Delta(t - d/v),
\end{aligned} \tag{7.40}$$

となる．ただし，RFF2 内部で共鳴条件 $\omega_{s2} = 2\omega_z$ が成り立つことを利用した．これは時刻 t に RFF2 出口に至った中性子のスピン期待値である．したがって，$\Delta(t - d/v)$ はこの中性子が RFF2 入り口に来たときの，スピン期待値と RFF2 の回転磁場との角度差である．つまり，RFF2 を通過する際，中性子スピンは回転磁場との角度差を保ったまま，その周りに $\pi/2$ だけ回転する．

あとは，このうちのスピン上向き成分のみが偏極解析ミラーによって反射され，検出される．反射ビームの強度は式 (7.40) の $\langle S_z \rangle$，すなわち RFF2 に至った時刻によって決まる．

7.2.5 干渉パターンの観測

実験条件

RFF を用いたスピン干渉実験は日本原子力研究所 JRR-3M の C3-1-2 ビームラインにおいて行われた．このビームラインの中性子は波長 $\lambda = 1.26$ nm $(v \simeq 314 \text{ m sec}^{-1})$，波長分解能は $\delta\lambda/\lambda = \delta v/v = 3.5\ \%$ である．また，ビームの断面積は縦 2 mm, 幅 20mm に調節した．

干渉計全体にかかるガイド磁場は，偏極ミラーから偏極解析ミラーまでを覆う一組のヘルムホルツ・コイルに直流電流を流すことによって生成され，その強さは約 0.9 mT である．このガイド磁場はビームの偏極維持と同時に偏極ミラーと偏極解析ミラーを磁化する目的でかけられる．

偏極ミラーと偏極解析ミラーは 45 パーマロイとゲルマニウムによる磁気多層膜をシリコン基板に磁場中で蒸着させたものであり，各層の厚さは 7.5 nm，一周期は 15 nm である．このミラーの磁化はガイド磁場によって飽和に達する．また，これらのミラーによる中性子ビームの偏極率は 0.96 であった．

偏極ミラーの後方 250 mm のところに RFF1，さらに 200 mm 後方に RFF2 が置かれる．RFF2 と偏極解析ミラーの距離は 400 mm，偏極解析ミラーから ^{3}He 検出器までは 400 mm 離れている．

性能試験では，3 種類の干渉パターンを観測した．すなわち，

1. 2 つの RFF の振動磁場の振動数をわずかにずらし，時間的計数スペクトルをとる．
2. 振動数は一致させ，定数位相を変えながら計数する．
3. 振動数を一致させ，ふたつの RFF の間にアクセラレータ・コイルをおいてそこに流す電流を変えながら計数する．

という 3 通りの方法で測定を行った．

時間依存性干渉パターン

時間依存性の干渉パターンを観測するために，以下の手法を用いる．

1. トリガー信号を発振し，それを受け取った制御系がすべての設定を初期値

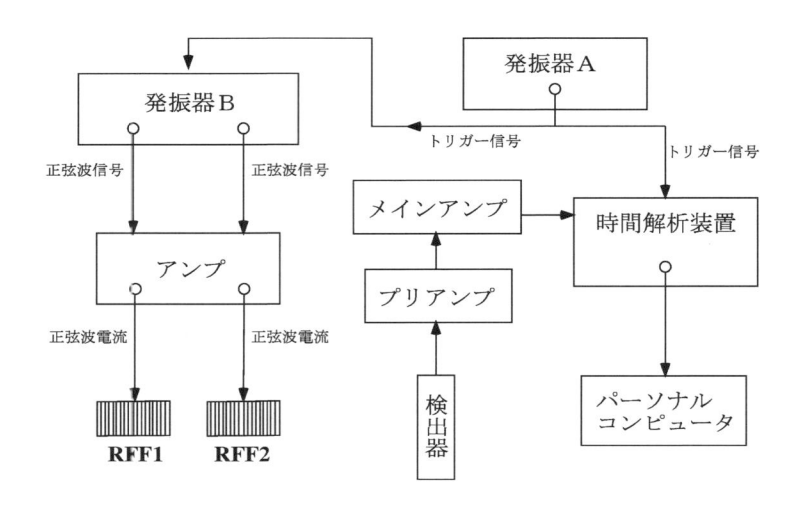

図 7.3: RFF と計測系の制御に関するブロック・ダイアグラム

に戻す．この時刻を $t = 0$ とする．
2. 干渉パターンが数周期程度観測できるまで（例えば，100 Hz の干渉パターンならば 50 msec 程度）測定を続ける．

この繰り返しである．つまりこの例でいえば，50 msec 程度の測定を数万回繰り返してそれを足し合わせることで干渉パターンを得る，ということである．

制御系のブロックダイアグラムを図 7.3 に示す．発振器 A が計測系のトリガー信号を生成する．このトリガー信号は発振器 B および時間解析装置へと送られる．発振器 B からは正弦波信号が発信され，パワーアンプで増幅された結果，正弦波電流が 2 つの RFF へと送られる．各 RFF 内部ではこの正弦波電流により振動磁場が生成する．正弦波電流の振幅，振動数，位相はいずれも発振器 B で制御される．また，位相はトリガー信号が発振されるたびに初期値に戻される．一方，中性子の計測は，検出器からの検出信号がプリアンプ，メインアンプで増幅・整形された後，時間解析装置へと送られ，一定の時間間隔ごとに区別して計数することにより行われる．トリガー信号が送られるたびに，時間解析装置はリセットされ計数は繰り返される．

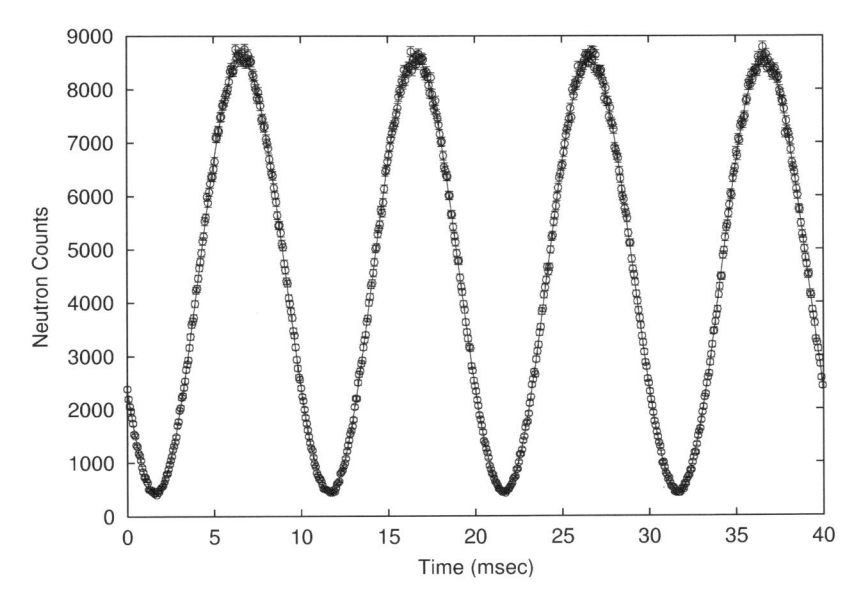

図 7.4: 時間依存性の干渉パターン

2つの RFF の振動数は $\omega_{s1}/2\pi = 26.1$ kHz , $\omega_{s2}/2\pi = 26.0$ kHz に設定された. この場合, 干渉パターンの1周期は 10^4 μsec に相当する. そこで, トリガー信号の周期は 13 Hz , 時間解析装置のチャンネル幅は 64 μsec として計数した. 測定時間は 4000 sec である.

観測された干渉パターンは図 7.4 のとおりである. 測定データを最小二乗法により正弦関数にフィッティングした結果, 周期は 10000.9 ± 1.1 μsec , ビジビリティは 0.903 ± 0.001 , 位相は $(0.6630 \pm 0.0002) \times 2\pi$ と求められた.

この干渉パターン測定では, 重ね合わされた後の2状態間にエネルギー差 $\hbar(\omega_{s1} - \omega_{s2}) \equiv \hbar\Delta\omega_s$ が存在するが, この大きさは 4.1×10^{-13} eV 程度である. また, 運動量差 $\hbar\Delta\omega_s/v$ も存在する. そのため, 検出位置での干渉パターンの位相には分散性位相が存在し, それはRFF2 から検出器までの距離 $L_{2d} = 800$

mm, $v = 314$ m sec^{-1}, $\Delta\omega_s/2\pi = 100$ sec^{-1} より,

$$\frac{\Delta\omega_s L_{2d}}{v} \simeq 0.255 \times 2\pi \text{ rad} \tag{7.41}$$

となる. ビームの波長分散は $\delta v/v \simeq 3.5$ % であることから,

$$|\delta(\Delta\omega_s L_{2d}/v)| \simeq (\Delta\omega_s L_{2d}/v) \cdot (\delta v/v) \simeq 8.92 \times 10^{-3} \times 2\pi \text{ rad}. \tag{7.42}$$

つまり, 検出器における位相分散は 1 % 以下に抑えられている.

RFF の定数位相による干渉パターン

今度は 2 つの RFF の振動数をともに 26.05 kHz に設定し, RFF2 の定数位相 χ_2 を変えながら計数した. χ_1 はゼロに固定してある. 観測された干渉パターンを図 7.5 に示す.

フィッティングの結果, 干渉パターンのビジビリティは 0.905 ± 0.004, 位相は $(0.7001 \pm 0.0008) \times 2\pi$, 周期は 360.31 ± 0.23 deg と求められた.

この場合は, 時間依存干渉パターンの場合と異なり, 重ね合わせた後に分散性位相が生じないので, ビジビリティや位相精度はわずかではあるが高くなる.

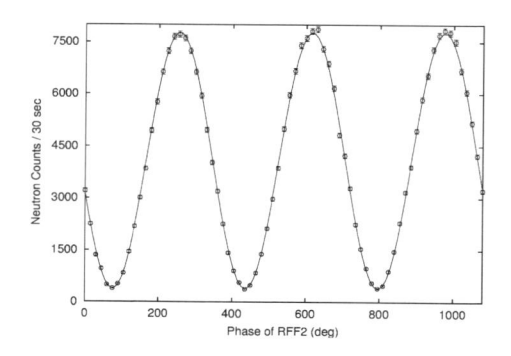

図 7.5: RFF の位相 χ_2 による干渉パターン

第7章 共鳴スピンフリッパーを用いた冷中性子スピン干渉法　　193

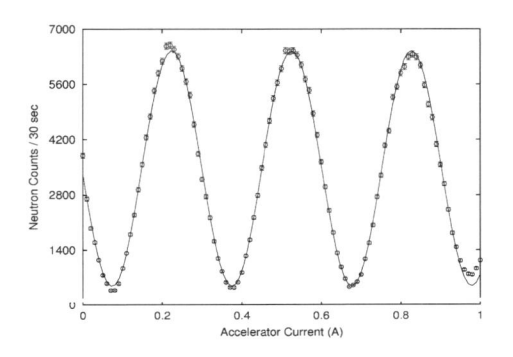

図 7.6: 垂直磁場による干渉パターン

垂直磁場による干渉パターン

　2つの RFF の振動数をともに 26.05 kHz に設定し，それぞれの定数位相 χ_1, χ_2 を固定する．この時，2つの RFF の間に z 方向の垂直静磁場を発生させるアクセラレータ・コイルを置いて，磁場の強さを変えながら測定することで，干渉パターンを観測した．

　観測された干渉パターンを図 7.6 に示す．横軸はコイルに流した電流 I ($\propto \omega_{ac}$)，縦軸が 30 sec ごとの計数である．フィッティングの結果，ビジビリティは 0.860 ± 0.008，位相は $(0.742 \pm 0.002) \times 2\pi$ と計算された．ただし，フィッティングした領域は $0 \leq I \leq 1.0$ A の範囲である．

　I が大きくなるに従って，干渉パターンのビジビリティは落ちていくが，これは干渉パターンをつくる位相差 $2\omega_{ac}L/v$ が分散性であるためである．実際にフィッティングの範囲を $0 \leq I \leq 0.25$ A とすれば，ビジビリティは 0.889 ± 0.011 と求められる．

7.2.6　自由中性子の Schwinger 相互作用測定実験の提案

　ここまでに述べた，共鳴スピンフリッパーを用いた冷中性子スピン干渉計の応用実験を一つ提案する．それは速度をもった自由中性子が静電場中で感じる見かけの磁場と，中性子磁気モーメントとの相互作用 (Schwinger 相互作用) の

検出である．これは，結晶の内部電場を利用した中性子回折実験がすでに行われているが [3]，自由中性子と静電場を用いた実験での明確なデータは出ていない．それは，見かけの磁場が非常に弱いため，大きさの限られたシリコン結晶中性子干渉計などではその効果を検出することが困難だからである．しかし，RFF を用いた冷中性子スピン干渉計を利用すれば，相互作用領域を 1 m のオーダーで大きくすることができるので，この効果の検出が期待できる．

電場中を速度をもった中性子が通過するとき，中性子磁気モーメントは見かけの磁場との Schwinger 相互作用を持つと考えられる．ここではまず，荷電フェルミ粒子に対する Schwinger 相互作用を Dirac 方程式から導出する．このとき，同時に磁場と磁気モーメントとの相互作用項も導かれる．

電荷 e をもつ質量 m のフェルミ粒子が電磁場中で満たす方程式は SI 単位系で次式で与えられる．

$$\{\gamma^\mu (p_\mu - eA_\mu) - mc\}\psi = 0 . \tag{7.43}$$

ただし，γ はガンマ行列，$p_\mu = (E/c, -\boldsymbol{p})$ は 4 次元の運動量演算子，$A_\mu = (\phi/c, -\boldsymbol{A})$ は 4 次元のベクトルポテンシャル，c は光速である．また，ここで ψ はフェルミ粒子を記述する 4 成分の Dirac スピノールである．この式で ψ にかかっている演算子を 2 度かけることにより，

$$\{\gamma^\mu (p_\mu - eA_\mu) - mc\} \{\gamma^\mu (p_\mu - eA_\mu) - mc\}\psi = 0 . \tag{7.44}$$

ここで式変形を行っていくと

$$\left[\frac{1}{c^2}(E - e\phi)^2 - (\boldsymbol{p} - e\boldsymbol{A})^2 + \frac{e\hbar}{2}\sigma^{\mu\nu}F_{\mu\nu} - m^2c^2\right]\psi = 0 \tag{7.45}$$

が得られる．ただし，

$$\sigma^{\mu\nu} = \frac{1}{2i}[\gamma^\mu, \gamma^\nu], \quad F_{\mu\nu} = \partial_\mu A_\nu - \partial_\nu A_\mu , \tag{7.46}$$

である．

磁気モーメントに関する項は第 3 項 $\frac{e\hbar}{2}\sigma^{\mu\nu}F_{\mu\nu}$ から現れる．

$$\frac{e\hbar}{2}\sigma^{\mu\nu}F_{\mu\nu} = e\hbar \begin{pmatrix} \boldsymbol{\sigma} \cdot \boldsymbol{B} & 0 \\ 0 & \boldsymbol{\sigma} \cdot \boldsymbol{B} \end{pmatrix} - \frac{ie\hbar}{c} \begin{pmatrix} 0 & \boldsymbol{\sigma} \cdot \boldsymbol{E} \\ \boldsymbol{\sigma} \cdot \boldsymbol{E} & 0 \end{pmatrix} . \tag{7.47}$$

ここで、4成分スピノール ψ を2成分ずつに分け，

$$\psi = \begin{pmatrix} u_A \\ u_B \end{pmatrix} \tag{7.48}$$

と書くと，式 (7.43) より

$$u_B = \frac{\boldsymbol{\sigma} \cdot (\boldsymbol{p} - e\boldsymbol{A})}{(E - e\phi)/c + mc} u_A \tag{7.49}$$

の関係が示せる．また，非相対論的極限として

$$E = mc^2 + \varepsilon, \quad \varepsilon \ll E \tag{7.50}$$

とすれば，u_B は u_A に比べて十分小さくなる．また，

$$(E - e\phi)^2 \simeq m^2c^4 + 2mc^2(\varepsilon - e\phi), \quad (E - e\phi)/c + mc \simeq 2mc \tag{7.51}$$

などと近似することができ，u_A の満たす式として

$$\varepsilon u_A = \left[\frac{(\boldsymbol{p} - e\boldsymbol{A})^2}{2m} + e\phi - \frac{e\hbar}{2m}\boldsymbol{\sigma}\cdot\boldsymbol{B} + \frac{ie\hbar}{4m^2c^2}\{\boldsymbol{E}\cdot(\boldsymbol{p}-e\boldsymbol{A}) + i\boldsymbol{\sigma}\cdot(\boldsymbol{E}\times(\boldsymbol{p}-e\boldsymbol{A}))\}\right] u_A \tag{7.52}$$

を導くことができる．右辺の第2項までは電磁場中の荷電粒子に対する Schrödinger 方程式に他ならない．第3項以降が相対論的効果を表す．

第3項は (Dirac の) 磁気モーメントと磁場の相互作用である．

$$\boldsymbol{\mu}_D = \frac{e\hbar}{2m}\boldsymbol{\sigma}. \tag{7.53}$$

電荷をもたない中性子が磁気モーメント μ_n（異常磁気モーメント）を持ち，相互作用

$$V = -\boldsymbol{\mu}_n \cdot \boldsymbol{B} \tag{7.54}$$

をするのは，中性子を構成している荷電粒子クォークに由来すると考えられている．

第5項が荷電 Fermi 粒子と電場の Schwinger 相互作用である．電磁場中では $d\boldsymbol{x}/dt \simeq (\boldsymbol{p} - e\boldsymbol{A})/m$ と書けるので，この項は

$$-\frac{e\hbar}{4m}\boldsymbol{\sigma}\cdot\left(\frac{\boldsymbol{E}}{c}\times\frac{\boldsymbol{v}}{c}\right) = -\boldsymbol{\mu}_D \cdot \left(\frac{\boldsymbol{E}}{2c}\times\frac{\boldsymbol{v}}{c}\right) \tag{7.55}$$

と書き直せる．これが $\boldsymbol{E}\times\boldsymbol{v}$ 効果を示す項である．この項についても，式 (7.54) のように，$\boldsymbol{\mu}_D$ を $\boldsymbol{\mu}_n$ へ置き換えたものが中性子に対する相互作用だと考えてよいかどうかは確かではない．しかし，内部電場をもつ結晶による中性子回折実験によれば，1桁目は μ_n と一致している．ここでは $\boldsymbol{\mu}_D \to \boldsymbol{\mu}_n$ の置き換えが妥当であるとして考察する．

具体例として，速度 $v = 300$ m sec^{-1} で x 方向に進む中性子が $-y$ 方向に静電場のかかった領域を通過することを考える．距離 d に電圧 V がかけられているとき，電場の強さは V/d．したがって，「見かけの磁場」は $+z$ 方向を向き，その大きさは

$$\left|\boldsymbol{E}\times\frac{\boldsymbol{v}}{2c^2}\right| = \frac{Ev}{2c^2} = \frac{V}{6d}\times 10^{-14} \text{ T} \tag{7.56}$$

となる．たとえば，$V = 1.5\times 10^5$ volt / cm の電場がかけられているなら，$V/6d = 0.25\times 10^7$ なので見かけの磁場は 0.25×10^{-7} T に相当する．この場合，相互作用の強さは 1.5×10^{-15} eV に相当する．また Larmor 振動数は

$$\omega_L \simeq 2\pi\times 0.72 \text{ rad sec}^{-1} \tag{7.57}$$

である．すなわち，1 sec（中性子が 300 m 進む間）に干渉パターンの位相が $2\pi\times 0.72$ rad ずれることになる．あるいは，2 m 進む間にほぼ $\delta\theta = \pi\times 10^{-2}$ rad 位相がずれる．

これだけのわずかな位相のずれを正確に測定するのは困難であるが，本研究で開発した冷中性子スピン干渉計を利用すれば測定可能だと考えられる．干渉パターンとしての計数は

$$N = \frac{N_0}{2}[1 + \cos\theta] \tag{7.58}$$

の形をとるが，わずかな位相のずれ $\delta\theta$ があるときは

$$\delta N = -(\delta\theta)(N_0/2)\sin\theta \tag{7.59}$$

となる. RFF の位相を利用した干渉法 (7.2.3 節) において, $\theta = \pi/2$ に設定しておけば, $\delta\theta = \pi \times 10^{-2}$ のとき, $N = N_0/2 = 10^5$ にたいして計数変化は

$$|\delta N| \simeq (\delta\theta)N_0/2 \simeq \pi \times 10^3$$

である. これは $\sqrt{N} \simeq 3.16 \times 10^2$ のほぼ 10 倍であり, 検出は可能であると考えられる.

7.2.7 時間的干渉ビームの疎密性の実証

RFF を用いた冷中性子スピン干渉計では, 偏極解析ミラーで反射された後, 検出器で検出されるまでのビームは全エネルギーと運動量が異なる状態の重ね合わせ状態にある. すなわち, 波動関数は $\omega_{s2} - \omega_{s1} = \Delta\omega_s$ として

$$\psi = \frac{1}{2}\left(e^{-i\Phi} - e^{-i\Delta\omega_s(t-x/v)}\right) \tag{7.60}$$

と書ける. ただし, Φ はスピン干渉計内で得られる両状態間の定数位相である. また, 共通の位相は省略した.

このとき, 中性子の位置 x での存在確率密度は

$$|\psi|^2 = \frac{1}{2}\left(1 + \cos\left[\Delta\omega_s\left(t - \frac{x}{v}\right) + \Phi\right]\right) \tag{7.61}$$

である. この式は, $|\psi|^2$ が, 決まった位置では角振動数 $\Delta\omega_s$ で正弦的に時間振動し, 任意の瞬間では同じ角振動数で正弦的に空間分布していることを示している. これは言い換えると, 波長 $2\pi v/\Delta\omega_s$ の正弦的な疎密波が速度 v で進んでいるともいえる (図 7.7). このことは, M. Köppe らも指摘しているが [7], 具体的な実証実験は行われていない.

この描像によると, 空間分布している中性子ビームをある場所で微小時間ビームストッパーにより遮ると, ストッパーの場所によって止められる中性子の数は変わってくるはずである. つまり, ストッパーが置かれた瞬間に中性子密度が疎である場所では, 計数の減少はより小さく, 密である場所ではより大きく減少するはずである.

本節では, 干渉計を出て検出される中性子が決まった時刻 t における存在確率に空間分布があることを実証した実験について述べる.

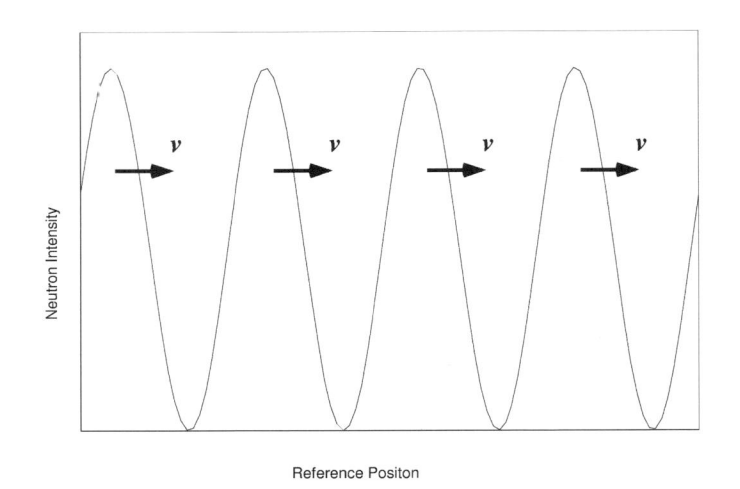

図 7.7: $|\psi|^2$ の概念図

実験法

実験配置を図 7.8 に示す.

偏極ミラーから第 1 偏極解析ミラーまでは，ここまで述べてきた冷中性子スピン干渉計である．実験では適当な振動数差をもつ 2 つの RFF を用いて，上向き偏極の時間的干渉ビームを得る．その干渉ビームを周期的に微小時間働くビームストッパーに通して，ビームストッパーの位置を変えながら計数する．

偏極中性子用のビームストッパーとして，周期的にパルス駆動する π フリッパーと第 2 偏極解析ミラー（磁気多層膜ミラー）から構成されるスピンフリップチョッパー（図 7.9）を利用した.

スピンフリップチョッパーに上向きに偏極した中性子ビームが入射すると，π フリッパーが駆動していないときには後方の磁気多層膜ミラーで反射されるが，駆動しているときにはスピンが反転し，磁気多層膜ミラーを透過する．したがって，磁気多層膜ミラーの反射ビームを検出するようにすれば，スピンフリップチョッパーはそれを構成する π フリッパーが駆動している間だけビームをストップする効果がある．この場合，「ビームストッパーの位置」には「π

第 7 章 共鳴スピンフリッパーを用いた冷中性子スピン干渉法　　　　　　　　　　*199*

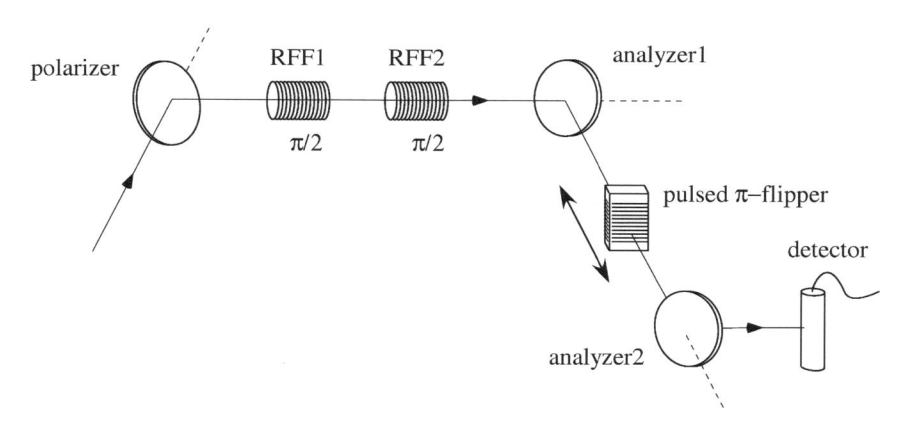

図 7.8: 疎密性実証のための実験配置図

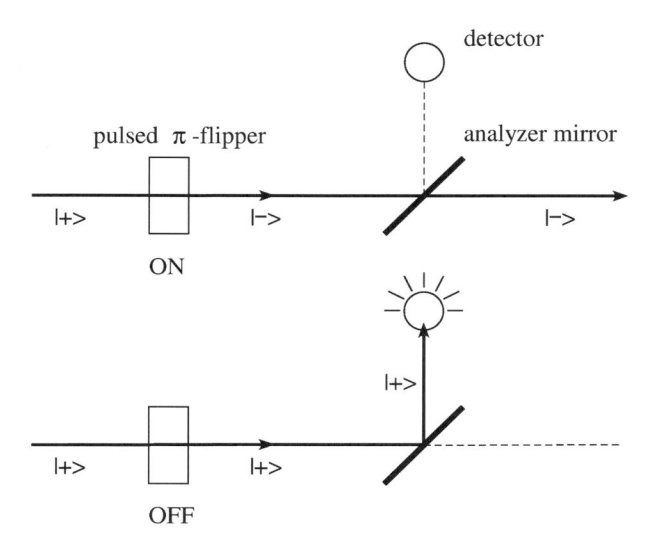

図 7.9: スピンフリップチョッパーの機能. パルス駆動 π フリッパーが ON のときにビームは検出されない.

フリッパーの位置」が対応する.

スピンフリップチョッパーは, 機械的チョッパーと比べて機械的な動作体がないためコンパクトであり, その駆動周期と駆動時間を自由に変えられること, ビームを絞らずに短いパルスが得られること, 他の装置と容易に同期を取れること等の特徴をもっている. また, スピンフリップチョッパーは, ビームのカットしたい部分を止めてしまうわけではなく逸らすだけである. したがって, 逸らしたビーム (磁気多層膜ミラーでの透過ビーム) を別の目的に利用することが可能である.

この π フリッパーは干渉パターンと同じ周期で駆動し, そのタイミング, 駆動時間を固定しておく (図 7.10). すると, もし各瞬間にビームに空間的疎密性があるなら, π フリッパーの場所によって検出される中性子の数が変化し, それは波長 $2\pi v/\Delta\omega_s$ で振動するはずである.

理論的考察

式 (7.61) によれば, 完全単色な中性子ビームの場合には, 疎密のビジビリティ (= 干渉パターンのビジビリティ) は場所によらず完全に一様である. しかし, 実際に実験で利用される中性子ビームは数 % 程度の波長分散を持っている. 従って, 位相 $\Delta\omega_s x/v$ の分散により, 疎密のビジビリティは RFF2 からの距離 x が大きくなるに従って減少する.

しかし, このスピン干渉計は $\Delta\omega_s/2\pi \leq$ 1kHz 程度の低周波で用いられる. よって波長 1.26 nm (速度 314 m sec^{-1}), 波長分散 3.5 % の中性子の例でいえば, 疎密の周期は 31.4 cm 以上, 位相 $\Delta\omega_s x/v$ の分散が 2π 以上になってビジビリティがゼロになる場所は $x \geq 9$ m である. これは疎密の流れが, ビジビリティを少しずつ落としながら 9 m 以上にわたって存在し, その後一様な流れになる, ということである. この疎密の存在領域は $\Delta\omega_s$ が小さいほど, これに反比例して広がる. 本節の実験では, パルス駆動 π フリッパーの位置をほぼ 1 周期の範囲内で変えながら計数を行う. 従ってここでは, π フリッパーが置かれる様々な位置で疎密のビジビリティが等しいものとして話をすすめる.

π フリッパーの位置 x_f における確率密度は

$$|\psi|^2 = \frac{N_0}{2}\left[1 + \cos\left(\Delta\omega_s\left(t - \frac{x_\mathrm{f}}{v}\right) + \alpha\right)\right] \tag{7.62}$$

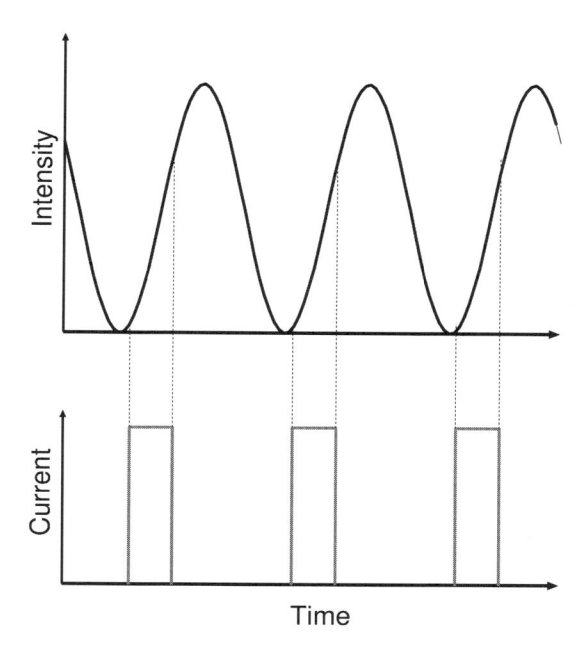

第7章 共鳴スピンフリッパーを用いた冷中性子スピン干渉法　　　　　　　*201*

図 7.10: スピンフリップチョッパーを構成する π フリッパーの位置で見た疎密の振動と，π フリッパーを働かせるタイミング

と書くことができる．ただし，$\Delta\omega_s$ は干渉の角振動数である．ここでは $\Delta\omega_s = 2\pi \times 700$ rad sec^{-1} であり，対応する周期は $T = 1/0.7$ msec とする．また，$t = 0$ でスピンフリップチョッパーの π フリッパーを働かせるものとする．

一周期分の総計数を I_0 とすれば，

$$I_0 = \int_0^T \frac{N_0}{2}\left[1 + \cos\left(\Delta\omega_s\left(t - \frac{x_\mathrm{f}}{v}\right) + \alpha\right)\right] dt = \frac{N_0}{1.4} \equiv N_T . \quad (7.63)$$

π フリッパーが $0 \leq t \leq T/4$ の間駆動されることを考える．この間に π フリッパーに入った中性子のスピンがすべて反転するとすれば，反転する中性子数は

$$I_{1/4} = \int_0^{T/4} \frac{N_0}{2}\left[1 + \cos\left(\Delta\omega_s\left(t - \frac{x_{\mathrm{f}}}{v}\right) + \alpha\right)\right] dt$$
$$= \frac{N_T}{4} + \frac{N_T}{\sqrt{2}\pi}\cos\left(\frac{\Delta\omega_s x_{\mathrm{f}}}{v} - \alpha - \frac{\pi}{4}\right) \tag{7.64}$$

と計算される.スピンが反転した中性子は検出されないので,結局検出される中性子数は

$$I_0 - I_{1/4} = \frac{3}{4}N_T - \frac{N_T}{\sqrt{2}\pi}\cos\left(\frac{\Delta\omega_s x_{\mathrm{f}}}{v} - \alpha - \frac{\pi}{4}\right) \tag{7.65}$$

である.

これが,π フリッパーの位置を変えながら計数したときの中性子数の変化を示す式である.これから,中性子数は π フリッパーの位置によって周期

$$vT \simeq 314/700 \simeq 0.449 \text{ m} \tag{7.66}$$

で正弦的に変動し,そのビジビリティは

$$\frac{1/\sqrt{2}\pi}{3/4} \simeq 0.3 \tag{7.67}$$

となることが分かる.

ここまでは,π フリッパーを駆動しているときに飛来した中性子は無限小の時間でフリッパーを通り過ぎ,その際に完全反転すると仮定したが,今回の実験では中性子がフリッパーを通過する時間が $\tau \equiv 0.05/314 \simeq 0.16$ msec である.これは π フリッパーが駆動されている時間 $T/4 \simeq 0.36$ msec に比べて充分小さいとはいえない.

この場合,フリッパーで完全反転されるのは $0 \leq t \leq T/4 - \tau \simeq 0.20$ msec の間にフリッパー入り口に至った中性子のみであり,$T/4 - \tau \leq t \leq T/4$ の間に至った中性子は一部しか反転しない.一方,$-\tau \leq t \leq 0$ の間に入り口に至った中性子も部分的に反転することになる.このことを考慮して計算すると,フリッパーで反転する中性子数は

$$I'_{T/4} \simeq N_T\left[0.251 + 0.211\cos\left(\frac{\Delta\omega_s x_{\mathrm{f}}}{v} - \alpha - \frac{\pi}{4} - \frac{35\pi}{314}\right)\right] \tag{7.68}$$

従って，反転せずに検出される中性子数は

$$I_0 - I'_{1/4} \simeq N_T \left[0.749 - 0.211 \cos\left(\frac{\Delta\omega_s x_\mathrm{f}}{v} - \alpha - \frac{\pi}{4} - \frac{35\pi}{314} \right) \right] \quad (7.69)$$

となり，振幅と位相について多少の補正がつくことになる．従って，ビジビリティはおよそ

$$\frac{0.211}{0.749} \simeq 0.28 \quad (7.70)$$

となる．

実験結果

　実験は日本原子力研究所 JRR-3M の C3-1-2 ビームラインにおいて行われた．このビームラインでは中性子波長 $\lambda = 1.26$ nm，波長分解能は $\delta\lambda/\lambda = 3.5\%$ である．中性子の速度は約 314 m sec^{-1} に相当する．ガイド磁場の強さは約 0.8 mT であり，これは干渉計全体を覆うヘルムホルツ・コイルにより生成され，偏極ミラーと2枚の偏極解析ミラーの磁化を飽和させる．偏極ミラー，偏極解析ミラーはいずれも 45 パーマロイ層とゲルマニウム層からなる磁気多層膜ミラーであり，各層の厚さは 7.5 nm，つまり周期は 15 nm である．

　RFF1 の振動数は $\omega_{s1}/2\pi = 25.8$ kHz，RFF2 は $\omega_{s2}/2\pi = 25.1$ kHz に設定されており，振動数 700 Hz の干渉パターンが観測されることになる．ちなみに，この場合の疎密の周期は

$$2\pi v/\Delta\omega_s \simeq 44.86 \text{ cm} \quad (7.71)$$

に相当する．

　スピンフリップチョッパーを構成する π フリッパーとしては，DC π フリッパーを 700 Hz で周期の 25%（約 0.36 msec）だけパルス的に駆動したものを用いる．駆動のタイミングはトリガー信号によって決められる．トリガー信号は2つの RFF と検出器系にも送られ，時間の原点を決める役割を果たす．

　また，この DC π フリッパーの磁場領域の長さはほぼ 5 cm，これを中性子が横切る時間は約 0.16 msec である．

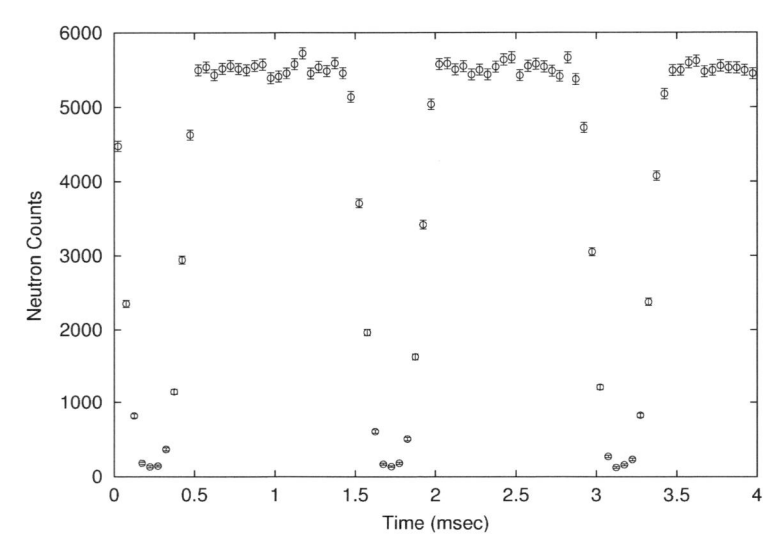

図 7.11: スピンフリップチョッパーによるビームのチョッピング. 700 Hz の周期で, 1 周期の 25 % だけフリッパーを駆動した結果. 測定時間は 4000 sec.

まず, 干渉システムを働かせず, スピンフリップチョッパーを駆動したときの時間的な計数の変化は図 7.11 のようであった. 計数が 1 番小さくなるところでは, 計数の減少率は約 97 % であった. また, 設定している駆動時間が約 0.36 msec なのに対し, 計数の立ち上がり, 立ち下がり時間はともに 0.2〜0.3 msec であった. そして, 計数が減少している時間は 0.5〜0.6 msec であった.

次に, スピンフリップチョッパーを構成するパルス駆動 π フリッパーの位置を変えながら干渉パターンを測定した. 干渉パターンの測定は $x = 1.0$ cm, 8.0 cm, 13.5 cm, 19.2 cm, 28.0 cm, 33.5 cm, 39.0 cm, 45.4 cm の各位置について行った.

その結果に基づいて, 各干渉パターンの規格化を行い, 0〜3 msec の間で計数を足し合わせた結果を図 7.12 に示す. また各干渉パターンの様子を図 7.13 〜 図 7.20 に示す. 各干渉パターンの計数を 4 msec まですべて足し合わせな

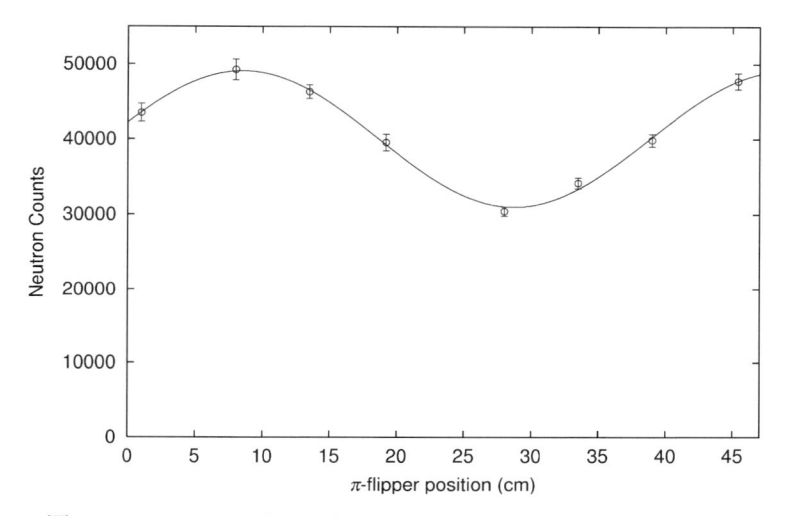

図 7.12: 700 Hz の周期のうち, 1/4 周期だけ π フリッパーを駆動したときの中性子の計数とフリッパーの位置の関係

かったのは, パルス駆動 π フリッパーの位置によって, この時間に現れるフリッパー駆動の回数が異なってしまうからである.

測定の結果, π フリッパーの位置によって計数は振動し, 最小二乗法で正弦関数にフィッティングした結果, その周期は 40.4 ± 0.6 cm, ビジビリティは 0.226 ± 0.008 であった. この結果は, 時間的中性子ビームが時間的, 空間的な疎密を持っており, それが周期的であることを示している.

以上は第1偏極解析ミラーの反射ビームの話であるが, 透過ビームも同様な疎密をもっており, それは反射ビームの疎密と相補的である. すなわち, 2つのビームを足し合わせれば, それは時間的, 空間的に一様になっており, スピン干渉計への入射ビーム全体としてみると中性子数は保存されている.

この実験では 700 Hz の周期をもつビームについて疎密性の実証を行った. その際, 第1偏極解析ミラーから検出器の間で疎密のビジビリティはほぼ一様であると考えてよい. しかし, より高周波で干渉するシステムでは状況が異な

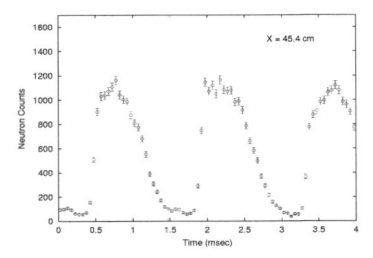

図 7.13: $x = 45.4$ cm にパルス駆動 π フリッパーを置いたときの干渉パターン

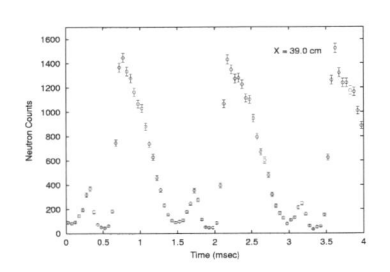

図 7.14: $x = 39.0$ cm にパルス駆動 π フリッパーを置いたときの干渉パターン

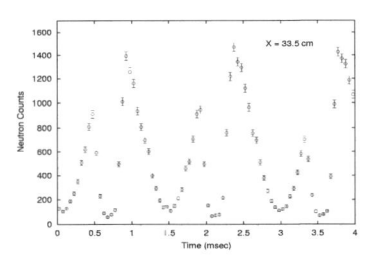

図 7.15: $x = 33.5$ cm にパルス駆動 π フリッパーを置いたときの干渉パターン

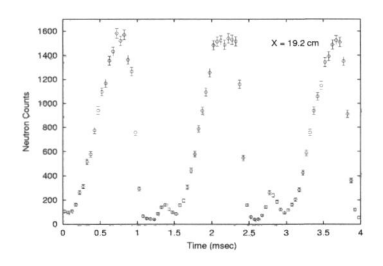

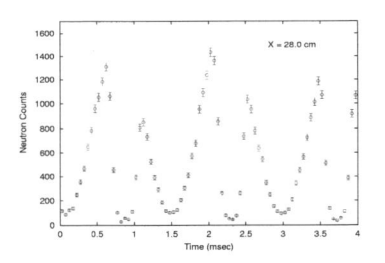

図 7.16: $x = 28.0$ cm にパルス駆動 π フリッパーを置いたときの干渉パターン

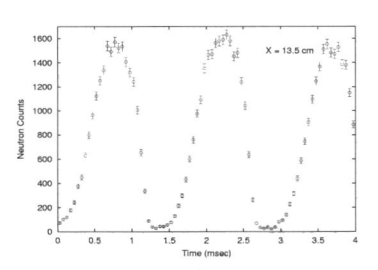

図 7.17: small $x = 19.2$ cm にパルス駆動 π フリッパーを置いたときの干渉パターン

図 7.18: $x = 13.5$ cm にパルス駆動 π フリッパーを置いたときの干渉パターン

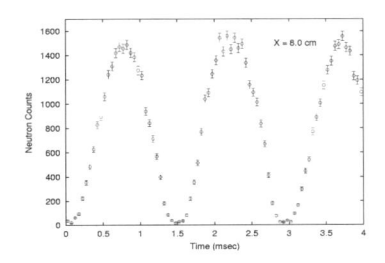

図 7.19: $x = 8.0$ cm にパルス駆動 π フリッパーを置いたときの干渉パターン

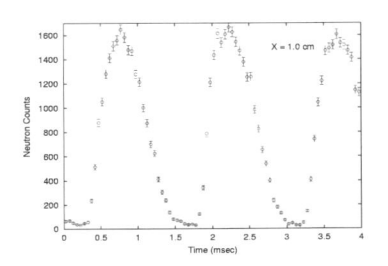

図 7.20: $x = 1.0$ cm にパルス駆動 π フリッパーを置いたときの干渉パターン

り, 特定の場所とその周りにおいてのみ, 疎密が現れるという, 疎密の局在性が明らかとなる. これについては 7.3 節で議論する.

今回の実験結果は前節で予想された結果から少々ずれているが, これはパルス駆動 π フリッパーの磁場領域が 5 cm 程度と大きいこと, また, このフリッパーを駆動する場所によってスピンの反転率の低下, ビームの偏極率の低下が起こったことが原因であると考えられる.

この実験では, ビームストッパーとしてスピンフリップチョッパーを用いたが, その代わりに機械的なチョッパーを用いても実験は可能である.

7.3 高周波スピン干渉法とスピンエコー法への応用

7.3.1 はじめに

ここでは共鳴スピンフリッパー (RFF) を用いた高周波スピン干渉システムの原理について述べ, 干渉パターンの観測実験, 干渉パターンの検出位置依存性の実証実験の結果を紹介する.

7.2.3 節で述べたように, 時間的に振動する干渉パターンを観測する際, その振動数に比例した分散性位相が不可避的に生じる. 大きな分散性位相は干渉パターンのビジビリティを低下させるため, 7.2 節の冷中性子スピン干渉計では, 10 kHz 以上の高周波で振動する時間的干渉パターンを観測することができな

かった.

干渉パターンの振動数が大きくなるほど, 分散性位相も大きくなるから, 高周波の時間的干渉パターンを観測するためにはこの分散性位相を相殺する機構が不可欠である.

他方で, この分散性位相は, 物質との散乱による中性子のエネルギー変化（速度変化）を測定するのに利用できる. すなわち, 速度変化の結果分散性位相も変化するので, その変化量から速度変化を知ることができる. ただし, 微小な速度変化を測定するためには, 大きな分散性位相が必要となる. 中性子スピンエコー装置はこれを利用した分光器である. RFF を用いた同様の分光器としては R. Gähler, R. Golub らの開発した共鳴スピンエコー装置 (NRSE) と MIEZE 分光器がある [7]~[10].

本節では, 大きな分散性位相が生成する, 最もシンプルな高周波スピン干渉システムを開発して, 時間的干渉パターンを観測するためにシステムが満たすべき条件を明らかにする. まず, 7.3.2 節では, 本研究で開発した高周波スピン干渉システムの原理と構造について述べる. とくに, 干渉パターンを観測するために必要な, 分散性位相の相殺について触れる. 7.3.3 節では 100 kHz , 200 kHz の高周波スピン干渉パターンを観測し, さらにこの干渉パターンの検出位置依存性の実証を行う. 最後に 7.3.4 節で, このシステムをスピンエコー型分光器として利用したときの性能について評価する.

7.3.2 高周波スピン干渉システムの原理

構造

高周波スピン干渉システムの構造を図 7.21 に示す.

全体に偏極を保つために必要な程度の弱いガイド磁場 B_{z0} が z 軸方向にかかっている. 偏極ミラー, 偏極解析ミラーはガイド磁場 B_{z0} と平行に磁化される. 3 つの RFF は互いに L_{12}, L_{23} の距離をおいて配置される. また, RFF3 から検出位置までの距離を L_{3d} とする.

RFF1 は角振動数 ω_s の $\pi/2$ フリッパー, RFF2 は同じ角振動数 ω_s の π フリッパーである. この 2 つには z 軸方向に同じ強さの静磁場 B_z がかかってお

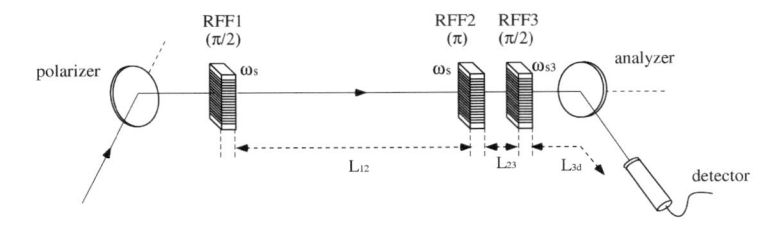

図 7.21: 共鳴スピンフリッパーを用いた高周波スピン干渉システムの構造

り，フリッパー内部と出入り口近傍で共鳴条件

$$\hbar\omega_s = 2|\mu_n|B_z \qquad (7.72)$$

を満たすとする．

また，RFF3 は角振動数 ω_{s3} の $\pi/2$ フリッパーであり，z 方向には B_{z3} の磁場がかかっているとする．ここでもその内部と近傍で

$$\hbar\omega_{s3} = 2|\mu_n|B_{z3} \qquad (7.73)$$

の共鳴条件が成り立つとする．ただし，$B_z \gg B_{z3}$, すなわち $\omega_s \gg \omega_{s3}$ とする．

このスピン干渉システムにおけるスピン状態とエネルギー状態の遷移を図 7.22 に示す．RFF1 は分波器である．スピン上向き状態で入射した中性子を確

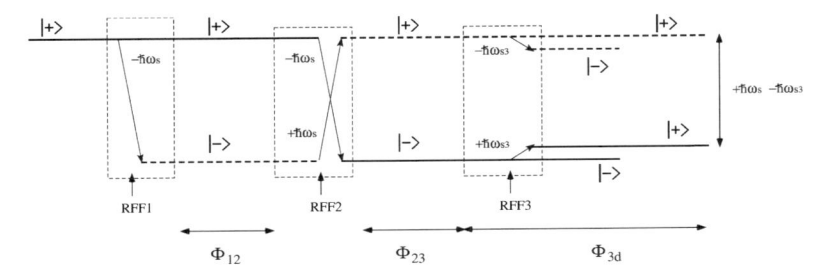

図 7.22: 高周波スピン干渉システムにおけるスピンとエネルギー状態の遷移．このシステムでは実線経路と破線経路の間の干渉が観測される．Φ_{12}, Φ_{23}, Φ_{3d} は各領域で生じる分散性位相．

率 1/2 で下向き状態へと遷移させる．この遷移の際にエネルギー $\hbar\omega_s$ が失われ，分波間（2つのスピン固有状態間）に全エネルギー差がつく．

　RFF1 と RFF2 の間のガイド磁場の強さ B_{z0} が RFF1, RFF2 の共鳴条件を満たす静磁場 B_z より十分小さいため，RFF1 で生じた全エネルギー差が運動エネルギー差にほぼ等しくなる．したがって中性子波長に依存した位相が2状態間に現れる．これを Φ_{12} と記す．

　RFF2 はこの分散性位相をキャンセルするための π フリッパーである．すなわち，スピン状態を完全に反転させることにより，エネルギー差を逆転させる．RFF2 と RFF3 の間でも全エネルギー差は運動エネルギー差にほぼ等しいので，これまでとは反対の符号を持つ分散性位相が両状態間に現れる．こうして RFF2 と RFF3 との間で生じる分散性位相を Φ_{23} と記す．

　RFF3 では分波された2状態をスピン空間で重ね合わせる．この際もエネルギーの遷移 $\pm\hbar\omega_{s3}$ は起きるが，その大きさは $\pm\hbar\omega_s$ に比べ小さい．この重ね合わせの後，干渉する2状態の間にエネルギー差 $\hbar(\omega_s - \omega_{s3})$ が存在する．ここでは2状態は同じスピン状態にあるため，全エネルギー差は運動エネルギー差に等しい．したがって，RFF3 から検出器の間にもこれに基づく分散性位相が生じる．これを Φ_{3d} と記す．

　最後に，偏極解析ミラーでスピン上向き状態のみを反射させて検出し，重ね合わされた2分波間の干渉を測定する．このとき干渉パターンを観測するための条件は検出位置での分散性位相をゼロにすることである．すなわち，

$$\Phi_{12} - \Phi_{23} - \Phi_{3d} = 0 . \tag{7.74}$$

両状態間の全エネルギー差のため，検出位置での中性子強度は時間的に振動する．したがって，計数の時間依存性を測定すれば干渉パターンを得ることができる．

RFF1 による分波

状況は 7.2.2 節と同じである．すなわち，偏極ミラーで反射された中性子の RFF1 入り口近傍における波動関数は $\omega_z = |\mu_n| B_z / \hbar$ として

$$\psi_1^{\text{in}} = \begin{pmatrix} e^{ik_0^+ x} \\ 0 \end{pmatrix} e^{-i\omega_0 t} \simeq \begin{pmatrix} e^{-i\omega_z x/v} \\ 0 \end{pmatrix} e^{ik_0 x - i\omega_0 t} \quad (7.75)$$

と書ける．ただし，原点 $x = 0$ を RFF1 入り口にとった．

RFF1 にかけられている磁場 $\boldsymbol{B_1}$ は次のように書ける．

$$\boldsymbol{B_1} = \hat{\boldsymbol{x}}(2B_{r1}) \cos \omega_s t + \hat{\boldsymbol{z}} B_z . \quad (7.76)$$

ただし，RFF1 の磁場領域を d とした時，$\pi/2$ フリップ条件 $|\mu_n| B_{r1}/\hbar v = \pi/4$ が成り立っているとする．

共鳴条件 $\omega_s = 2\omega_z$ が成り立っていることから，RFF1 出口近傍での波動関数は

$$\psi_1^{\text{out}} = \frac{1}{\sqrt{2}} \begin{pmatrix} e^{ik_0^+ x} e^{-i\omega_0 t} \\ -i e^{ik_3^- x} e^{-i(\omega_0 - \omega_s) t} \end{pmatrix} \simeq \frac{1}{\sqrt{2}} \begin{pmatrix} e^{-i\omega_z x/v} \\ -i e^{i\omega_z x/v} e^{i\omega_s (t - x/v)} \end{pmatrix} e^{ik_0 x - i\omega_0 t} \quad (7.77)$$

と計算される．

つぎに，RFF1 出口 ($x = d$) から RFF2 入り口 ($x = d + L_{12}$) にいたる領域を考える．この領域にかけられた磁場はガイド磁場 B_{z0} ($\ll B_z$) である．したがって，この領域での波動関数は

$$\begin{aligned}
\psi_{1 \to 2} &= \frac{1}{\sqrt{2}} \begin{pmatrix} e^{-i\omega_{z0}(x-d)/v} e^{-i\omega_z d/v} \\ -i e^{i\omega_{z0}(x-d)/v} e^{i\omega_z d/v} e^{i\omega_s (t - x/v)} \end{pmatrix} e^{ik_0 x - i\omega_0 t} \\
&= \frac{1}{\sqrt{2}} \begin{pmatrix} e^{-i\omega_{z0}(x-d)/v} \\ -i e^{i\omega_s t} e^{-i\omega_s (x-d)/v} e^{i\omega_{z0}(x-d)/v} \end{pmatrix} e^{-i\omega_z d/v} e^{ik_0 x - i\omega_0 t}
\end{aligned} \quad (7.78)$$

と書ける．ただし，$0 \leq x \leq d$ で共鳴条件が成り立っていることを用いた．

一般的にガイド磁場 B_{z0} が一様でなく，位置 x に依存している場合を考えると，

$$\pm i \frac{\omega_{z0}(x-d)}{v} \to \pm i \Omega(x) \equiv \pm i \int_d^x dx \, \frac{\omega_{z0}(x)}{v} \quad (7.79)$$

と書き換えることによって,

$$\psi_{1\to 2} = \frac{1}{\sqrt{2}} \begin{pmatrix} e^{-i\Omega(x)} \\ -ie^{i\Omega(x)}e^{i\omega_s t}e^{-i\omega_s(x-d)/v} \end{pmatrix} e^{ik_0 x - i\omega_0 t} \qquad (7.80)$$

となる. 但し, 共通の定数位相項 $e^{-i\omega_z d/v}$ は省略した.

RFF2によるスピン反転

RFF2 の磁場 $\boldsymbol{B}_2$ は

$$\boldsymbol{B}_2 = \hat{\boldsymbol{x}}(2B_{r2})\cos\omega_s t + \hat{\boldsymbol{z}}B_z \qquad (7.81)$$

である.

まず, RFF2 の入り口 ($x = d + L_{12}$) における位相 $\Omega(d+L_{12})$ を

$$\Omega(d+L_{12}) = \Omega_{12} \qquad (7.82)$$

とおき, さらに原点を RFF2 入り口に移す. すると, RFF2 入り口近傍での中性子の波動関数は次のようになる.

$$\psi_2^{\text{in}} = \frac{1}{\sqrt{2}} \begin{pmatrix} e^{-i\Omega_{12}}e^{-i\omega_z x/v} \\ -ie^{i\Omega_{12}}e^{-i\omega_s L_{12}/v}e^{i\omega_z x/v}e^{i\omega_s(t-x/v)} \end{pmatrix} e^{ik_0 x - i\omega_0 t}. \qquad (7.83)$$

ただし, RFF2 入り口の近傍では垂直磁場は B_z に等しいとした. さらに, RFF1 と RFF2 の間でついた位相差を Φ_{12} としてまとめると,

$$\psi_2^{\text{in}} = \frac{1}{\sqrt{2}} \begin{pmatrix} e^{-i\omega_z x/v} \\ -ie^{-i\Phi_{12}}e^{i\omega_z x/v}e^{i\omega_s(t-x/v)} \end{pmatrix} e^{ik_0 x - i\omega_0 t},$$

$$\Phi_{12} = \frac{\omega_s L_{12}}{v} - 2\Omega_{12}, \qquad (7.84)$$

となる.

RFF2 ではスピンは π フリップする. すなわち式 (1.167) において $\epsilon = 0$, $\omega_r d/v = |\mu_n|B_{r2}d/\hbar v = \pi/2$ である. よって, RFF2 出口近傍での波動関数は

$$\psi_2^{\text{out}} = \frac{1}{\sqrt{2}} \begin{pmatrix} -e^{-i\Phi_{12}}e^{-i\omega_z x/v} \\ -ie^{i\omega_z x/v}e^{i\omega_s(t-x/v)} \end{pmatrix} e^{ik_0 x - i\omega_0 t} \qquad (7.85)$$

となり，スピン状態が反転すると同時にエネルギー状態も反転する．

RFF2 から離れると，磁場は再び B_{z0} のみとなるので，RFF3 までの間 $d \leq x \leq d + L_{23}$ での波動関数は式 (7.79) と同じ $\Omega(x)$ を用いて

$$\psi_{2\to 3} = \frac{1}{\sqrt{2}} \begin{pmatrix} -e^{-i\Phi_{12}}e^{-i\Omega(x)} \\ -ie^{i\Omega(x)}e^{i\omega_s t}e^{-i\omega_s(x-d)/v} \end{pmatrix} e^{ik_0 x - i\omega_0 t} \tag{7.86}$$

と書かれる．この式より，RFF2 以降で生じる分散性の位相差は $-\omega_s(x-d)/v + 2\Omega(x)$ であり，Φ_{12} と逆の符号をもっていることが分かる．

RFF3 での重ね合わせ

RFF3 入り口 $x = d + L_{23}$ における位相 $\Omega(d + L_{23})$ を Ω_{23} と書いて，その上で原点を RFF2 入り口から RFF3 入り口へと移す．すると RFF3 入り口近傍での中性子の波動関数は

$$\psi_3^{\text{in}} = \frac{1}{\sqrt{2}} \begin{pmatrix} -e^{-i(\Phi_{12} - \Phi_{23})}e^{-i\omega_{z3}x/v} \\ -ie^{i\omega_{z3}x/v}e^{i\omega_s(t-x/v)} \end{pmatrix} e^{ik_0 x - i\omega_0 t},$$
$$\Phi_{23} = \frac{\omega_s L_{23}}{v} - 2\Omega_{23}, \tag{7.87}$$

と書ける．ただし，RFF2 と RFF3 の間で得られた分散性位相を Φ_{23} としてまとめた．

この状態の中性子が $\pi/2$ フリッパーである RFF3 を通過したときの波動関数を計算する．RFF3 での磁場 $\boldsymbol{B_3}$ は次のように書かれる．

$$\boldsymbol{B_3} = \hat{\boldsymbol{x}}(2B_{r3})\cos\omega_{s3}t + \hat{\boldsymbol{z}}B_{z3}. \tag{7.88}$$

上成分，下成分を分けて考えると，まず上成分については

$$\begin{pmatrix} -e^{-i(\Phi_{12} - \Phi_{23})}e^{-i\omega_{z3}x/v} \\ 0 \end{pmatrix} e^{ik_0 x - i\omega_0 t}$$
$$\to \frac{1}{\sqrt{2}} \begin{pmatrix} -e^{-i(\Phi_{12} - \Phi_{23})}e^{-i\omega_{z3}x/v} \\ ie^{-i(\Phi_{12} - \Phi_{23})}e^{i\omega_{z3}x/v}e^{i\omega_{s3}(t-x/v)} \end{pmatrix} e^{ik_0 x - i\omega_0 t}, \tag{7.89}$$

下成分については

$$
\begin{pmatrix} 0 \\ -ie^{i\omega_{z3}x/v}e^{i\omega_s(t-x/v)} \end{pmatrix} e^{ik_0x - i\omega_0 t} \\
\to \frac{-i}{\sqrt{2}} \begin{pmatrix} -ie^{-i\omega_{z3}x/v}e^{-i\omega_{s3}(t-x/v)} \\ e^{i\omega_{z3}x/v} \end{pmatrix} e^{i\omega_s(t-x/v)}e^{ik_0x - i\omega_0 t},
\tag{7.90}
$$

と計算されるので，これらを足し合わせると

$$
\psi_3^{\text{out}} = \frac{1}{2} \begin{pmatrix} \left(e^{-i(\Phi_{12} - \Phi_{23})} + e^{i(\omega_s - \omega_{s3})(t-x/v)}\right) e^{-i\omega_{z3}x/v} \\ i\left(-e^{-i(\Phi_{12} - \Phi_{23})}e^{i\omega_{s3}(t-x/v)} + e^{i\omega_s(t-x/v)}\right) e^{i\omega_{z3}x/v} \end{pmatrix} e^{ik_0x - i\omega_0 t},
\tag{7.91}
$$

となる．このとき，上下両成分において，第1項は分波後 $|z-\rangle$ 状態にあるもの（図 7.22 の破線経路），第2項は分波後 $|z+\rangle$ 状態にあるもの（図 7.22 の実線経路）に相当する．

偏極解析と検出

　最後に，偏極解析ミラーで反射した成分を検出する．反射成分の波動関数は，全体の位相を除けば式 (7.91) の上成分に等しい．従って，検出位置 $x = d + L_{3d}$ における確率密度は

$$
|\psi_{\text{det}}|^2 = \frac{1}{2} \left\{ 1 + \cos\left[(\omega_s - \omega_{s3})t + \Phi_{12} - \Phi_{23} - \Phi_{3d}\right] \right\}
\tag{7.92}
$$

となる．ただし，

$$
\Phi_{3d} = \frac{(\omega_s - \omega_{s3})(d + L_{3d})}{v}
\tag{7.93}
$$

は重ね合わせ後の両状態のエネルギー差に基づく分散性位相である．したがって，ビーム強度の時間変化を測定すれば，振動数が $(\omega_s - \omega_{s3})/2\pi$ の時間的干渉パターンが観測できる．

　干渉パターンを観測するための条件は，検出位置での分散性位相

$$
\Phi_{\text{total}} = \Phi_{12} - \Phi_{23} - \Phi_{3d}
\tag{7.94}
$$

をできるだけ抑え,その分散を 2π に比べて十分小さい値にすることである.ただし,Φ_{12} は式 (7.84) ,Φ_{23} は式 (7.87) ,Φ_{3d} は (7.93) で,それぞれ定義したものである.

また,ビームの通過経路によって上記の位相が大きく変わらないようにすることも必要である.このため,RFF の精密な配置や磁場の均一性が要求される.すなわち,中性子の経路による ΔL_{12} や $\Delta \omega_z$ のような不確かさを小さく抑えなくてはならない.

実験素子の精確配置

たとえば速度 314 m sec^{-1} の中性子ビームを利用する場合,100 kHz の干渉では,検出器位置での干渉の空間的周期が

$$314 \text{ m sec}^{-1} \times 10^{-5} \text{ sec} = 3.14 \text{ mm} \tag{7.95}$$

となる.従って検出器位置をわずかに変えるだけで干渉パターンの位相が変化する.あるいは,検出器の検出面がビームに対して傾いていると,ビーム内の中性子の縦の位置によって検出位置が変わることになり,位相にばらつきが出てしまう(図 7.23).その大きさは,検出位置の不確かさを Δl,干渉パターンの角振動数を ω とすれば

$$\Delta_1 \phi = \omega \Delta l / v \tag{7.96}$$

で与えられる.従って,Δl が 1 mm 程度でも 0.3 周期以上位相がずれることになり,傾きの制御は重要である.

正確な配置はフリッパーについても必要である(図 7.24).たとえば π フリッパーの前後では両スピン状態間につく位相差は符号が逆転する.このフリッパーがビームに対して垂直に置かれていないと,ビーム中の中性子の経路によって位相差にばらつきが出てしまう.その大きさを $\Delta_2 \phi$ とすると

$$\Delta_2 \phi = 2\omega \Delta l / v \tag{7.97}$$

となる.この領域でも $\omega/2\pi$ は 100 kHz であるから,同様の配置精度が求められる.このために,フリッパー自身の構造についても注意が必要で,磁場領域がビーム内の中性子の経路によって変わらないように製作しなければならない.

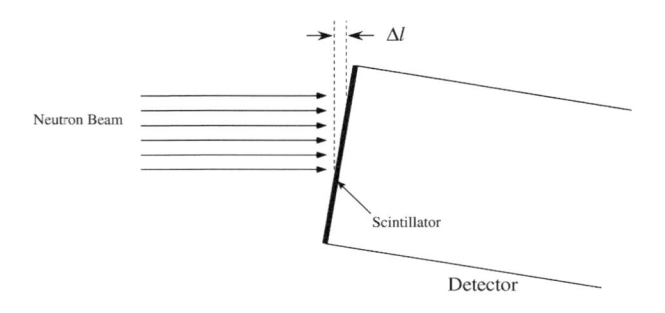

図 7.23: 検出位置の不安定性と位相のぶれ

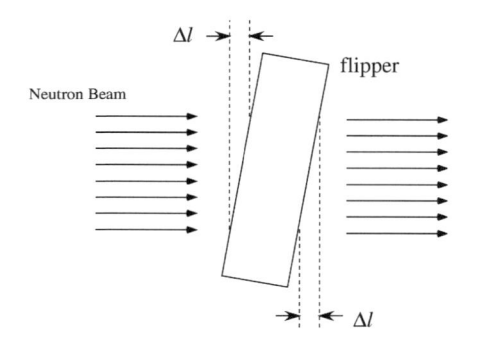

図 7.24: flipper 位置の不安定性と位相のぶれ

この 2 つの位相分散 $\Delta_1\phi$ と $\Delta_2\phi$ は独立したものであって, それぞれを小さく抑える必要がある.

疎密の局在

偏極解析ミラーから検出器までの間のある位置 x における中性子の確率密度は, 式 (7.92), (7.93) において $L_{3d} \to x$ としたもので与えられる. すなわち,

$$|\psi_3^{\text{out}}|_{\text{ref}}^2 = \frac{1}{2}\left\{1 + \cos\left[(\omega_s - \omega_{s3})(t - x/v) + \Phi_{12} - \Phi_{23}\right]\right\} . \quad (7.98)$$

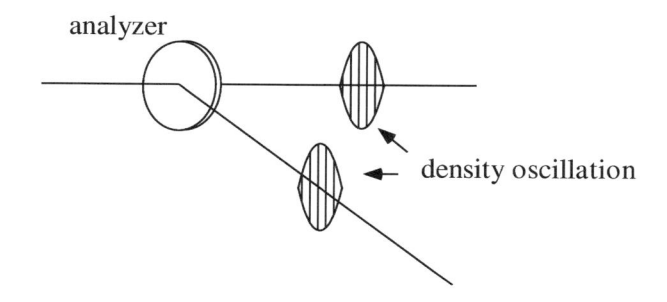

第7章 共鳴スピンフリッパーを用いた冷中性子スピン干渉法

図 7.25: 疎密の局在．偏極ミラーの反射ビームと透過ビームで同じ位置に疎密が現れる．

ただし，原点 $x = 0$ は RFF3 の入り口に取られている．この式を見ると，高周波スピン干渉システムでも，得られる干渉ビームは時間的，空間的疎密性を持っていることがわかる．

7.2 節の冷中性子スピン干渉計では，干渉パターンの振動数 $(\omega_{s2} - \omega_{s1})/2\pi$ がせいぜい 1 kHz 以下であった．そして，疎密は RFF2 による重ね合わせの位置から後ろで，すこしずつビジビリティを落としながら 9 m 以上の範囲にわたって存在する．

それに対し，100 kHz 以上の高周波スピン干渉システムでは，疎密の周期は 3 mm 程度以下であり，疎密は式 (7.94) の Φ_{total} がゼロとなる地点（これを検出位置とする）から，上流下流にそれぞれ 9 cm 程度以下の領域でしか観測されない．さらに 1 MHz 以上のシステムでは疎密が ±9 mm 以下に局在することになる．

このように，高周波スピン干渉法では，偏極解析ミラーから一様な強度のビームが反射されてくるが，検出器位置とその近傍のみで疎密の流れが現れ，さらに下流では再びビーム強度が一様になる，という現象が起こる．これは偏極解析ミラーの透過ビームについても同様で，ミラーからの距離が同じ位置で疎密が現れることになる．

これは次のように考えると理解できる．すなわち，偏極解析ミラーから出てくる干渉ビームは，各波長の完全単色成分による（完全に一様なビジビリティの）疎密の流れ (7.98) が波長分布に従って足し合わされたものである．ほとん

どの場所では各波長に対応する疎密の位相がそろっていないため,足し合わせの結果密度が一様になってしまう.しかし,検出位置近傍では(波長に依存する)分散性位相がほぼゼロになるため,疎密が各波長でそろうことになり,全体として疎密が観測できるのである.

このような現象は時間依存の干渉法に特有のものである.

7.3.3 高周波スピン干渉パターンの観測

実験条件

実験は日本原子力研究所 JRR-3M の C3-1-2 ビームラインにおいて行われた.ビームは横幅が 1 mm,縦幅が約 40 mm であり,ビームの波長は 1.26 nm,波長分解能は約 3.5 % である.実験配置を図 7.26 に示す.

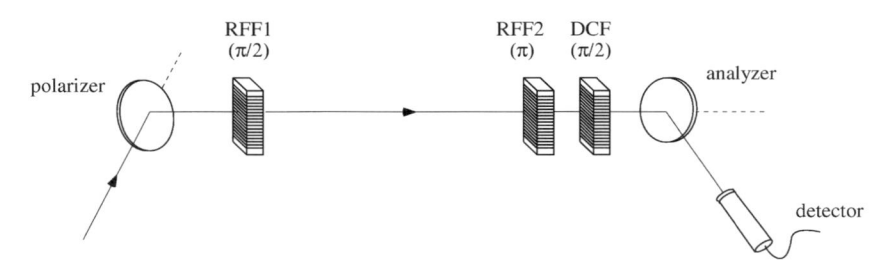

図 7.26: 高周波スピン干渉計の配置図

2つの RFF は同じ振動数に設定され,共鳴条件のもとで RFF1 は $\pi/2$ フリッパー,RFF2 は π フリッパーとして働くように振動磁場の振幅,垂直磁場の強さを調整した.つまり,スピン反転率が一番高くなるように垂直静磁場用の直流電流を設定した.また,重ね合わせるための3つめのフリッパーには,DC $\pi/2$ フリッパー (DCF) を用いた.これは,前節の計算で $\omega_{s3} = 0$ の場合と考えればよい.

偏極ミラーは 45 パーマロイとゲルマニウムの対層からなる磁気多層膜ミラーであり,ガイド磁場(約 0.8 mT)によって 45 パーマロイの磁化は飽和される.このガイド磁場は実験系全体にわたって鉛直方向 ($z+$ 方向) にかかっている.

制御系

実験の際のフリッパー制御系, 計測系のダイアグラムを図 7.27 に示す.

RFF と時間解析装置の間で同期を取るためのトリガー信号は 20 kHz の矩形信号として, 発振器 A から時間解析装置および発振器 B へと送られる. 発振器 B はアンプを通じて 2 つの RFF に同期した 2 つの正弦波電流を送る. したがって, トリガーシグナルが発信されるたびに時間解析装置の時間は原点に戻され, さらに 2 つの RFF の位相もゼロに戻されたうえで, 計測は繰り返される.

また, 重ね合わせに使われる DC $\pi/2$ フリッパーは 2 つの RFF や時間解析装置とは独立に, 定常的に駆動される.

検出器は ^{6}Li のガラスシンチレータ (厚さ 0.1 mm) を用いたシンチレーション検出器である.

100 kHz や 200 kHz の干渉パターンを観測するには, 少なくとも 0.1 μsec の時間分解能は必要である. そのため, 検出器として ^{6}Li ガラスシンチレーション検出器を用いた. ^{6}Li 検出器と ^{3}He ガス検出器の検出シグナルを図 7.28, 7.29 に示す.

これらを見ると, ^{3}He 検出器では検出シグナルの立ち上がりが 2 μsec 程度なのに対し, ^{6}Li 検出器では 20 nsec 程度である. したがって, ^{6}Li 検出器であれば MHz オーダーの時間的干渉パターンの測定も十分可能である.

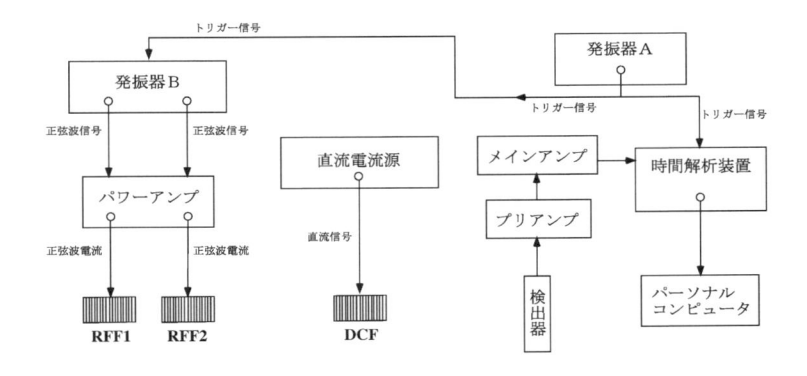

図 7.27: フリッパーと計測系の制御システム

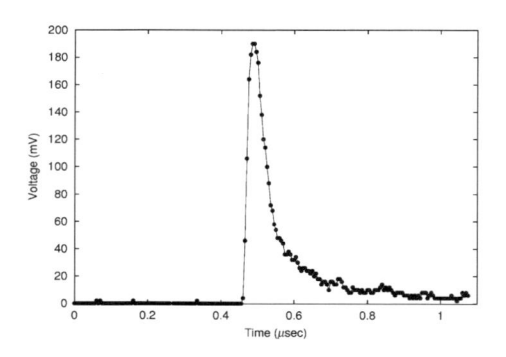

図 7.28: ^{6}Li シンチレーション検出器の検出シグナル. 光子増倍管出力.

干渉パターンの観測

まず, 100 kHz の干渉パターンを観測した. このとき, RFF2 の位置, 検出器の位置を調節し, 最も高いビジビリティの得られる場所を探したうえで観測を行った.

トリガー信号の周期を 20 kHz に設定した. RFF1 は振動数 100 kHz, 振動電流振幅 165 mA, バースト数 200 に, RFF2 は振動数 100 kHz, 振動電流振幅 260 mA, バースト数 200 とした. RFF1 の垂直磁場用電流は 1.88 A, RFF2 では 1.96 A に設定した. このときのスピン反転率は RFF1 と RFF2 でともに約 0.96 であった. 観測した時間的干渉パターンを図 7.30 に示す. このとき測定時間は 1125 秒であった.

得られた干渉パターンを最小二乗法でフィッティングした結果, 周期は 9.993 ± 0.08 μsec, ビジビリティは 0.534 ± 0.003, であった.

次に, 200 kHz の干渉実験を行った. 実験配置はこれまでと同じであり, このときも改めてビジビリティの一番高い場所を探した上で観測を行った.

今回はトリガー信号の周期を 40 kHz に設定した. RFF1 は振動数が 200 kHz, 振動電流振幅が 140 mA, バースト数は 200, RFF2 は振動数が 200 kHz, 振動電流振幅は 257 mA, バースト数は 200 とした. また, 垂直磁場コイルへの電流は RFF1 で 4.16 A, RFF2 で 4.29 A に設定した. このときのフリッパーの反転率は RFF1 が (反転率を最大に設定したときで) 約 0.95, RFF2 が

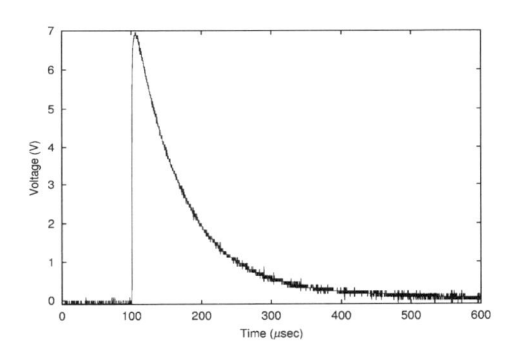

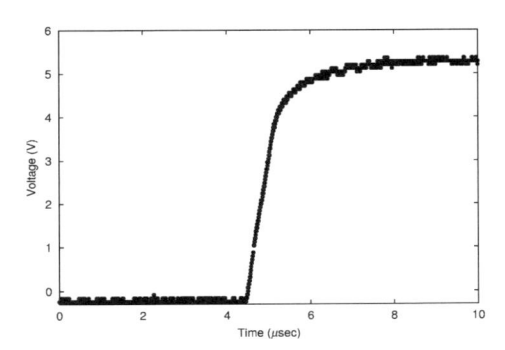

図 7.29: ^{3}He ガス検出器の検出シグナルの全体図 (上), と立ち上がり部分の拡大図 (下). プリアンプ出力.

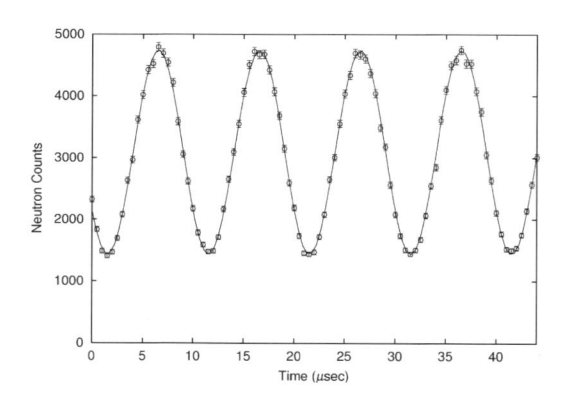

図 7.30: 100kHz の干渉パターン

約 0.94 であった.

測定結果を図 7.31 に示す.

このときの測定時間は 450 秒であった. これを最小二乗法でフィッティングした結果, ビジビリティは 0.35 ± 0.08, 周期は 4.99 ± 0.01 μsec と求められた.

得られた干渉パターンのビジビリティは第 7.2 章で得られたものに比べて低い. また 100 kHz より 200 kHz の干渉パターンのほうが低いビジビリティを持っている. このことは, 7.3.2 節で述べたフリッパーや検出器の精密配置が不十分であること, 配置精度のビジビリティに与える影響が高周波であるほど大きいこと, によると考えられる.

干渉パターンの位置依存性

検出位置における中性子の存在確率密度は式 (7.92), (7.93) に見るように, 検出位置 $x = L_{\xi d}$ に依存している. したがって, 検出器の位置を変えればその分だけ干渉パターンの位相がずれるはずである. また, 検出位置が分散性位相を相殺する条件から大きく外れていれば, 干渉パターンのビジビリティは小さくなっていく.

ここでは, 干渉パターンの位相の検出位置依存性を見るために, 検出器の位

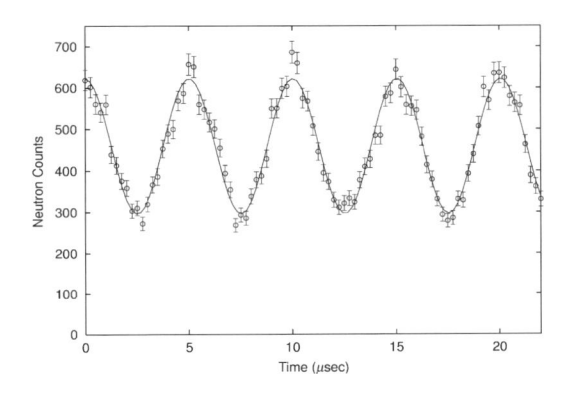

第 7 章　共鳴スピンフリッパーを用いた冷中性子スピン干渉法

図 7.31: 200kHz の干渉パターン

置を変えながら干渉パターンの測定を行った．測定条件は 100 kHz の干渉パターンを測定したときと同じである．

その結果を図 7.32 に示す．測定時間は 1 つ 1 つの干渉パターンに対して 1125 秒である．

これを 1 次関数 $f(x) = ax + b$ でフィッティングした結果, $a = 0.313 \pm 0.002$, $b = 0.146 \pm 0.005$ と計算された．つまり，検出位置が $1/a = 3.19 \pm 0.02$ mm 後方に下がると，位相が一周期進むことになる．100 kHz の干渉パターンの周期は 10 μsec であり，波長 1.26 nm （速度約 314 m sec^{-1}）の中性子が 10 μsec の間に進む距離が約 3.14 mm なので，この結果は妥当である．

7.3.4　スピンエコー分光器への応用の可能性

検出位置での存在確率密度は式 (7.92) で与えられるが，ここに現れる分散性位相

$$\Phi_{\text{total}} \equiv \Phi_{12} - \Phi_{23} - \Phi_{3d} \tag{7.99}$$

を利用して，散乱による中性子の速度変化を観測することが可能である．ただし今後，簡単のため RFF 以外の場所でのガイド磁場の強さはゼロであるとす

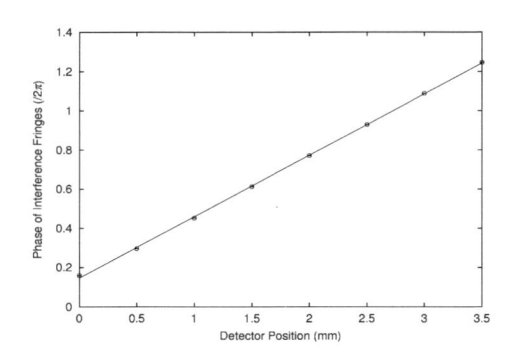

図 7.32: 検出器位置と干渉パターンの位相の関係

る．また，RFF3 の代わりに DC $\pi/2$ フリッパーを用いる．これは $\omega_{s3} = 0$ に相当する．すなわち，

$$\Phi_{\text{total}} = \frac{\omega_s L_{12}}{v} - \frac{\omega_s L_{23}}{v} - \frac{\omega_s L_{3d}}{v}. \tag{7.100}$$

散乱体のないとき，検出位置で干渉パターンを観測するために，分散性位相はゼロに相殺される．すなわち，$\Phi_{\text{total}} = 0$ である．

それに対し，たとえば偏極解析ミラーのうしろに散乱体をおき，そこで速度変化 $\delta v = v' - v$ が起こった場合を考える．散乱体の位置から検出位置までの距離を L とすれば，このときの分散性位相の変化量 $\delta \Phi_{\text{total}}$ は

$$|\delta \Phi_{\text{total}}| = \left(\frac{\omega_s L}{v}\right) \frac{\delta v}{v} \tag{7.101}$$

と書ける．これは偏極解析ミラーより後ろで獲得した分散性位相に速度変化の割合を掛けたものである．この結果，干渉パターンの位相がシフトし，ビジビリティが下がることになる．すなわち，位相シフトを $\delta \Theta$ と書くと

$$|\delta \Theta| = |\delta \Phi_{\text{total}}| = \left(\frac{\omega_s L}{v}\right) \frac{\delta v}{v}. \tag{7.102}$$

散乱による中性子のエネルギー変化を $\hbar \omega$ と書くと，

$$\omega = \frac{m_n v \delta v}{\hbar} \tag{7.103}$$

より，位相シフトを

$$|\delta\Theta| = \omega \tau_{\text{NSE}} ,$$
$$\tau_{\text{NSE}} = \frac{\hbar \omega_s L}{m_n v^3} = \frac{\omega_s m_n^2 \lambda^3 L}{(2\pi)^3 \hbar^2} , \qquad (7.104)$$

と表すことができる．τ_{NSE} は高周波スピン干渉システムおよび中性子ビームの性質に依存する量であり，分光器の性能を特徴付ける．この τ_{NSE} をスピンエコー時間と呼ぶ．スピンエコー時間から，この高周波スピン干渉システムを分光器として使う際の，エネルギー分解能が計算できる．すなわち，エネルギー分解能 ΔE を，干渉パターンの位相を 2π ずらすエネルギー変化量と定義すれば，

$$\Delta E = h/\tau_{\text{NSE}} , \qquad (7.105)$$

となる．ただし，$h = 2\pi\hbar$ である．すなわち，エネルギー分解能を上げるためには，τ_{NSE} を大きくすること，あるいはより大きな ω_s, L が必要である．

こうして，時間的干渉パターンの振動数 $\omega_s/2\pi$ と散乱体から検出器までの距離 L を与えれば，τ_{NSE} と ΔE は各波長について計算することができる．

例として，$L = 1$ m，$\omega_s/2\pi = 200$ kHz として，様々な波長の場合に τ_{NSE} と ΔE を計算した結果を表 7.1 に示す．

表 7.1: 200 kHz の高周波干渉システムを分光器として利用した場合の τ_{NSE} とエネルギー分解能 ΔE．ただし，散乱体から検出器までの距離を 1 m とした．

中性子波長 (nm)	τ_{NSE} (nsec)	ΔE (μeV)
0.5	0.16	25.9
1.0	1.28	3.24
1.25	2.50	1.66
1.5	4.32	0.96
2.0	10.22	0.41

このように，200 kHz の高周波スピン干渉システムでは，エネルギー分解能は μeV のオーダーである．また，エネルギー分解能は干渉パターンの振動数 ω_s に比例するので，100 kHz にすれば分解能は半分になる．

また，エネルギー分解能は波長の3乗に比例するので，より波長の長い中性子を利用することは分解能の向上に大きく寄与する．しかし，長波長中性子は強度が極端に下がるので，この利用には強力な中性子源が必要である．

分光器として実用化するためには 100 neV 程度のエネルギー分解能が必要であるが，このためには MHz オーダーの高周波干渉パターンを観測できるシステムが必要になる．さらに，より広い波長分布をもつビームに対応したシステムにすることも重要である．

そのためには，

- MHz オーダーの振動数で機能する RFF を開発すること．さらに，できるだけ広い波長領域で高い反転率を持つ RFF を開発すること．

- 環境磁場を遮断し，さらにスピン干渉システム内の磁場の一様性を上げること．

- 広い波長領域で偏極率の高い中性子ビームを反射する磁気スーパーミラーを開発すること．

- フリッパー，検出器などを 0.1 mm 未満の高精度で配置すること．

などが必要である．

7.4　おわりに

本章では共鳴スピンフリッパーを用いた冷中性子スピン干渉法について述べた．

まず，共鳴 $\pi/2$ フリッパーをスピン空間での分波器，重ね合わせ器として用いることで，従来にないタイプの冷中性子スピン干渉計を組むことができることを実証した．干渉パターンの観測を妨げる「分散性位相」を原理的に小さく抑える構造のスピン干渉計を開発した．これは従来の干渉計と比べて，構造が簡単であるにもかかわらず，高いビジビリティの干渉パターンを得ることができる．また，この干渉計では3種類の干渉パターン，すなわち時間依存性干渉パターン，共鳴スピンフリッパーの振動磁場の位相に依存する干渉パターン，垂

直磁場との相互作用による干渉パターンの3種類を観測できることを示した．これらは，実験の用途に応じて選択が可能である．

この干渉計を用いて上記3種の干渉パターンの観測実験を行い，いずれもビジビリティが 0.9 前後の干渉パターンが得られた．また，具体的な応用として静電場中で運動する中性子が感じる「見かけの磁場」と中性子磁気モーメントとの Schwinger 相互作用が測定可能であることを示した．

次に，異なるエネルギー固有状態の干渉ビームが時間的，空間的に疎密性を持っていることを，上記の冷中性子スピン干渉計を用いて実証した．すなわち，チョッパーなどでビームを遮断しなくても，スピン干渉現象を用いて連続的な中性子ビームから疎密を持つ中性子ビームが得られることを実証した．

この実験には周期的に短時間駆動するスピン π フリッパーと磁気多層膜ミラーからなるスピンフリップチョッパーをビームストッパーとして用いた．このスピンフリップチョッパーは，開口率と周期を独立に制御できるなど機械的チョッパーにはない特性をもっている．

次に，共鳴スピンフリッパーを用いて 100 kHz 以上の高周波の時間依存性干渉パターンを測定するスピン干渉システムの開発をおこなった．この干渉システムでは大きな分散性位相が生成されるため，それを利用してスピンエコー分光器への応用の可能性を考察した．

分散性位相は検出位置では相殺されていないと干渉パターンを観測できなくなる．そこで，分散性位相の相殺機構を取り入れた高周波スピン干渉法を開発した．また，実験素子の位置の不確かさが位相に与える影響についても考察し，干渉パターンを観測するための条件を示した．

干渉パターンの観測実験は 100 kHz と 200 kHz について行った．測定の結果，100 kHz の干渉パターンはビジビリティが 0.53，200 kHz の干渉パターンは 0.35 のビジビリティで観測された．

次に，干渉パターンの検出位置依存性を調べた．実験は 100 kHz の干渉パターンについて行い，検出位置が 3.2 mm 変わると，干渉パターンが1周期ずれることが示された．これは，使用した冷中性子の速度が約 314 m sec^{-1} であることと合致する結果である．

最後に，この高周波スピン干渉システムをスピンエコー型分光器としてみたときの性能を評価し，μeV オーダーのエネルギー分解能をもつことを示した．

さらに，より高分解能の分光器として実用化するために必要な条件を明らかにした．

参考文献

[1] D. Yamazaki, Nuclear Instruments and Methods **A 488** (2002) 623.

[2] N. F. Ramsey, *Molecular Beams* (Clarendon, Oxford, 1956).

[3] N. F. Ramsey, Phys. Rev. A **48** (1993) 80 .

[4] Ch. J. Bordé, Phys. Lett. **A 140** (1989) 10 .

[5] F. Riehle, Th. Kisters, A. Witte, J. Helmcke, Ch. J. Bordé, Phys. Rev. Lett. **67** (1991) 177.

[6] G. Badurek, H. Rauch, J. Summhammer, Phys. Rev. Lett. **51** (1983) 1015.

[7] M. Köppe, M. Bleuel, R. Gähler, R. Golub, P. Hank, T. Keller, S. Longeville, U. Rauch, J. Wuttke, Physica **B 266** (1999) 75.

[8] R. Gähler and R. Golub, Z. Phys. B**65** (1987) 269.

[9] R. Golub and R. Gähler, Phys. Lett. A**123** (1987) 43.

[10] R. Gähler and R. Golub, J. Phys. (Paris) **49** (1988) 1195.

[11] S. V. Grigoriev, W. H. Kraan, F. M. Mulder, M. Th. Rekverdt, Phys. Rev. **A 62** (2000) 063601.

[12] F. M. Mulder, S. V. Grigoriev, W. H. Kraan, M. Th. Rekveldt, Europhys. Lett. **51** (2000) 13.

[13] V. L. Alexeev, V. V. Fedorov, E. G. Lapin, E. K. Leushkin, V. L. Rumiantsev, O. I. Sumbaev, V. V. Voronin, Nucl. Inst. Meth. Phys.**A 284** (1989) 181.

付録 A　中性子に関する物理量の関係

A.1　波長, 速度, エネルギー

- 中性子の運動エネルギー K と波長 λ の関係

$$K \cdot \lambda^2 = \frac{h^2}{2m_n} \simeq 0.818 \text{ meV nm}^2 . \tag{A.1}$$

- 中性子の速度 v と波長 λ の関係

$$v \cdot \lambda = \frac{h}{m_n} \simeq 3.956 \times 10^2 \text{ m sec}^{-1} \text{ nm} . \tag{A.2}$$

A.2　静磁場との相互作用

- 磁場の強さ B とラーモア振動数 $\omega_L = 2|\mu_n|B/\hbar$ の関係

$$\frac{\omega_L}{B} = \frac{2|\mu_n|}{\hbar} \simeq 2\pi \times 2.92 \times 10^7 \text{ rad Hz T}^{-1} \;\to\; 29.2 \text{ kHz mT}^{-1} . \tag{A.3}$$

- 垂直静磁場 B_z に対する, スピン固有状態 $|z\pm\rangle$ のポテンシャル $\Delta V_{\text{mag}}(\pm)$

$$\frac{V_{\text{mag}}(\pm)}{B_z} = \pm|\mu_n| \simeq \pm 6.03 \times 10^{-8} \text{ eV T}^{-1}. \tag{A.4}$$

A.3　振動磁場との相互作用

- 共鳴条件を満たす振動磁場の振動数 $\nu_s = \omega_s/2\pi$ と 垂直静磁場 B_z の関係

$$\frac{\nu_s}{B_z} = \frac{2|\mu_n|}{h} = 2.92 \times 10^7 \text{ Hz T}^{-1} = 29.2 \text{ kHz mT}^{-1}. \tag{A.5}$$

- 振動磁場の振動数 ν_s と，スピン反転時に吸収，放出されるエネルギー $\Delta E = \hbar\omega_s$ の関係

$$\frac{\Delta E}{\nu_s} = h \simeq 4.136 \times 10^{-15} \text{ eV Hz}^{-1}. \quad \text{(A.6)}$$

時間的干渉パターンの振動数と干渉する 2 状態間のエネルギー差の関係もこれと同じ．

付録B 公 式 集

B.1 Pauli 行列

- 交換関係,反交換関係とその周辺
  - 交換関係
  $$[\sigma_i,\ \sigma_j] = \sum_{k=1}^{3} 2i\epsilon_{ijk}\sigma_k\ , \tag{B.1}$$
  ただし, 添え字 i,j,k はそれぞれ $1(=x),2(=y),3(=z)$ のいずれかの値を持つ. また ϵ_{ijk} は反対称テンソル.
  $$\begin{aligned}\epsilon_{123} &= \epsilon_{231} = \epsilon_{312} = 1\ ,\\ \epsilon_{132} &= \epsilon_{321} = \epsilon_{213} = -1\ ,\\ \text{それ以外の場合}\quad &\epsilon_{ijk} = 0\ .\end{aligned} \tag{B.2}$$
  - 反交換関係
  $$\{\sigma_i,\ \sigma_j\} = 2\delta_{ij}\hat{1}\ . \tag{B.3}$$
  $\hat{1}$ は単位行列.
  - Pauli 行列の積
  $$\sigma_i\sigma_j = \sum_{k=1}^{3} i\epsilon_{ijk}\sigma_k + \delta_{ij}\hat{1}\ . \tag{B.4}$$
  - 任意の単位ベクトルを $\boldsymbol{n}=(l,m,n)$ としたとき,
  $$(\boldsymbol{\sigma}\cdot\boldsymbol{n})^2 = l^2 + m^2 + n^2 = \hat{1}\ . \tag{B.5}$$
  - 任意の3次元ベクトル $\boldsymbol{a},\boldsymbol{b}$ に対し,
  $$(\boldsymbol{\sigma}\cdot\boldsymbol{a})(\boldsymbol{\sigma}\cdot\boldsymbol{b}) = (\boldsymbol{a}\cdot\boldsymbol{b})\hat{1} + i(\boldsymbol{a}\times\boldsymbol{b})\cdot\boldsymbol{\sigma}\ . \tag{B.6}$$

- 指数の肩に乗った Pauli 行列

  – 基本

  $$e^{\pm i(\boldsymbol{\sigma}\cdot\boldsymbol{n})\theta} = \hat{1}\cos\theta \pm i(\boldsymbol{\sigma}\cdot\boldsymbol{n})\sin\theta \,. \tag{B.7}$$

  – x 軸周り角度 θ の回転操作

  $$\begin{aligned}
  e^{-i\sigma_x\theta/2}\sigma_x e^{i\sigma_x\theta/2} &= \sigma_x \,, \\
  e^{-i\sigma_x\theta/2}\sigma_y e^{i\sigma_x\theta/2} &= \sigma_y\cos\theta + \sigma_z\sin\theta \,, \\
  e^{-i\sigma_x\theta/2}\sigma_z e^{i\sigma_x\theta/2} &= -\sigma_y\sin\theta + \sigma_z\cos\theta \,.
  \end{aligned} \tag{B.8}$$

  – y 軸周り角度 θ の回転操作

  $$\begin{aligned}
  e^{-i\sigma_y\theta/2}\sigma_x e^{i\sigma_y\theta/2} &= -\sigma_z\sin\theta + \sigma_x\cos\theta \,, \\
  e^{-i\sigma_y\theta/2}\sigma_y e^{i\sigma_y\theta/2} &= \sigma_y \,, \\
  e^{-i\sigma_y\theta/2}\sigma_z e^{i\sigma_y\theta/2} &= \sigma_z\cos\theta + \sigma_x\sin\theta \,.
  \end{aligned} \tag{B.9}$$

  – z 軸周り角度 θ の回転操作

  $$\begin{aligned}
  e^{-i\sigma_z\theta/2}\sigma_x e^{i\sigma_z\theta/2} &= \sigma_x\cos\theta + \sigma_y\sin\theta \,, \\
  e^{-i\sigma_z\theta/2}\sigma_y e^{i\sigma_z\theta/2} &= -\sigma_x\sin\theta + \sigma_y\cos\theta \,, \\
  e^{-i\sigma_z\theta/2}\sigma_z e^{i\sigma_z\theta/2} &= \sigma_z \,.
  \end{aligned} \tag{B.10}$$

  – 上の3式より, 同じ回転操作を表す SU(2) 表現での (2×2) 行列を U, O(3) 表現での (3×3) 行列を R とすれば, 任意の3次元ベクトル $\boldsymbol{a}$ に対し,

  $$U(\boldsymbol{\sigma}\cdot\boldsymbol{a})U^{-1} = \boldsymbol{\sigma}\cdot(R\boldsymbol{a}) \,. \tag{B.11}$$

B.2　4元ベクトル, ガンマ行列など

本節の記述はアインシュタインの総和の規則に従う.

- 4元ベクトルと内積

付録B　公式集

- 座標
$$x^\mu = (x^0, x^1, x^2, x^3) = (ct, \boldsymbol{x}) \ . \tag{B.12}$$

- 運動量
$$p^\mu = (p^0, p^1, p^2, p^3) = (E/c, \boldsymbol{p}) \ . \tag{B.13}$$

- 4元運動量演算子
$$p^0 = E/c = i\hbar \frac{1}{c}\frac{\partial}{\partial t} = i\hbar \frac{\partial}{\partial x^0} = i\hbar \partial_0 = i\hbar \partial^0,$$
$$p^i = -i\hbar \nabla = -i\hbar \frac{\partial}{\partial x^i} = i\hbar \frac{\partial}{\partial x_i} = i\hbar \partial^i,$$
$$\therefore \ p^\mu = i\hbar \partial^\mu \ .$$

- ベクトル・ポテンシャル
$$A^\mu = (A^0, A^1, A^2, A^3) = (\phi/c, \boldsymbol{A}) \ . \tag{B.14}$$

ϕ は電位．$\boldsymbol{A}$ は3次元ベクトルポテンシャル．

- 電磁場テンソル
$$F^{\mu\nu} = \partial^\mu A^\nu - \partial^\nu A^\mu = -F^{\nu\mu} \ ,$$
$$F^{0i} = -E_i/c \ , \tag{B.15}$$
$$F^{ij} = \epsilon^{ijk} B_k \ .$$

E_i は電場，B_i は磁場の各成分を表わす．

- メトリック
$$g^{\mu\nu} = g_{\mu\nu} = \begin{pmatrix} 1 & 0 & 0 & 0 \\ 0 & -1 & 0 & 0 \\ 0 & 0 & -1 & 0 \\ 0 & 0 & 0 & -1 \end{pmatrix} \ . \tag{B.16}$$

- 添え字の上げ下げ
$$a^\mu = g^{\mu\nu} a_\nu \ , \ \ a_\mu = g_{\mu\nu} a^\nu. \tag{B.17}$$

- 内積
$$a_\mu b^\mu = a^\mu b_\mu = g^{\mu\nu} a_\mu b_\nu = g_{\mu\nu} a^\mu b^\nu = a^0 b^0 - \boldsymbol{a} \cdot \boldsymbol{b}. \tag{B.18}$$

- ガンマ行列
    - ガンマ行列

$$\gamma^\mu = (\gamma^0, \gamma^1, \gamma^2, \gamma^3) = (\beta, \beta\boldsymbol{\alpha}). \tag{B.19}$$

ただし,

$$\boldsymbol{\alpha} = \begin{pmatrix} 0 & \boldsymbol{\sigma} \\ \boldsymbol{\sigma} & 0 \end{pmatrix}, \quad \beta = \begin{pmatrix} I & 0 \\ 0 & -I \end{pmatrix}. \tag{B.20}$$

    - 交換関係

$$\{\gamma^\mu, \gamma^\nu\} = 2g^{\mu\nu}. \tag{B.21}$$

$g^{\mu\nu}$ は対称行列.

    - 反交換関係

$$[\gamma^\mu, \gamma^\nu] = 2i\sigma^{\mu\nu}. \tag{B.22}$$

$\sigma^{\mu\nu}$ は反対称行列.

付録C　記　　号

ここに本書で使用された記号をまとめる.

- A^μ：4元ベクトルポテンシャル
- $\boldsymbol{B}$：磁場
- $B_r, B_{r1}, B_{r2}, B_{r3}$：共鳴スピンフリッパーの振動磁場の振幅 $\times 1/2$
- B_z, B_{z3}, B_G, B_{ac}：z方向の静磁場
- B_s：回転系での見かけの磁場のつよさ $\times 1/2$
- B_A：回転系での合成磁場
- c：光速
- χ, χ_1, χ_2：共鳴スピンフリッパーの振動磁場の位相
- d：ある領域の距離
- $\boldsymbol{E}$：電場
- $F_{\mu\nu}$：電磁場テンソル
- ϕ：波動関数の位相
- $\Phi_{12}, \Phi_{23}, \Phi_{3d}, \Phi_{\text{total}}$：分散性位相
- γ^μ：ガンマ行列
- $h = 2\pi\hbar$：Planck 定数
- $k, k', k_0, k_0^\pm, k_1^\pm, k_2^\pm$：中性子の波数
- $L, L_{12}, L_{23}, L_{2d}, L_{3d}$：各領域の距離
- λ：中性子の波長
- $\delta\lambda/\lambda$：中性子ビームの波長分散
- m_n：中性子の質量
- $\boldsymbol{p}$：運動量
- p^μ：4元運動量演算子
- $\boldsymbol{\mu}_n = \mu_n \boldsymbol{\sigma}$：中性子の磁気モーメント

- $\boldsymbol{\sigma} = (\sigma_x, \sigma_y, \sigma_z)$：Pauli 行列
- $\sigma^{\mu\nu} = \frac{1}{2i}[\gamma^\mu, \gamma^\nu]$：反対称テンソル
- t：時間
- τ：飛行時間（距離÷速度）
- $T_0^\pm, T_1^\pm$：共鳴スピンフリッパーにおける遷移振幅
- τ_{NSE}：スピンエコー時間
- U_χ, U_D, U_T：回転変換演算子
- v：中性子の初期速度
- $\delta v/v$：中性子ビームの速度分散
- V：ポテンシャル，あるいは電圧
- V_{nucl}：物質の核ポテンシャル
- V_{mag}：磁気ポテンシャル
- $\omega_z = |\mu_n| B_z/\hbar$：静磁場 B_z に対応する角振動数
- $\omega_{\text{ac}}, \omega_{\text{G}}, \omega_{\text{G1}}, \omega_{\text{G2}}, \omega_r$：各磁場に対応する角振動数
- ω_L：ラーモア振動数
- $\omega_s, \omega_{s1}, \omega_{s2}, \omega_{s3}$：共鳴スピンフリッパーの振動磁場の角振動数
- $\Delta\omega_s$：2つの共鳴スピンフリッパーの角振動数の差
- x：中性子の位置
- $\hat{\boldsymbol{x}}, \hat{\boldsymbol{y}}, \hat{\boldsymbol{z}}$：単位ベクトル
- ψ：中性子の波動関数
- $|z+\rangle, |z-\rangle$：z 方向のスピン固有状態

編集後記

　この出版は, 以下に述べる文部省科学研究費や山田科学振興財団研究助成等の支援のもとに行われた成果を解説用にまとめたものです.

- 平成4年度～平成8年度科学研究費重点領域研究「超低エネルギー極限状態の中性子物理学研究」における計画研究「多層膜ミラーによる極冷中性子干渉実験」研究代表者　海老沢 徹　京都大学原子炉実験所　助教授
公募研究「中性子スピンエコー法による極冷中性子スピン干渉実験」研究代表者　阿知波 紀郎　九州大学大学院理学研究院　教授

- 平成8年度～平成10年度科学研究費基盤研究A「位相エコースピン干渉計の開発と量子力学の基礎研究」（研究課題番号　08404014）研究代表者　岩田 豊　京都大学原子炉実験所　教授

- 平成8年度～平成9年度山田科学振興財団研究助成「ラーモア回転による中性子の磁気膜トンネル時間」　研究代表者阿知波 紀郎　九州大学大学院理学研究院　教授

- 平成10年～平成12年度科学研究費基盤研究B「中性子ラーモア回転による磁気結晶の動力学回折位相・回折時間」（研究課題番号　10440122）研究代表者　阿知波 紀郎　九州大学大学院理学研究院　教授

- 平成11年度～平成12年度科学研究費基盤研究B「中性子量子ビートによるトンネル時間の測定」（研究課題番号　11694090）研究代表者　阿知波 紀郎　九州大学大学院理学研究院　教授

- 平成11年度～平成13年度科学研究費基盤研究B「中性子スピンの量子歳差運動を用いた新しい小型高分解能スピンエコー分光器の開発」（研究課題番号　11480124）研究代表者　田崎 誠司　京都大学原子炉実験所　助教授

- 平成11年度　日本原子力研究所黎明研究費　「低磁場制御多層膜磁気ミラーの開発と定在波生成時間スケールの探索」研究代表者　日野 正裕　京都大学原子炉実験所　助手

- 平成 12 年度～平成 16 年度 科学技術振興調整費知的基盤整備推進制度「中性子光学素子の開発と応用」における「中性子光学素子単体性能評価に関する研究」分担責任者　川端 祐司　京都大学原子炉実験所　助教授
- 博士論文「多層膜中性子反射鏡の開発および中性子反射率法による物質表面の解析」田崎 誠司　京都大学工学研究院　1995 年
- 博士論文「垂直磁場中性子スピンエコー装置を用いたラーモア歳差回転と横断時間」日野 正裕　九州大学理学研究院　1996 年
- 博士論文「共鳴スピンフリッパーを用いた冷中性子スピン干渉法の研究」　山崎 大　京都大学工学研究院　2002 年

索　引

イオンビームスパッター, 27

回転
　　—座標変換, 51
ガイド磁場, 73
重ね合わせ, 35, 78

共鳴
　　—エネルギー遷移, 176
共鳴フリッパー
　　分散性位相, 180

光学ポテンシャル, 13, 19
　　—核ポテンシャル, 14
　　磁気ポテンシャル, 13, 14

散乱長
　　干渉性—, 8
　　非干渉性—, 8

磁気膜
　　—透過スピンプリセッション, 133
　　Fabry-Perot—, 131
Jaman 型
　　—干渉計, 165
重力ポテンシャル, 5
Schwinger 相互作用, 157, 193

スピノール
　　2 成分—, 41
　　4 成分—, 195
スピン
　　—干渉法, 88
　　—干渉法の原理, 72
　　—期待値, 186
　　—共鳴 $\pi/2$ フリッパー, 64
　　—共鳴反転, 49
　　—共鳴フリッパー, 48, 173, 174
　　—共鳴フリッパー重ね合わせ, 179
　　—共鳴条件, 61
　　—高周波共鳴フリッパー, 69
　　—低周波共鳴フリッパー, 67, 68
　　—$\pi/2$ フリッパー, 35
　　—π フリッパー, 46
　　—Pauli 行列, 38
　　—分散性位相, 75
　　—分散性位相の相殺, 77
　　—Larmor 回転, 124
　　量子回転, 92
スピンエコー
　　共鳴—, 88, 98
　　共鳴—分光器, 102
　　多層膜スピンスプリッター—, 88

多層膜スピンスプリッター—分
　　光器, 111
—分光器, 107
—MIEZE 型, 175
スピン干渉
　　共鳴—, 176
　　—原理, 34
　　高周波—, 208
　　—時間パターン, 189
　　条件, 183
　　パターン, 183
　　ビジビリティ, 185

全反射臨界角, 15

多層膜, 19
　　—スピンスプリッター(MSS), 92
　　—中性子偏極, 30
　　—中性子モノクロメータ, 22
　　—2回反射モノクロメータ, 22

中性子
　　EDM, 157
　　—共鳴トンネル, 130
　　—屈折率, 11, 12
　　—時間的干渉ビーム, 197
　　—磁気モーメント, 4
　　—質量, 1
　　—寿命, 1
　　—シンチレータ検出器, 219
　　—スーパーミラー, 25
　　—スピン干渉, 34
　　—スピンフリップチョッパー, 198

—遅延選択, 163
—導管, 28
—トンネル位相, 126
—ビームの疎密性, 197
—偏極, 182
—ベンダー, 28

動力学回折位相, 140

パルス磁場, 167

VCN
　　—重力貯蔵, 149
　　—ボトル, 145, 146

Fermi
　　—ポテンシャル, 6

Bragg
　　—条件, 133, 139

分波
　　空間—, 34
　　— スピン固有状態, 35

ヘリカル
　　—磁気構造, 139

偏極
　　—解析, 78
　　複合—ミラー, 164

執筆者紹介 (五十音順)

阿知波 紀郎 (第1章, 第4章)
1940年 東京都生まれ
1968年 京都大学大学院理学研究科博士後期課程単位取得・中退
現　在 九州大学大学院理学研究院物理学部門　教授 (凝縮系科学・中性子物理)
　　　 理学博士
著　書 Landolt-Börnstein, Vol. III/19 Magnetic Properties of Metals Subvolume dl Rare Earth Elements, Hydrides and Mutual Alloys, pp. 190-279 (S. Kawano and N. Achiwa) Springer-Verlag (1991) edi. H. P. J. Wijin

海老沢　徹 (第2章, 第5章)
1939年 神奈川県生まれ
1964年 京都大学理学部卒業
2002年 京都大学原子炉実験所助教授退職
現　在 日本原子力研究所G研究嘱託 (中性子物理)
　　　 博士 (理学)

河合　武 (第6章)
1940年 香川県生まれ。
1965年 京都大学大学院工学研究科博士後期課程中退
現　在 京都大学原子炉実験所中性子科学部門教授 (冷中性子物理)
　　　 工学博士

田崎 誠司 (第1章, 第3章)
1962年 鳥取県生まれ
1987年 京都大学大学院工学研究科原子核工学専攻修士課程修了
現　在 京都大学原子炉実験所　中性子科学部門助教授 (中性子光学)
　　　 工学博士

日野 正裕 (第1章, 第4章)
1969年 神奈川県生まれ
1996年 九州大学大学院理学研究科物理学専攻博士課程修了
現　在 京都大学原子炉実験所中性子科学部門　助手 (中性子光学・中性子物理)
　　　 博士 (理学)

山崎　大 (第1章, 第7章)
1971年 大阪府生まれ
2002年 京都大学大学院工学研究科博士課程修了
現　在 日本原子力研究所博士研究員 (中性子物理)
　　　 博士 (工学)

中性子スピン光学
ちゅうせいし　　　　　　こうがく

2003年2月28日　初版発行

編著者　阿知波　紀　郎

発行者　福　留　久　大

発行所　(財)九州大学出版会
〒812-0053　福岡市東区箱崎7-1-146
　　　　　　　九州大学構内
電話　092-641-0515(直通)
振替　01710-6-3677

印刷／九州電算㈱・大同印刷㈱　製本／篠原製本㈱

© 2003 Printed in Japan　　ISBN 4-87378-765-3